수학 교사를 당황하게 하는 질문 12개

박영용 지음

- 중등 수학 교사 및 강사 · 예비교사
- 수학을 좋아하는 중학생 · 고등학생
- 수리논술 · 구술면접을 준비하는 학생
- 수학을 좀 하는 일반인들에게

KYOWOO

책을 출간하면서

저자는 비교적 이른 나이에 대학에 와서 학생들을 지도해왔다. 지방에서 교수 생활을 꽤 오랫동안 하다 보니 대학 강의 외에도 영재교육원, 중고등학교 논술특강과 교양강의, 중등교사 연수, 일반인 대상 교양강의 등을 통해 여러 다양한 학생들과 일반인들을 지도할 수 있었던 소중한 경험을 쌓게 되었다. 그 중에는 상당히 재능을 가진 학생(초/중/고/대)들도 있었고 수학을 좋아하는 마음에 비해 성취가 떨어지는 학생, 수학을 부담스러워하는 학생, 자녀의 수학 공부에 상당한 관심이 많았던 학부모, 지금 수학을 접하던 안하던 간에 수학에 관심이 많은 일반인들도 있었다. 또한, 대학입시와 특목고입시 등과 관련된 일, 중등교과서와 관련 일도 하는 경험도 쌓게 되었고, 초중등교사와 학원 강사 위주의 교육대학원생들을 지도하면서 자연스럽게 학교교육, 사교육에 대한 논의와 생각도 많이 하였으며 현장에 대해서도 깊이 있게 알게 되었다. 이공계에 진학한 대학생들 중에 각자의 전공을 공부하기 위한 수학능력이 많이 부족한 현실을 분석한 논문들을 출간하기도 했다.

처음에는 자연과학대학의 수학과 교수였다가 십여 년 전부터는 사범대학 수학교육과 교수가 되었다. 따라서 수학을 전공하고 연구에 몰두하며 수학전공 위주의 강의를 하다가 중등교사나 강사로서 학생들을 지도하게 될 수학교육학과 학생들을 가르치게 되면서 대학교재는 물론 중등교과서의 내용에 대해 이전보다 훨씬 더 많은 연구를 하고 관심을 갖게 되었다. 저자 자신이 수학교육 관련 논문을 쓰는 일은 물론 여러 수학교육 관련 논문을 찾아 읽게 되었다. 이런 배경과 더불어 입시와 중등교과서 관련 일들에서의 오랜 경험은 나름대로 사람들이 간과하기 쉬운 중등수학교육과 관련된 내용적 · 형식적 문제점들을 자연스럽게 발견하게 되었고 교사들이 주의해야하고 좀 더 알아야 할 부분에 대한 인식도 깊어졌다.

대도시에서 태어나고 자라온 저자의 작은 소망은 적당한 규모의 지방에서 조용히 학생들을 가르치면서 교사나 학생, 수학에 관심이 많은 일반인들에게 소중하게 읽히고 도움이 될 수 있는 부끄럽지 않은 책들을 쓰는 일이었다. 여기에 두 아이들을 대학에 보내면서 의도한 바는 아니지만 대학입시에 의해 모든 것이 좌우되는 우리나라의 왜곡된 교육현실의 가장 깊은 골들을 뼈저리게 느낄 수 있었다. 그래서 몇 년 전부터 그 준비가 되었다고 생각되어 부지런히 집필을 하여 드디어 책을 마치게 되었다. 부족한 내용이지만, 모든 부분을 읽지 못했거나 많은 부분을 이해하지 못한 독자일지라도, 오래 시간에 걸친 저자의 다양한 경험과 나름대로의 깊이 있는 수학교육연구와 교과서 분석을 바탕으로 한 이런 책이 세상에 한 권 쯤은 있어야 한다고 생각한다면 그것으로 감사하게 여긴다.

본문에서 아르키메데스, 피타고라스, 페르마 등에 대한 내용 중 일부는 〈Fermat's Last Theorem, Simon Singh〉, 〈Journey through Genius, William Dunham〉을 참고하였다. 이 책을 출판을 적극 지원해준 교우미디어, 원고 수정에 많은 도움을 준 설진환 · 박윤정 박사, 표지 디자인과 삽화를 직접해준 딸, 아빠의 초고를 읽어보고 좋은 책이라고 큰 용기를 준 아들에게 감사의 뜻을 남긴다. 또한 저자가 글을 쓰고 있으면 내심 좋아하며 응원을 해 준 밥 잘해주는 예쁜 누나에게 작지만 의미 있는 은혼 선물이 되었으면 한다.

진도 化士軒에서

목 차

I. 도형에서

01. 대응하는 두 변의 길이가 같고, 끼인 각이 아닌 다른 각의 크기가 같은 삼각형도 합동인 경우가 있네요? ······ 8
- 찬란했던 그리스 수학의 정수 유클리드 원론 / 19
- 3대 작도문제 / 24

02. 직각삼각형의 합동조건에서 꼭 빗변의 길이가 같을 때에만 합동인가요? ······ 28
- 우리는 피타고라스를 잘 알고 있을까? / 34

03. 삼각형의 외접원, 내접원은 그릴 수 있는데 사각형, 오각형의 경우는 어떤가요? ······ 44
- 페르마 점 / 54
- 이해에 3분, 푸는 데 300년 걸린 페르마의 마지막 정리 / 66

04. 무게 중심으로는 무엇을 할 수 있나요? ······ 78
- 무엇을 도형의 중심으로 생각해야 할까? / 89

05. 헤론의 공식으로 삼각형의 넓이를 구할 수 있는데, 사각형의 넓이를 구하는 공식은 없나요? ······ 100
- 헤론의 공식은 헤론이 처음 발견한 것이 맞나요? / 105
- 천재 아르키메데스 / 108

II. 수와 식에서

06. 아무래도 $0.999\cdots = 1$ 이라고 하는 것은 찜찜하네요! ······ 118
- '사십삼만구천칠백팔십육'과 '사삼구칠팔육', 그리고 '0' / 130

07. $\sqrt{2}^{\sqrt{2}}$ 는 무리수인 것 같은데... 또, 무리수^{무리수}은 항상 무리수인가요? ······ 134
- 방정식의 해법과 관련된 막장드라마 / 140

08. **부등호 '≥, ≤' 이 있는 부등식에서 등호가 성립하는 경우를 밝히는 이유는 꼭 최대 · 최소 때문인가요?** *156*

• 부등식 $\frac{a+b}{2} \geq \sqrt{ab} \geq \frac{2ab}{a+b}$의 여러 가지 증명들 둘러보기 / 160

09. **기하평균과 조화평균은 어떤 경우에 적용되나요?** *163*

• 일반화된 산술기하평균 부등식 / 172

• 평균과 히딩크 감독 / 176

Ⅲ. 미적분에서

10. **미분에서의 몇 개의 질문들** *178*

(1) 다음 풀이가 맞는 건가요?

(2) $\{f(g(c))\}' = f'(g(c))g'(c)$을 유도하는 과정에서 좀 이상한 점이 있어요?

(3) 평균값정리에 대하여

(4) $(x^a)' = ax^{a-1}$, $(x^r)' = rx^{r-1}$, $(x^n)' = nx^{n-1}$

• 자연상수 e와 오일러, 그리고 순간이자율 / 188

• 미적분법의 발견에 대한 치열한 표절 논쟁, 그리고 사이클로이드 / 195

11. $\int f(x)dx$ **와** $\int_a^b f(x)dx$ **는 적분구간이 있고 없는 차이만 있는 건가요?** .. *201*

• 무한히 OO할 수 있다면 . . . / 203

Ⅳ. 확률에서

12. **헷갈리는 조건부확률 문제 몇 개에 대해 설명해 주실래요?** *208*

• 정말로 헷갈리는 확률 문제 / 218

• 랜덤(random)이란? / 221

• 정치인들, 조건부확률은 모르지만 아주 잘 사용한다! / 227

• 벤포드의 법칙 / 231

수학교사를 당황하게 하는 질문 12개

Chapter I

도형에서

1. 대응하는 두 변의 길이가 같고, 끼인 각이 아닌 다른 각의 크기가 같은 삼각형도 합동인 경우가 있네요?
2. 직각삼각형의 합동조건에서 꼭 빗변의 길이가 같을 때에만 합동인가요?
3. 삼각형의 외접원, 내접원은 그릴 수 있는데 사각형, 오각형의 경우는 어떤가요?
4. 무게 중심으로는 무엇을 할 수 있나요?
5. 헤론의 공식으로 삼각형의 넓이를 구할 수 있는데, 사각형의 넓이를 구하는 공식은 없나요?

Question

01 대응하는 두 변의 길이가 같고, 끼인 각이 아닌 다른 각의 크기가 같은 삼각형도 합동인 경우가 있네요?

중학교 1학년 도형단원에는 삼각형의 합동조건이 나온다.

> 두 삼각형 $\triangle ABC$와 $\triangle A'B'C'$은 다음 경우에 합동이다.
>
> 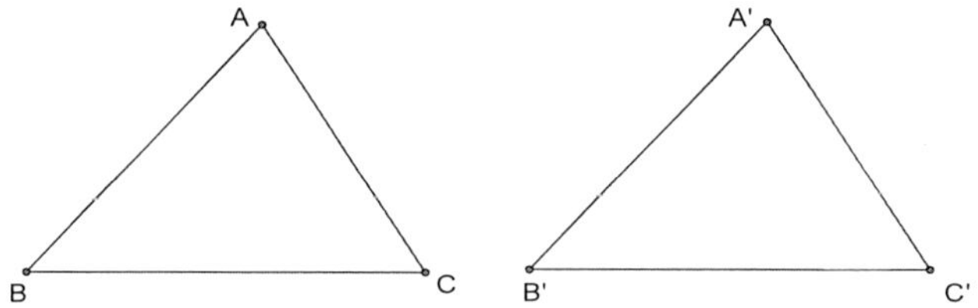
>
>
> (1) 대응하는 세 변의 길이가 각각 같을 때
> (2) 대응하는 두 변의 길이가 각각 같고, 끼인 각의 크기가 같을 때
> (3) 대응하는 한 변의 길이가 같고, 양 끝 각의 크기가 각각 같을 때

그리고 Side(변), Angle(각)의 첫 글자를 따서 간단히

SSS합동, SAS합동, ASA합동

으로 나타내기도 한다. 교사들은 작도기, 기하 소프트웨어 등을 이용하여 학생들에게 별로 어려움 없이 이런 내용들을 가르친다. '삼각형의 합동조건과 관련하여 교사를 당황하게 하는 질문이 과연 있을까?'라고 생각할 수도 있을 것이다. 먼저 여러 참고서의 문제들을 많이 풀어 보았던 학생, 또는 선행학습을 꽤나 한 학생들이 많이 하는 다음 질문에 대해 생각해보자.

> 대응하는 한 변의 길이가 같고, 양 끝 각이 아닌 두 각이 서로 각각 같은 삼각형도 합동이 되지 않나요? (즉, SAA)

물론 이정도의 질문에는 대부분의 수학교사들은 올바른 대답을 할 것이다. 즉,

"삼각형의 내각의 합은 180°이므로 대응하는 두 각이 각각 같으면 나머지 각도 같게 되므로 결국 ASA 합동이 되는 것이지."

라고 대답하는 것이다.

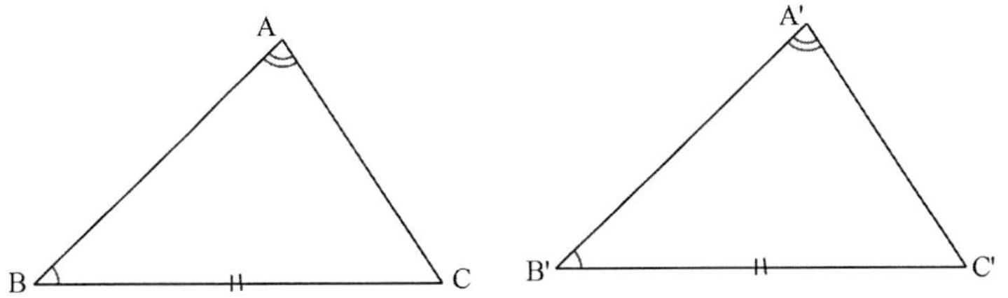

그렇다면 왜, 교과서에서는 삼각형의 합동조건을

> 대응하는 한 변의 길이가 같고, 양 끝 각이 아닌 두 각이 서로 각각 같은 삼각형도 합동이 되지 않나요? (즉, SAA)

라 하지 않고 다음과 같이 가르칠까?

> 대응하는 한 변의 길이가 같고, 그 양 끝 각의 크기가 각각 같을 때

흔히들 작도와 삼각형의 결정조건으로 그 이유를 설명한다. 삼각형의 작도에서

'한 변의 길이와 그 양 끝 각의 크기가 주어질 때'

즉, ASA일 때 자연스럽게 삼각형을 작도할 수 있기 때문이라고 설명한다.

한 변 $\overline{AB}$를 작도하고 $\angle A$를 나타내는 선분 l과 $\angle B$를 나타내는 선분 m을 각각 작도(주어진 각의 작도)하여 그 교점을 C라 하면 삼각형 ABC가 작도에 의해 자연스럽게 결정된다.

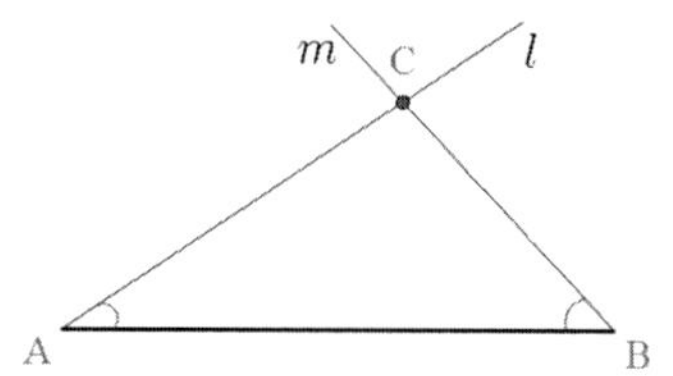

그런데 '대응하는 한 변의 길이가 같고 대응하는 두 각의 크기가 각각 같을 때'의 경우에는 작도로 설명이 불가능한 것인가? 그렇지 않다. 굳이 양 끝 각이 아니더라도 작도로 설명할 수 있다.

변 $\overline{AB}$의 길이, 각 $\angle A$와 각 $\angle C$가 주어질 때 삼각형 ABC를 작도하는 방법을 살펴보자.

먼저 변 $\overline{AB}$와 $\angle A$를 나타내는 선분 l을 작도한다. 선분 l 위에 한 점 X를 임의로 잡고 점 X에서 $\angle C$를 나타내는 직선 m을 작도한다.

점 B에서 직선 m에 평행한 직선 n을 작도한 후 직선 n과 l의 교점을 점 C라 하면 삼각형 ABC가 작도에 의해 자연스럽게 결정된다.

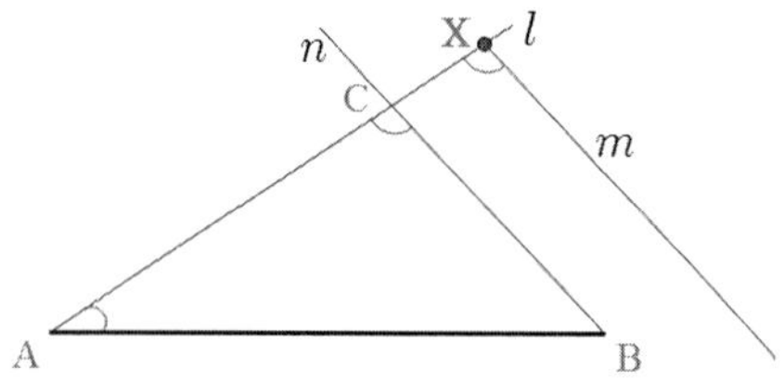

위의 과정에서 평행선의 작도가 필수적이다. 그런데 중학교 1학년 도형의 첫 시작 부분인 삼각형의 작도(결정조건)이전에 평행선의 작도를 먼저 언급하는 것이나 위의 과정을 굳이 논증적인 면이 강한

평면도형을 처음 배우는 중학생들에게 소개하는 것도 적절하지는 않은 것 같다. 삼각형의 합동조건에서 위의 과정으로 설명하는 것이 적절하지 않더라도 "삼각형의 내각의 합은 180^o이므로 대응하는 두 각이 각각 같으면 나머지 각도 같게 되고 결국 ASA 합동이 된다."는 SAA 합동에 대해서는 반드시 언급이 필요하다고 생각한다. 이 때에 반드시 그림과 같은 반례를 제시하면서 '대응하는 두 각의 크기가 같을 때'란 의미를 명확히 하여 오해의 소지가 없도록 해야 한다.

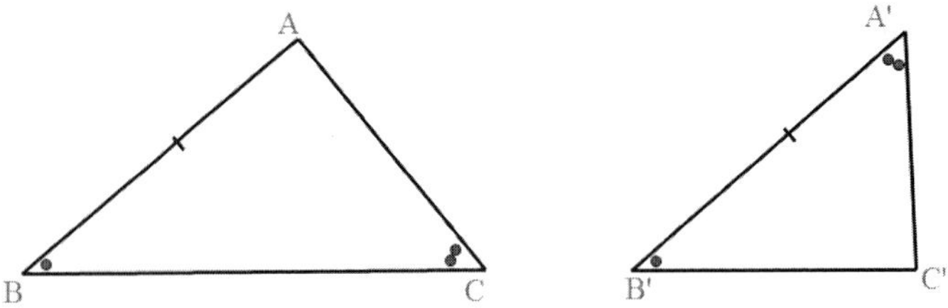

그런데 저자는 오래전에 수학교과서 검정위원으로 참여했을 때 여러 종류의 교과서를 면밀히 검토하면서 교과서 구성의 심각한 문제점을 발견하게 되었다.

> 교과서에는 삼각형의 내각의 합이 180^o이라는 증명(설명)이 삼각형의 합동조건 이 후의 단원에 나온다는 것이다. 혹시, 삼각형의 합동조건을 배우기 이전에도 학생들은 삼각형의 내각의 합이 180^o이라는 사실을 알고 있을지도 모르겠다. 그러나 삼각형의 내각의 합은 180^o이라는 사실을 아직 공식적으로 배우지 않는다. 서술적인 입장에서 수학적 형식에 충실한 전개방식이 아니라 평면도형의 논증적 성질을 처음 접하는 중학교 1학년 학생의 입장에서 교과서의 단원을 구성해야 한다.
>
> 학습내용의 구성상의 이유는 물론이고 내용의 수준으로 볼 때에도 삼각형의 내각의 합이 180^o라는 등을 포함한 평면도

> 형의 성질(최소한 다각형 부분)을 학생들에게는 낯선 논증기하적인 내용이 상당히 포함되어 있는 작도와 합동 단원 이전에 배우는 것이 더 바람직하다는 것이다. 교과서의 구성을 많이 바꾸는 것이 불편한 일이라면 최소한 맞꼭지각, 엇각, 동위각을 설명하는 단원의 말미에 삼각형의 내각의 합이 180^o라는 설명이 있어야한다

그래야 다음 질문

> 대응하는 한 변의 길이가 같고 대응하는 두 각의 크기가 각각 같을 때

에 대한 대답이 가능해진다. 삼각형의 결정조건을 새로운 교육과정에서 다루지 않으므로 ASA 합동조건을 가르칠 때 교사가 학생에게 ASA와 SAA가 결국은 동일한 합동조건이라고 얘기할 수 있을 것이다. 삼각형의 내각의 합은 180^o로 일정하므로 대응하는 두 각이 각각 같으면 결국 세 각의 크기가 각각 같게 된다. 결과적으로 굳이 양 끝 각이 아니더라도 아무런 문제가 없다는 것만 인지시켜주면 학생들에게 혼란이 없을 것으로 생각된다.

<table>
<tr><th colspan="2">중1 도형단원의 구성</th><th>고려 사항</th></tr>
<tr><td rowspan="3">기본도형</td><td>점, 선, 면, 각</td><td rowspan="8">작도와 합동 단원 이전에 다각형의 기본 성질을 배우는 것이!</td></tr>
<tr><td>위치관계</td></tr>
<tr><td>평행선의 성질</td></tr>
<tr><td rowspan="2">작도와 합동</td><td>작도</td></tr>
<tr><td>도형의 합동</td></tr>
<tr><td rowspan="3">평면도형의 성질</td><td>다각형, 다각형의 내각과 외각</td></tr>
<tr><td>부채꼴, 원</td></tr>
<tr><td>입체도형</td></tr>
</table>

오랜 세월 동안 개선이 있었지만 학생들이 삼각형과 평면도형의 쉽고 기본적인 성질을 배우고 친숙해지기도 전에 도입 단계에서부터 논증적인 작도와 선언적인 합동조건을 먼저 접할 수밖에 없는 교과서 구성방식이 지금까지 계속 유지되어왔다. 평면도형 단원의 전개 방식은 중학생의 입장에서

> 수학적 사실을 탐구하거나 발견하는 접근 방식을 배제한 채 수학적 사실에 대한 선언적인 방식이 계속 유지되어 온 것이다.

이에 대한 원인은 교과서의 도형 부분의 서술방식에 대한 기원에서 찾을 수 있고, 기원전 300년경까지 거슬러 올라가는 언급이 필요하다.[1] 알렉산드리아의 수학자 유클리드는 당시의 모든 수학적 지식을 모아 '정의→공리→정리'의 완벽한 수학적 체계와 논리를 갖춘 최초의 수학교과서 〈원론, Element〉을 저술하였다. 1500년 정도가 지난 후에야 서구사회에 널리 알려지게 되었지만, 원론의 논리적 전개방식은 수학저서 등의 서술방식에 지대한 영향을 미쳤다. 뉴턴의 프린키피아, 스피노자의 철학저서, 미국의 독립선언문 등등 우리가 들어 봄직한 많은 글들의 논리적 전개방식이 원론의 그것을 따랐다. 원론의 영향을 받은 1900년대 전후 미국, 일본 등의 교과서를 모태로 해방 후 초기 교과서가 집필되었다. 이처럼 독자(중학교 학생)들을 별로 고려하지 않고, 완벽한 수학적 논증과 논리의 전개만을 중시하는 〈원론〉의 서술방식을 따르는 논증기하 책들의 영향으로 교과서의 평면도형 부분이 서술되기 시작되었다.

교과서가 개편될 때마다 많은 개선이 진행되어 왔다. 그러나 융통성이 부족하고 Top-down 방식의 교과서 검정시스템 하에서 꽉 짜인 지침과 교과서의 분량 등의 형식적인 검정기준이 강조됨에 따라 오히려 내용과 학습구성에 대한 깊은 성찰의 부족함을 야기

1) 단원 뒤 쪽의 '유클리드' 참조

하는 것이 아닌가 싶다. 특히 중학교 기하부분의 수학교육과정과 구성에 대한 고민과 논의가 시급하다고 생각된다.

저자는 2018년도에 새로 나온 교과서를 검토하다가 또 하나의 심각한 문제점을 발견하고 상당한 우려를 하게 되었다. 국내 최고의 유명한 출판사의 교과서에 삼각형의 내각의 합은 180^o이라는 사실에 대한 설명이 완전히 빠져있다는 것이다. 형식에 지나치게 얽매여 내용과 학습구성에 대한 깊은 성찰의 부족함을 한 번 더 느끼게 되었다.

그런데 합동조건(결정조건)에 대한 더 중요하고 어려운 얘기가 있다. 아직까지 단원의 처음 질문에 대한 논의는 시작도 못했다. 이제 본격적인 논의를 어느 중학교 1학년 교과서에 나오는 다음 내용으로 시작해 보겠다.

알아보기

자와 각도기를 이용하여 다음 조건을 만족하는 삼각형 ABC를 몇 개나 그릴 수 있는지 알아보자.

$$\overline{\mathrm{AB}}=8cm,\ \overline{\mathrm{AC}}=6cm,\ \angle\mathrm{B}=45^o$$

설명

그림과 같이 조건 '$\overline{\mathrm{AB}}=8cm,\ \overline{\mathrm{AC}}=6cm,\ \angle\mathrm{B}=45^o$'를 만족하는 삼각형은 2개이므로 하나로 결정되지 않는다.

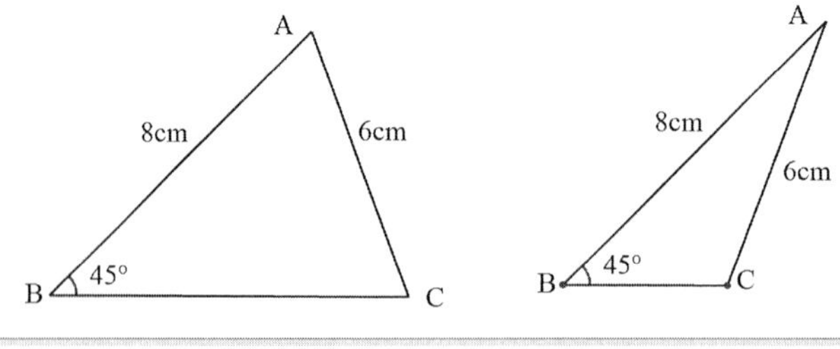

지적 호기심이 많은 학생들을 위한 좋은 예라고 보인다. 실제로 자와 컴퍼스 또는 기하 소프트웨어를 이용하여 직접 해보는 것도 좋다. 그런데 학생이 문득 다음과 같이 질문하면 어떠할까?

조건 '$\overline{AB}=4cm$, $\overline{AC}=5cm$, $\angle B=45^o$'을 만족하는 삼각형은 아무리 해봐도 한 개 뿐인 것 같은데요?

질문에 대해 정확하게 답을 알고 있는 교사들이 얼마나 있을까? 답을 알고 있다고 해도 내용을 모두 전달하는 것이 좋을까? 교사는 어떤 식으로 어떤 대답을 하여야 할까?

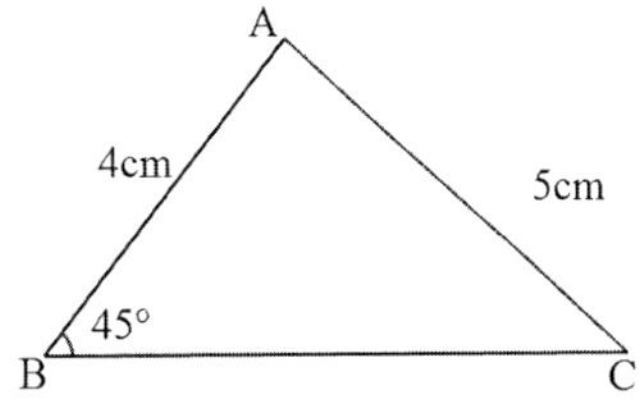

먼저 기하 소프트웨어(GSP 등)을 이용한 작도과정을 통하여 대응하는 두 변의 길이가 같고 대응하는 한 각(끼인 각이 아닌)이 같은 삼각형이 어떻게 결정되는지 알아본 뒤에 질문에 대한 지혜로운 대답을 생각해보자.

◎ 우선 (알아보기)의 '$\overline{AB}=8cm$, $\overline{AC}=6cm$, $\angle B=45^o$'을 만족하는 삼각형이 2개인 이유를 알아보자.

(ⅰ) $\overline{AB}=8cm$인 선분을 긋는다.

(ⅱ) $\angle B=45^o$가 되도록 반직선 $\overrightarrow{BX}$를 긋는다.

(ⅲ) 점 A를 중심으로 반지름이 $6cm$인 원을 그린다.

(ⅳ) 원과 반직선 $\overrightarrow{BX}$과의 교점 C가 2개 생김을 확인한다.

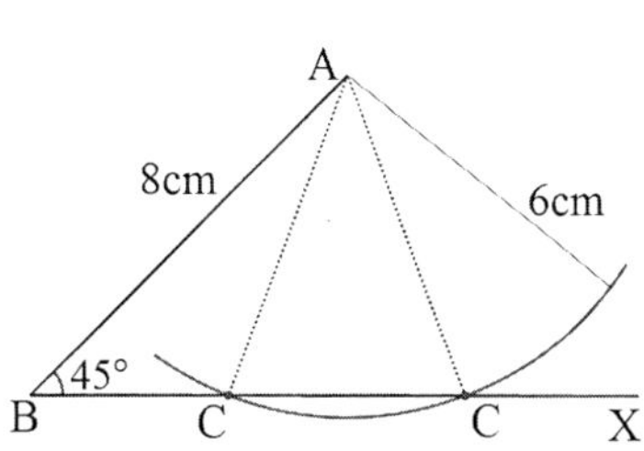

◎ 이번엔 '$\overline{AB}=4cm$, $\overline{AC}=5cm$, $\angle B=45^o$'을 만족하는 삼각형을 생각해보자.

(ⅰ) $\overline{AB}=4cm$인 선분을 긋는다.

(ⅱ) $\angle B=45^o$가 되도록 반직선 $\overrightarrow{BX}$를 긋는다.

(ⅲ) 점 A를 중심으로 반지름이 $5cm$인 원을 그린다.

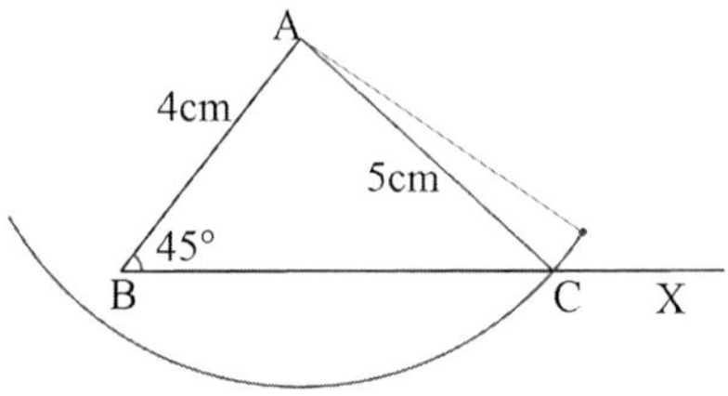

(ⅳ) 원과 반직선 $\overrightarrow{BX}$과의 교점 C가 한 개만 있음을 확인한다.

자! 이제 감이 잡힐 것이다. $\overline{AB}=c$, $\overline{AC}=b$, $\angle B=\theta$인 $\triangle ABC$에서 c, b, θ의 값에 따라 삼각형은 1개 또는 2개가 생긴다는 것을 위의 과정을 통해 알 수 있다.(삼각형이 존재하지 않을 수도 있다.) 여기까지가 수학적 호기심이 많은 중학교 1학년 학생에게 들려 줄 수 있는 일차적인 답이다. 더 관심 있는 학생이라면 다음의 내용까지 얘기할 수 있을 것이지만 중학교 1학년에게는 바람직하지 않다. 그러나 수학교사로서는 꼭 알아 두어야할 내용이다.

$\overline{AB}=c$, $\overline{AC}=b$, $\angle B=\theta$인 $\triangle ABC$의 개수는?

(가) $\overline{AB} \geq \overline{AC}$일 때 $(c \geq b)$

ⅰ) $b > c\sin\theta$이면 점 C를 2개 찾을 수 있으므로 합동이 아닌 삼각형이 있다.

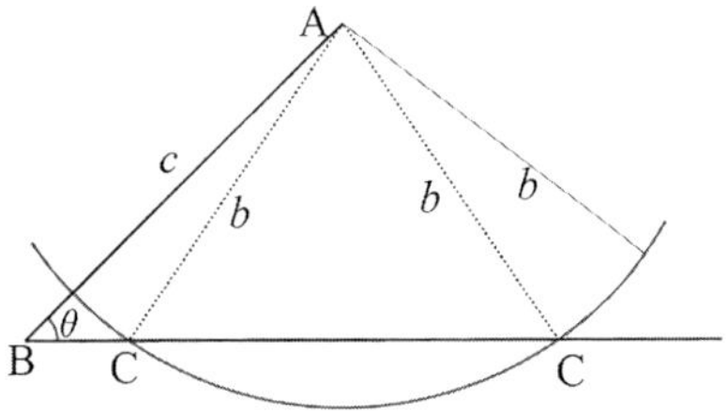

ⅱ) $b = c\sin\theta$이면 원이 $\overline{BC}$와 접하게 되어 $\overline{BC}$와 만나는 점은 1개뿐이다. 따라서 삼각형이 1개만 존재한다.

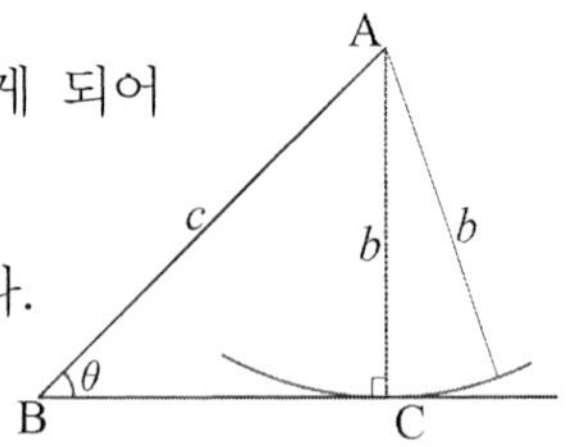

ⅲ) $b < c\sin\theta$ 이면 점 C를 찾을 수 없으므로 이런 삼각형은 존재하지 않는다.

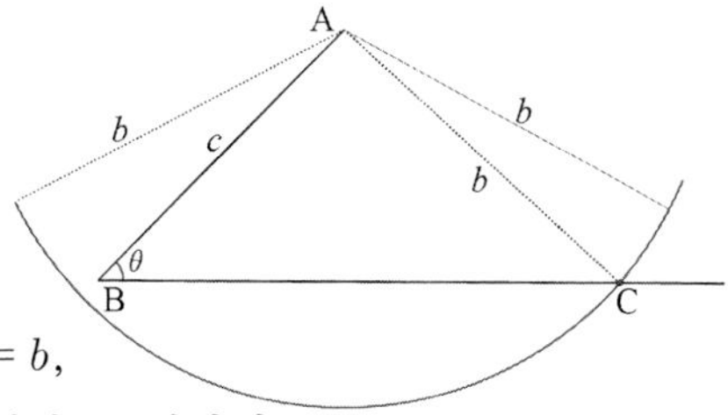

(나) $\overline{AB} < \overline{AC}$일 때

($c < b$일 때)

점 C를 1개 찾을 수 있으므로 $\overline{AB} = c$, $\overline{AC} = b$, $\angle B = \theta$인 삼각형은 1개만 존재한다.

b, c, θ의 관계	$\triangle ABC$의 개수
$b < c\sin\theta$	없다.
$b = c\sin\theta$	1(개)
$c\sin\theta < b < c$	2(개)
$b \geq c$	1(개)

다시 말하지만 이런 내용을 중학교 1학년 학생에게 가르쳐서는 안 된다. 하지만 중학교 3학년이 되면 삼각비를 배운다. '삼각비의 활용' 단원의 뒷부분의 응용문제들은 대부분이

" ... 의 길이를 구하라."　　　" ... 의 넓이를 구하라."

등등의 어떤 값을 구하라는 것들로 이루어져있다. 물론 학생들이 익혀야 할 중요한 내용들이다. 다만 중학교 3학년 상위권 학생들이라면 문제해결력 향상을 위해, 삼각형의 합동조건의 심화학습을 위해 다음과 같이 조금은 열린 형식의 문제를 제시해보면 어떨까?

문제 $\overline{AB} = 4$, $\angle B = 45^o$인 $\triangle ABC$가 있다. 다음에 대해 각각 참·거짓을 밝히고 이유를 설명하라.

(1) $\overline{AC} = 2\sqrt{2}$이거나 $\overline{AC} = 4$이면 $\triangle ABC$는 직각삼각형이다.

(2) $2\sqrt{2} < \overline{AC} < 4$라 하면 $\triangle ABC$는 항상 예각삼각형이다.

(3) $\overline{AC} > 4$라 하면 $\triangle ABC$는 항상 둔각삼각형이다.

다음은 시중에 흔히 볼 수 있는 참고서에 있는 합동조건에 대한 문제들을 적당히 정리한 것이다.

문제 아래의 ①~⑥의 각 경우에서 삼각형 △ABC와 △A′B′C′가 항상 합동이 되는 것을 모두 고르시오.

① $\overline{AB}=4cm$, $\overline{AC}=5cm$, $\overline{BC}=6cm$

$\overline{A'B'}=4cm$, $\overline{A'C'}=5cm$, $\overline{B'C'}=6cm$

② $\overline{AB}=4cm$, $\overline{AC}=5cm$, $\angle A=45^o$

$\overline{A'B'}=4cm$, $\overline{A'C'}=5cm$, $\angle A'=45^o$

③ $\overline{AB}=4cm$, $\angle C=40^0$, $\angle B=45^o$

$\overline{A'B'}=4cm$, $\angle C'=40^0$, $\angle B'=45^o$

④ $\overline{AB}=4cm$, $\angle C=40^0$, $\angle B=45^o$

$\overline{A'B'}=4cm$, $\angle C'=40^0$, $\angle B'=45^o$

⑤ $\overline{AB}=4cm$, $\overline{AC}=5cm$, $\angle B=45^o$

$\overline{A'B'}=4cm$, $\overline{A'C'}=5cm$, $\angle B'=45^o$

⑥ $\overline{AB}=8cm$, $\overline{AC}=6cm$, $\angle B=45^o$

$\overline{A'B'}=8cm$, $\overline{A'C'}=6cm$, $\angle B'=45^o$

앞의 내용을 잘 이해하였다면 위 문제의 무엇이 문제인지 알 수 있을 것이다. 심지어 ⑤의 경우에 합동이 아니라고 하는 참고서도 있다. 중요한 점은 답이 맞던 그르던 간에 이런 종류의 문제는 중학교 1학년에게 어울리지 않는 문제이다. ⑤와 ⑥에 대해 교사는 그 답을 알고 있어야 하지만 절대로 문제로 출제하지 말아야 한다.

찬란했던 그리스 수학의 정수 유클리드 원론

알렉산드로스 대왕과 헬레니즘

알렉산드로스(알렉산더, Alexandros the Great, BC356-BC323)는 교육열이 대단했던 어머니의 영향으로 13살 때부터 약 3년간 그리스 최고의 철학자 '아리스토텔레스'에게 정통 그리스 문화와 학문을 전수받는다. 그 무렵의 그리스는 이미 전성기를 지나 전쟁과 분열, 경제적 어려움 등을 겪으며 쇠퇴의 시대에 들어서고 있었다. BC338년에 알렉산드로스의 아버지 필리포스2세는 아테네와 테베를 패퇴시키고 그리스를 점령하였다. 필리포스의 뒤를 이어 약관 20살 나이에 왕위를 계승한 알렉산드로스는 BC334년에 아시아 원정을 떠나 페르시아의 군대에 대승을 거둔다. 일 년 후엔 페르시아 다리우스 3세의 대군을 섬멸하고 유럽과 서아시아, 북아프리카에 이르는 거대한 제국을 건설한다.

기원전 330년경부터 이집트가 로마에 정복당하는 기원전 30년에 이르는 약 300년간의 시대를 헬레니즘[2)](Hellenism)시대라고 한다. 헬레니즘 사상은 로마 제국의 토양이 된 것은 물론, 이후 비잔틴 세계, 이슬람 세계, 서유럽 세계에도 공통의 유산으로 영향을 미쳤다. 역사가에 따라서는 헬레니즘 시대를 그리스 문화의 쇠퇴기로 보기도 하지만, 그리스 문화의 융합과 확산의 시기로 평가하는 시각이 더 많다. 알렉산드로스는 세계주의를 지향하며 지리적, 문화적, 상업적 측면에서 사람들의 세계 인식을 확장시키는 기반을 마련한 것이다. 이집트까지 정복 후 그는 이집트에서 지중해 동부와 서부를 이어주는 상업과 행정 중심지 구실을 할 도시를 건설하

---

2) 동양의 유교와 불교는 서양의 헬레니즘과 헤브라이즘에 비교된다.

기 시작했다. 나일 강 하구에 자리하게 된 이 도시가 바로 '알렉산드리아'다. 알렉산드로스는 정복지의 관습과 제도를 인정하는 정책을 폈기 때문에, 그리스 문화가 확산되면서도 각 지역의 문화와 융합되어 새로운 문화가 탄생할 수 있었다.

알렉산드리아 도서관

알렉산드리아를 거대한 제국의 여러 수도 중의 하나로 선택하고 최고의 건축가들을 아테네로부터 초빙하여 인구 50만의 당시로서는 거대한 계획도시를 건설했다. 이 때 알렉산드리아 도서관도 동시에 건설되었다. 알렉산드로스가 후계자를 남기지 못하고 젊은 나이에 갑자기 죽자 제국은 3개로 나뉘었고 알렉산드리아를 포함한 현재의 이집트 지역은 톨레미 장군의 지배하에 놓인다. 그가 바로 톨레미 1세[3](Ptolemy I, BC367-BC283)이다. 학문을 숭상했던 그는 각 지역의 명성 높은 학자들을 초빙해 도서관을 확장한 대학을 만들었다. 국가가 경비를 지원하고 강의실, 실험실, 정원, 박물관, 도서관, 주거시설 등을 갖춘 오늘날의 대학과 유사한 교육기관이었다. 당시의 대부분의 귀한 자료들이 도서관에 소장되어 있었고, 각지의 유능한 학자들이 몰려들어 거의 천년에 걸쳐 헬레니즘을 꽃 피운 서구 학문의 중심지 역할을 했다.

세계의 7대 불가사의 파로스 섬의 등대

고대 7대 불가사의 가운데 하나인 파로스 섬의 등대는 BC280년 무렵 알렉산드리아 항 앞의 파로스 섬에 세워졌다고 한다. 1994년 프랑스 해저 고고학 발굴 팀이 해저 7m의 바다 속에서 파로스 등대의 일부로 보이는 유물 여러 점을 인양하는 데 성공했다. 그 가운데는 검은색 화강암으로 만들어진 높이 4.55m, 무게 12ton의

---

3) 톨레미 왕조의 마지막이 바로 그 유명한 클레오파트라이다.

거대한 이시스상이 포함되어 있는데, 등대의 윗부분에 장식되어 있었던 것으로 여겨진다. 대리석으로 이루어진 등대는 그 높이가 무려 135m에 달하고 등대 안에는 수백 개의 석실이 있었던 거대한 것으로 알려져 있다. 등대에서 밝히는 빛은 반사경을 타고 50km 밖까지 전해졌다고 한다. 등대에서 근처를 지나가는 배들을 감시하며 귀중한 책 등을 빼앗거나 사들이는 방식으로 당시 서구의 거의 모든 책과 자료들을 알렉산드리아 도서관에 소장하였다고 한다.

유클리드와 〈원론〉

BC300년경의 사람인 '유클리드'(Euclid, BC330?-BC275?)의 생애에 대해서는 알려진 바가 많이 없다. 톨레미 왕이 직접 아테네로 가서 유클리드를 초빙해왔고 알렉산드리아 대학의 초대 수학교수이며 학과장 역할을 했다고 한다. 알렉산드리아 대학에 부임하자 자신의 뛰어난 수학적 재능을 바탕으로 피타고라스학파가 이뤄 놓은 업적들을 포함한 당시 그리스 수학의 모든 정수(精髓)를 모아서 체계적으로 정리하는 웅대한 작업을 시작했다. 단순히 자료를 모아 정리하는 작업이 아니라 현재 우리의 수학교과서와 같이 기본적이고 필수적인 공리를 최소로 가정하고, 필수용어의 정의로부터 수학논리의 엄밀성을 완벽히 유지하면서 참인 명제인 정리를 도출하고 증명하는 현대 수학 형태의 책을 만드는 그 시대의 입장에서는 상상하기도 힘든 고도의 수학 연구 작업이었던 것이다.

당시의 수학적 지식을 모두 망라한 13권으로 되어있는 〈원론, Elements〉은 수학적 논리의 완벽성을 끝까지 유지하고 있다. 노예해방을 실현시킨 미국의 대통령 '에이브라함 링컨'의 뛰어난 연설문은 여러 영어 교과서나 참고서, 영화 등에서 우리에게 친숙한 편이다. 연설문은 대부분 우수한 문장력을 유지하면서도 완벽한

논리성을 지니고 있는 것으로 유명하다. 그 바탕에는 여러 외지를 떠돌아 다녀야하는 순회판사 시절 젊은 링컨이 항상 셰익스피어의 작품들과 유클리드의 원론을 가지고 다니며 밤마다 탐독한데서 기인하는 것으로 알려졌다. 링컨의 전기에는 셰익스피어의 작품에서는 문장력을, 유클리드 원론에서는 논리적 사고력을 키웠다고 기록되어 있다. 원론의 진본은 알렉산드리아 도서관이 불타 파괴되면서 사라져 그리스어 진본은 존재하지 않는다. 다행히도 원론의 우수성을 인지한 아라비아의 학자들에 의해 여러 아랍어 번역판이 남겨 졌다. 십자군전쟁 당시 유럽으로 전해지면서 원론이 쓰여 진 후 약 1500년 이후인 11세기경에 서구사회에 다시 알려지게 되고 르네상스 시대의 수학의 성서로 자리매김하게 되었다. 〈원론〉의 우리말 번역판이 〈기하학원론〉이란 제목으로 출간되어 누구라도 쉽게 접할 수 있는데 굳이(?) 찾아 볼 필요는 없다. 왜냐하면 원론은 그 내용과 형식면에서 지금의 중학교 기하학 교과서와 거의 유사한 내용이기 때문이다. 세상의 모든 지식이 들어있다는 브리태니커 백과사전에는 다음과 같이 적혀있다.

"원론만큼 위대한 수학책은 없으며 앞으로도 없을 것이다."

더욱 놀라운 것은 유클리드가 '원론'을 집필한 시기가 2300년 이전인 BC300년경이라는 것이다. 거대한 제국을 통치하기 위해서는 깊이 있는 지혜와 사고력이 필요하다. 이를 위해 톨레미 왕은 유클리드에게 직접 원론의 내용을 공부했다고 한다. 수학의 엄격한 논증적인 전개 과정을 배우는 것에 상당한 어려움을 느낀 톨레미 왕은 유클리드에게 수학(기하학, Geometry)을 좀 더 쉽게 배우는 방법에 대해 물었다. 유클리드는 다음과 같은 유명한 말을 남겼다.

"There is no royal road in Geometry."

이 말은 현대에서는 다음과 같은 격언으로 바뀌어 쓰인다.

"There is no royal road in learning."

공부를 하는데 있어서 결과가 전부이면 편하게 갈 수 있는 왕도(Royal Road)가 있을 수도 있겠지만, 공부란 결과보다도 어려움을 이겨내며 결과에 도달하는 과정이 훨씬 더 중요하다는 뜻이다.

3대 작도 문제

고대 그리스 시대부터 내려오던 3대 작도(불가능) 문제가 있다. 많은 사람들이 해결하려 했으나 풀리지 않는 어려운 문제로 전해져 오다가 18세기에 와서야 수학적으로 모두 작도 불가능한 문제라는 것이 밝혀졌다. 한 번쯤은 정리해두는 것이 좋을 듯하여 소개한다.

1. 원적문제

: 주어진 원과 같은 면적을 갖는 정사각형을 작도하는 문제

플루타르크 영웅전[4]에 의하면 고대 그리스의 천문학자이자 철학자인 아낙사고라스(Anaxagoras, B.500?~BC428)는 다음과 같이 주장하였다.

> '태양은 아주 커다란 뜨거운 돌덩이에 불과하며 달은 해로부터 빛을 받아 되쏘고 있는 또 하나의 지구이다.'

당시의 아테네의 종교와는 반하는 내용이라 신성모독으로 투옥되었다. 감옥에서 이런 저런 생각을 하다가

> '주어진 원과 똑같은 넓이를 갖는 정사각형을 작도하는 것이 가능한가?'

라는 문제를 생각했다.

4) 플루타르코스가 그리스와 로마의 50명의 인물들에 대해 아름다운 문체의 서사시 형태로 적은 방대한 양의 전기물로 고대 서구사회를 알려주는 귀중한 자료이다.

이 문제는 결국 원주율 π를 작도하는 문제이고 1882년에야 작도 불가능하다는 것이 밝혀졌다. 그러나 아낙사고라스는 원적문제를 해결하기 위해 끙끙대면서 감옥 생활을 지루하지 않게(?) 보냈다고 한다.

2. 정육면체의 배적문제

: 정육면체의 2배의 부피를 갖는 정육면체의 한 변의 길이를 작도하는 문제

그리스 시에 다음과 같은 내용이 전해 내려온다.

> '신화 속 왕 미노스가 아들의 묘비의 크기를 두 배로 만들라고 명했다. 신하들은 묘비의 각 변을 두 배로 하였다. 그러나 왕은 자신의 생각보다 묘비가 너무 커지자 크게 격노하였다.'

또 다른 유래로는 그리스 도시국가 간의 패권을 놓고 벌였던 펠로폰네소스전쟁[5](BC431-BC400년)에서 비롯된다. 초반에는 아테네가 유리했으나 페스트로 지도자 페리클레스를 포함한 아테네 인구의 1/4 죽게 되어 불리해졌다. 그러자, 아폴로 신전에 질병을 퇴치하는 법을 물었다. 신탁[6](信託)은 바로

> '아폴로 신전의 정육면체로 된 제단을 두 배로 크게 하라.'

는 것이었다. 아테네 사람들은 각 변의 크기를 2배로 하여 새로 제단을 만들었지만 페스트는 없어지지 않았고 결국 전쟁에서도 스파르타에게 패하고 말았다.

---

5) 아테네와 스파르타 간의 30년 전쟁
6) 신이 계시를 인간에게 전달하는 것

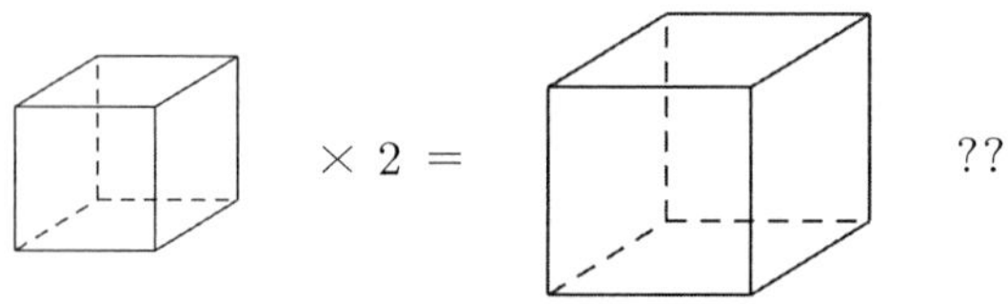

정육면체의 배적에 관한 이야기는 자칫 그리스인들의 어리석음을 탓하는 것으로 여겨질지도 모르겠다. 그러나 반대로 고대 그리스인들이 얼마나 지혜로웠나를 역설적으로 말해준다. 서구문명의 모체인 그리스 문명을 대표하는 것 중의 하나가 바로 수학이다. 오늘날 우리가 중등과정에서 배우는 평면도형에 관한 내용은 이미 이천년 이전의 그리스인들이 거의 다 이루어 놓았다. 이러한 그들이 실제로 간단한 부피문제에 대해 오류를 범했을까? 배적문제와 관련된 두개의 예들은 상대적으로 무지한 일반인들을 깨우치는 교훈적인 의미이다. 일상생활에서 일어날 수 있는 부피를 두 배로 하기 위해 각 변을 두 배로 하는 식의 어리석음을 범하지 말라는 교훈을 남기려고 한 것으로 보아야 한다.

3. 임의 각의 3등분문제

비슷한 시기에 아테네에는 다음과 같은 작도문제가 수학자들의 관심을 끌었다.

'임의의 각을 3등분 하는 것이 가능한가?'

가장 많은 관심과 오해를 받았던 문제이다. 최근까지도 임의의 각을 3등분하는데 성공했다는 주장이 있는데 이는 어딘가에 오류가 있거나 아니면 '눈금 없는 자와 컴퍼스' 이외의 적당한 도구를 추가로 사용한 것이니 오해가 없기를 바란다.

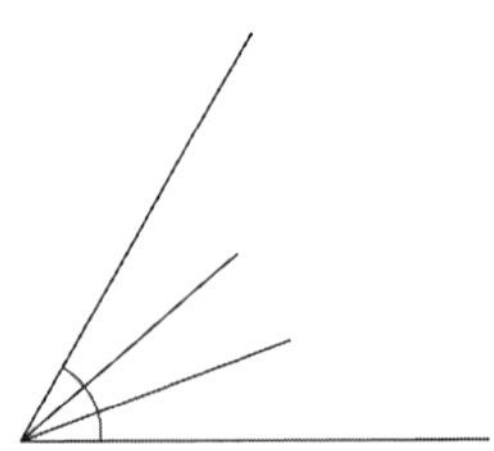

원적문제와 정육면체의 배적문제들을 풀기 위한 많은 노력들이 있었는데 쓸데없는 것만은 아니었다. 이 과정 중에 아르키메데스의 나선이나 원추곡선 등 여러 가지 곡선에 관한 연구 성과가 있었고 각종 제도도구가 발달하기도 하였다. 각의 삼등분 문제를 해결하기 위해 '토마호크(tomahawk)'라는 도구가 개발되었는데 순항미사일 '토마호크'는 이를 본 따서 명명한 것이라고 한다.

Question

02 직각삼각형의 합동조건에서 꼭 빗변의 길이가 같을 때에만 합동인가요?

앞 단원과 연관된 내용으로 중학교 2학년 과정에 나오는 직각삼각형의 합동조건에 대해 이야기해 보도록 하겠다. 교과서에 기술이 조금 아쉬운 부분이 있다.

조건 A

㉮ 빗변의 길이와 한 예각의 크기가 같을 때
㉯ 빗변의 길이와 다른 한 변의 길이가 각각 같을 때

라 모든 교과서에 적혀있고 각각에 대해 증명(설명)되어 있다. 과연 합동조건을 합당하게 적은 것일까? 그렇지 않다면 무엇이 문제이고, 왜 지금까지 사용해왔던 것일까? 이제 다음과 같은 학생의 질문에 대해 생각해 보자.

'직각삼각형의 경우 꼭 빗변의 길이가 같을 때에만 합동인가요? 아래와 같이 합동조건을 바꾸면 무엇이 문제인가요?'

조건 B

㉮` 대응하는 한 변의 길이와 한 예각의 크기가 같을 때
㉯` 대응하는 두 변의 길이가 각각 같을 때

첫 번째 조건㉮`의 경우에는 쉽게 답할 수 있다. 즉, 다음과 같은 반례가 있으므로 〈조건A〉의 ㉮는 적절한 것이고 〈조건B〉의 ㉮`는 적절하지 않다.

$\triangle ABC$와 $\triangle A'B'C'$에서

$\overline{AB} = \overline{A'B'}$, $\angle A = \angle C'$

이지만 두 삼각형은 합동이 아니다.

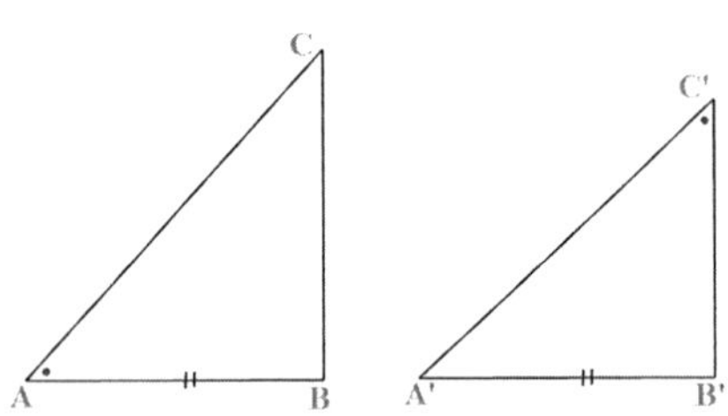

만약 조건㉮`를 '대응하는 한 변의 길이와 대응하는 예각의 크기가 각각 같을 때'의 방식으로 표현을 바꾼다면 합동조건이 된다. 앞 단원에서 언급한 AAS합동이 되기 때문이다.

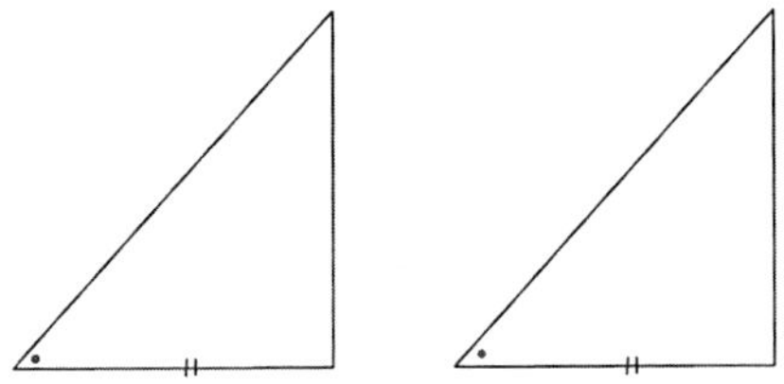

표현 중에서 '대응하는 예각'이란 부분은 중학교 2학년 학생들에게는 오히려 혼동만 일으킬 수도 있다. 따라서 교과서의 직각삼각형의 조건㉮를 그대로 사용하되, 위의 그림과 같이 합동이 될 수도 있고 앞 쪽의 그림처럼 합동일 수도 아닐 수도 있다는 것을 설명해 주는 것은 바람직하다.

조건 ㉮에서와 같이 '빗변의 길이와 한 예각의 크기가 같을 때 두 직각삼각형은 합동이다.'임을 보여주는 교과서의 설명을 보자.

$\triangle ABC$와 $\triangle A'B'C'$에서

$\overline{AB} = \overline{A'B'}$ ・・・・ ①

$\angle B = \angle B'$ ・・・・ ②

$\angle A = 90^o - \angle B$

$= 90^o - \angle B'$

$= \angle A'$

이므로 $\angle A = \angle A'$

・・・・ ③

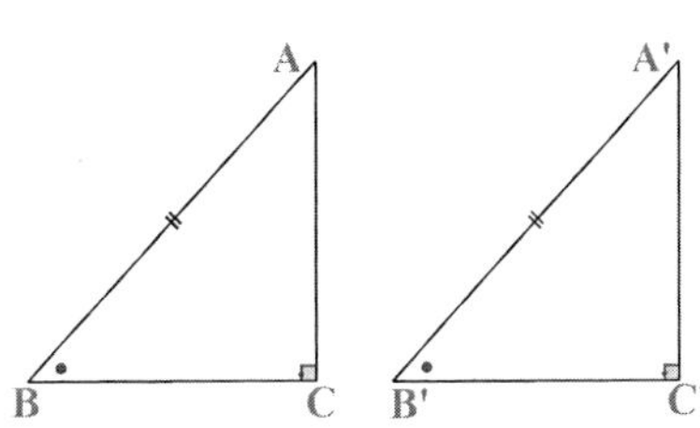

①, ②, ③에서 대응하는 한 변의 길이가 같고, 그 양 끝 각의 크기가 같으므로 $\triangle ABC \equiv \triangle A'B'C'$

그런데 이 설명은 AAS조건과 ASA조건이 근본적으로 같은 합동조건임을 말해주는 설명과 같은 것이라고 보아도 무방하다. 다음 설명을 비교해 보면 쉽게 알 수 있다.

$\triangle ABC$와 $\triangle A'B'C'$에서

$\overline{AB} = \overline{A'B'}$ · · · · ①

$\angle B = \angle B'$ · · · · ② $\angle C = \angle C'$ · · · · ③

가 성립하면 $\triangle ABC \equiv \triangle A'B'C'$이다.

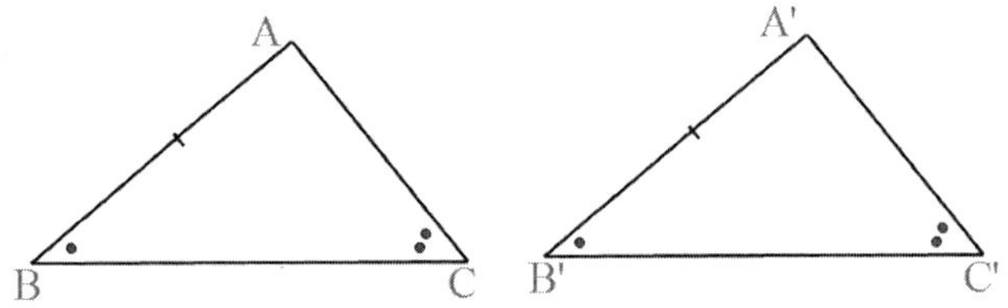

$\angle A = 180^o - (\angle B + \angle C) = 180^o - (\angle B' + \angle C') = \angle A'$

이므로 $\angle A = \angle A'$ · · · · ④

① ~ ④에서 대응하는 한 변의 길이가 같고, 그 양 끝 각의 크기가 같으므로 $\triangle ABC \equiv \triangle A'B'C'$이다.

교사의 입장에서는 이 부분 수업을 할 때, 1학년 때 배운 삼각형의 ASA합동조건과 AAS조건이 결국 같은 조건임을 위와 같은 두 설명을 비교함으로써 학생들에게 자연스럽게 설명해 줄 수 있는 좋은 기회라 할 것이다. 그런데, 문제는 조건㉯를 직각삼각형의 합동조건으로 하는 것은 타당하지 않다는 것이다. 조건㉯`가 옳은 것이다. 왜냐하면 조건㉯는 조건㉯`의 한 특수한 경우에 불과한 것이기 때문이다. 즉, 조건㉯는 마땅히

'대응하는 두 변의 길이가 각각 같을 때'

로 바뀌어야한다. 직각삼각형에서 '대응하는 두 변의 길이가 각각 같을 때'는 다음의 두 가지 경우 밖에 없다.

(1) 빗변의 길이와 다른 한 변의 길이가 같을 때

(2) 직각을 낀 두 변의 길이가 각각 같을 때

그런데 (1)번은 조건㉯이고, (2)번은 SAS합동조건을 의미한다. 만약 학생이

> "직각을 낀 두 변의 길이가 각각 같을 때에도
> SAS합동조건을 만족하는데 굳이 (1)번의 경우만
> 직각삼각형의 합동조건이라고 쓰인 것이 이상한데요?"

라고 물으면 무어라 대답할 것인가? 그저 이전의 내용을 그대로 답습하여 오랫동안 간과해온 교과서의 내용이 문제가 있는 것이다. 마땅히 다음을 직각삼각형의 합동조건이라 해야 할 것이다.

- ► 빗변의 길이와 한 예각의 크기가 같을 때
- ► 대응하는 두 변의 길이가 각각 같을 때

알고 보면 그리 어렵지 않은 내용인데 왜 이런 일이 발생했을까? 이 역시 교과서의 전개를 주의 깊게 살펴보면 알 수 있다. 직각삼각형의 합동조건은 이등변삼각형의 뒷부분에 나온다. '이등변삼각형의 두 밑각은 같다.'는 것을 배운 후에 이를 이용하여 '빗변의 길이와 다른 한 변의 길이가 각각 같은 두 직각삼각형은 합동이다.'를 설명한다.

$\angle C = \angle C' = 90^o$ 인 두 직각삼각형

$\triangle ABC$와 $\triangle A'B'C'$에서

$\overline{AB} = \overline{A'B'}$ · · · ①

$\overline{BC} = \overline{B'C'}$ · · · ②

이면 $\triangle ABC \equiv \triangle A'B'C'$

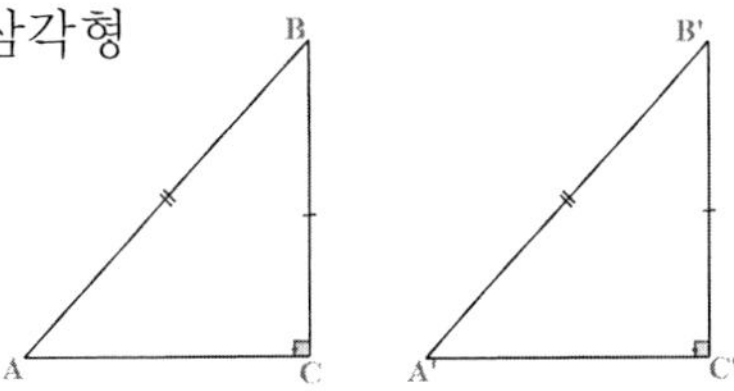

설명 그림과 같이 $\triangle A'B'C'$를 뒤집어 길이가 같은 두 변 BC와 $B'C'$가 겹치도록 놓으면 $\angle ACB + \angle A'C'B' = 180^o$ 이다. 따라서 세 점 A, C(C′), A′는 한 직선 위에 있다.

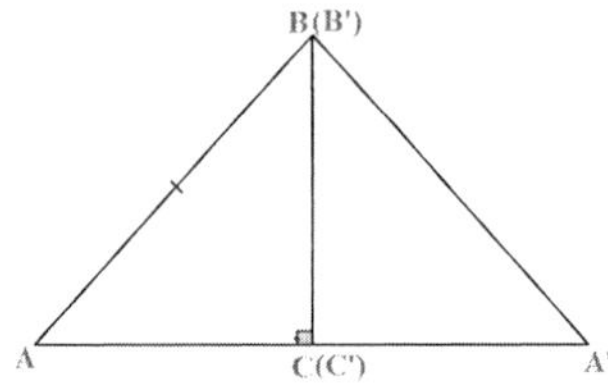

①에 의해 $\triangle BAA'$ 은 이등변삼각형이므로 $\angle A = \angle A'$ 이다.

그러므로 $\angle ABC = 90^o - \angle A = 90^o - \angle A' = \angle A'B'C'$,

즉, $\angle ABC = \angle A'B'C'$ · · · · ③

①, ②, ③에서 대응하는 한 변의 길이가 같고, 그 양 끝 각의 크기가 같으므로 $\triangle ABC \equiv \triangle A'B'C'$

증명의 밑줄 친 부분에서 바로 이전에 배운 '이등변삼각형의 두 밑각은 같다.'의 내용을 이용했다.(중2 교과서를 펼쳐보면 좋겠다.) 즉, 명제

'빗변의 길이와 다른 한 변의 길이가 각각 같은
두 직각삼각형은 합동이다.'

는 단지 이등변삼각형의 두 밑각이 같음을 이용하여 알아낸 직각삼각형이 합동이 되는 한 경우를 보인 것에 불과하다. 완전한 형태의 직각삼각형의 합동조건인 것은 아니라는 것이다. 그럼에도 불구하고 앞에서 언급한바와 같이 조건㉮

'빗변의 길이와 한 예각의 크기가 같을 때'

에서 빗변이라고 하는 것이 필수적인 것이기 때문에 이 경우도 초기 교과서부터 별 생각 없이 똑같이 그냥 빗변이라고 쓴 것이고 이 후의 교과서에서도 깊이 고려하지 않고 그대로 기술한 것이라고 생각된다. 직각삼각형의 합동조건이라고 명시하려면 '직각을

낀 두 변의 길이가 각각 같을 때'에도 당연히 SAS 합동이므로 두 가지 경우를 모두 포함하도록 다음과 같이 써야할 것이다.

"대응하는 두 변의 길이가 각각 같은 두 직각삼각형은 합동이다."

참고로 1단원에서 살펴보았던 직각의 경우 원과 직선이 접하게 되어 삼각형이 한 개만 존재하는 경우(즉, 합동이 되는 경우)를 생각해보자.

► $b = c\sin\theta$이면 그림처럼 원이 $\overline{\text{BC}}$와 접하게 되어 $\overline{\text{BC}}$와 만나는 점은 1개이다. 따라서 삼각형이 하나만 존재한다.

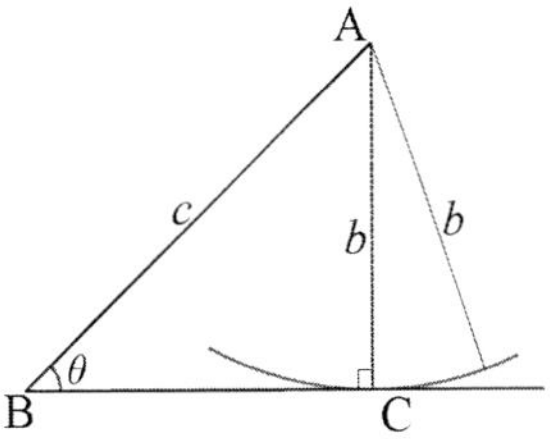

이는 각삼각형의 경우에는 SSA조건과 SAS조건이 모두 합동조건이 된다는 것을 의미한다. 이것은 직각삼각형의 경우 다음 사실을 다시 한 번 확인해준다.

"대응하는 두 변의 길이가 각각 같은 두 직각삼각형은 합동이다."

우리는 피타고라스를 잘 알고 있을까?

수학을 잘 모르는 사람들도 대부분은 피타고라스(Pythagoras, BC 582~497)라는 이름과 피타고라스정리를 한 번 쯤은 들어본 적이 있을 것이라고 생각한다. 그러나 수학을 어느 정도 공부했다는 사람들일지라도 대부분 '피타고라스가 무얼 했느니', '피타고라스 정리가 어떻다느니' 등의 그에 대한 단편적이고 지엽적인 지식 정도만을 갖고 있는 것 같다. BC 6세기경의 그의 행적들은 여러 사람에 의해 전설과 신화처럼 전해온다. 우리에게 너무 친숙한 피타고라스정리는 피타고라스에 대한 일부분의 이야기일 뿐이다. 그가 무엇을 했으며 그가 수학에 끼친 지대한 역할이 무엇인지, 또 그 시대의 환경 속에서 어떤 신비한 삶을 살고 왜 나중에는 종교집단의 교주와 같은 역할을 하는 데까지에 이르렀는지를 소개하겠다. 다소 긴 이야기로 느껴질지도 모르겠지만 적어도 교사라면 누구나 들어본 적이 있는 그에 대해 제대로 알고 있어야 하지 않을까 한다. 그를 알기 위해서는 먼저 피타고라스 이전의 상황부터 거슬러 올라가야 한다.

수학의 시조 밀레투스의 탈레스(Thales, BC 624~546)

고대 이집트와 바빌로니아가 쇠퇴하고 철기시대의 도래와 더불어 새로운 민족국가의 시대가 시작되었다. 그리스[7]가 대표적으로 알파벳이 발명되고 화폐가 사용되며 무역이 활발해지며 새로운 문명의 시대가 시작되었다. 지중해 연안의 무역 도시들의 활발한 성장은 정적인 사고방식에서 동적인 사고방식과 합리주의적인 사고

7) 당시의 그리스의 영향권은 뒤의 지도의 지중해 연안인 이태리 남부, 그리스반도와 도서지역, 터키 서부 연안, 이집트 북부를 포함한 아프리카 북부 연안을 포함하는 지역으로 생각해야한다.

방식으로의 전환을 가져오고, 소수의 세력에게만 독점되어온 과학(수학)지식이 보편화 되었다. 이런 지식들을 접한 학자들은 지식축적의 결과물인 '어떻게(How)'보다는 그 결과가 부정할 수 없이 타당한 것인지 하는 '왜(Why)'라는 문제에 관심을 갖기 시작했다. 지식 자체만을 알고 이용했던 방법(How)이 보편적인 것이 되면서 그리스의 학자들은 지식에 대한 철학적·논리적인 근본 이유(Why)를 찾기 시작하였다. 바로 논증수학의 연역적 방법을 최초로 사용하기 시작한 것이다. 대표적 인물이 바로 밀레투스의 '탈레스'이다.

BC 7세기경에 활동한 그는 전설적인 인물로 '수학의 시조'라 불린다. 철학, 천문, 상업에도 뛰어난 재능을 보여 그리스 고대 칠현(七賢) 중 으뜸으로 꼽히는데 원래 직업은 상인이다. 이오니아의 밀레투스에서 태어나 소금과 올리브유를 거래하는 상인으로 여러 곳을 여행하면서 견문을 넓혔고 상당한 부를 축적한다. 파피루스[8]를 만들거나 소장하고 있는 이집트의 승려들에게 지식을 전수받았고 고대 이집트와 바빌로니아의 수학과 천문학의 내용을 공부하였다. BC585년에 일식을 예측했다고 하며, 하늘의 별들을 바라보며 천체에 관해 정신없이 생각하며 걷고 있다가 웅덩이에 빠진 적이 있다고도 한다. 이러한 세심한 천체에 대한 관찰을 바탕으로 어느 해의 장기적 일기를 예측하여 올리브 풍년을 예상하고 이를 이용하여 큰돈을 벌었다고도 한다. 이솝우화에 나오는 개울에서 일부러 넘어져 등에 진 소금 짐을 녹여 가볍게 한 '꾀 많은 당나귀' 이야기가 있다. 등짐을 솜으로 바꾸어 당나귀를 혼내주라고 권한 지혜로운 이웃집 노인이 바로 탈레스라고 한다.

인생의 후반기에는 고향인 밀레투스로 돌아와 학교를 세우고 제자들을 가르쳤는데, 후에 그리스 자연철학의 시조인 밀레투스의

8) papyrus, 나일강 유역의 갈대 등을 찌고 짓이긴 후 얇게 펴서 만든 고대의 종이, 영어의 paper의 어원이라고 한다.

‘이오니아학파’로 발전하였다. 당시 사람들은 단순한 추측을 믿고 실천하는 정도였는데 ‘왜?’라고 비판하며 논리적으로 문제를 증명하는 일을 시작했다. 직관에 의하지 않고 엄격한 논리적 증명을 항상 요구 했다. 플루타르크는 그에 대하여 다음과 같이 적었다.

> 단순한 추측으로 비판 없이 지식을 믿고 실천하는 데 머물지 않고 논증적으로 증명하는 단계로 학문을 끌어올린 사람이다.

탈레스의 논증수학의 계승자 피타고라스의 등장

지중해의 아시아 쪽에 가까운 내해격인 에게 해의 작은 섬 사모스에서 태어난 피타고라스는 어려서부터 세상의 근본에 대해 관심이 많았다. 진리를 찾아 작은 섬을 벗어나 당시 고대 문명의 중심지인 이집트와 바빌로니아로 20년간의 유학을 떠났다. 세계 2대 문명지역에서 수천 년간 전수된 실질적인 문제해결수단으로서의 실용적 수학지식을 습득하면서 그는 항상 그리스 방식의 논리적 타당성(Why)에 대한 고민을 하곤 했다. 고향으로 돌아오는 문턱인 밀레투스에서 탈레스는 이미 죽은 지 오래되었지만 그의 뒤를 잇는 이오니아학파의 학자들과 만나게 된다.[9] 그들로부터 피타고라스는 계산 중심의 수학적 산출물에 대한 논리적 타당성을 밝히는 탈레스의 방식, 즉, 오늘날의 증명 중심의 방식을 본격적으로 접한다. 세상의 모든 과학적 현상을 튼튼한 논리적 기초를

---

9) 앞쪽의 지도에서 보면 사모스 섬(5번)은 밀레투스(6번, 지금의 터키)에 아주 인접해있다.

사용하여 설명하는 일을 시작했다. 사모스 섬으로 돌아와 20년간 수집했던 이집트와 바빌로니아의 수천 년간의 축적된 산출물에 그의 수학적 능력을 더하여 엄격한 논리적인 방식으로 참인 명제의 증명을 밝혀내고 반론의 여지가 없는 확고한 논증수학의 탑을 쌓아 나갔다. 증명을 찾아내는 것은 밀레투스의 탈레스가 처음 시작한 방식이었지만 피타고라스의 것은 훨씬 엄밀하고 고차원적이었으며 훨씬 더 방대한 내용이었다. 여기서 우리는 다음 질문의 답을 찾을 수 있다.

'왜, 피타고라스 정리라고 부르는가?'

피타고라스 정리 $a^2 + b^2 = c^2$, 즉, '직각삼각형에서 빗변의 제곱은 나머지 두 변의 제곱의 합과 같다.'는 사실은 피타고라스 훨씬 이전의 것이다.

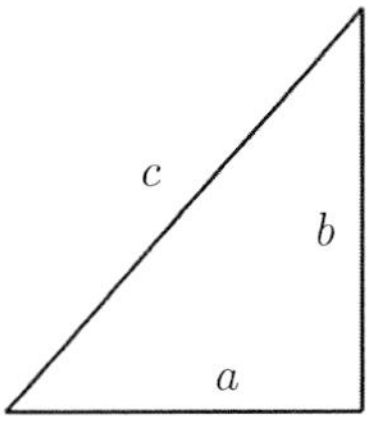

중국과 인도에서도 기록은 여기저기에 등장한다. 그러므로 피타고라스가 처음 이 결과를 발견한 것은 당연히 아니다. BC 1800년경의(피타고라스보다 1200년 이상 앞선) 것으로 추정되는 바빌로니아의 점토판[10] Primpton322의 사진이다.

a	b	c
120	119	169
3456	3367	4285
4800	4601	6649
13500	12709	18541
72	65	97
360	319	481
2700	2291	3541

10) 이라크 남부지역에서 발견된 것인데 지금은 컬럼비아대학 박물관에 Primpton322이란 이름으로 소장되어있다.

직각삼각형을 이루는 세변의 길이($a^2 + b^2 = e^2$)를 기록하여 놓은 것으로 토지구획을 하거나 제단을 쌓는 등 당시 건축토목공사에서 이용한 것으로 보인다. 그림은 원래의 점토판이고 표는 점토판에 새겨진 바빌로니아 쐐기문자 일부를 번역하여 숫자로 나타낸 것이다. 놀라운 것은 표의 수들이 오늘날의 우리들도 잘 알지 못하는 직각삼각형을 이루는 세 자연수들이란 것이다. 당연히 이들은 피타고라스 정리를 알고 있었다. 이미 피타고라스 정리는 잘 알려져 있었는데 왜, 정리의 이름을 피타고라스의 이름을 따서 부르는가? 이미 답은 나와 있다. 피타고라스학파가 처음으로 결과만을 단순히 받아들이지 않고 엄격한 논증적인 증명을 하였기 때문이다. 피타고라스정리를 사용한 어느 문명권에서도 정리에 대한 증명은 없었다. 증명이 포함된 명제이어야만 수학의 입장에서 완벽한 것이다. 결과만을 가지고 아무리 훌륭하게 사용했다 하더라도 증명이 따르지 않으면 의미가 없는 것이 된다.

피타고라스학파의 결성

피타고라스학파를 폐쇄적으로 만든 것은 당시 사모스의 왕 폴리크라테스였다. 마치 통일신라시대 때의 완도에 청해진을 설치하고 해상 교역을 주도했던 장보고처럼 지중해의 내해격인 에게해의 작은 사모스 섬을 그리스의 중요한 역할을 담당하는 교역의 중심으로 발전시킨 인물이다.[11] 그는 외부로부터 조그마한 섬을 지키기 위해 어쩔 수 없이 폐쇄적이고 독재적인 통치 방식을 택했다. 피타고라스학파의 지식을 이용했지만 늘 경계하고 억압했다. 결국 피타고라스는 폴리크라테스를 피해 멀리 떨어진 크로톤[12]에 정착하게 되었다. 크로톤 영주 밀로(Milo)의 적극적인 후원을 받아 본

---

11) 사모스 섬에는 폴리크라테스가 15년에 걸쳐 완성한 1km 정도의 불가사의한 지하 터널이 지금도 그대로 남아있다.

12) 지금의 이탈리아 남부지역, 지도의 3번

격적으로 피타고라스 조직(Brotherhood, 종교적이고 정치적인 집단의 성격)을 결성하고 논증수학을 완성시킨다. 조직원은 피타고라스의 가르침을 모두 이해하는 수준이었는데 그 수가 600명이 넘었다고 한다. 이제 피타고라스의 명성이 아테네를 포함한 그리스 전역에 널리 알려지게 된다. 지식들은 철저히 피타고라스라는 이름으로만 발표되었다. 조직의 기본 교육이념은 '철학'(philosophy)이었다. 피타고라스는 누가 자신의 직업을 물으면 철학자라고 답하고 이렇게 덧붙였다고 한다.

> "철학자란 바로 진리와 그 원리를 찾아 헤매는 일을 귀히 여기는 사람입니다."

8음계와 화음을 발견한 피타고라스

피타고라스 이전에도 화음이 존재하였다. 경험에 의존하여 하프와 비슷한 4줄 현악기로 음을 동시에 냈을 때 조화로운 듣기 좋은 소리를 사용하였으며 객관적인 화음의 기준은 없었다. '플라톤'(Platon, BC 428~348)은 이 원시적 조율 방식을 줄감개 조절방식이라 불렀다. 피타고라스학파에 관한 많은 기록을 남긴 이암블리스코스에 의하면 피타고라스는 소리(음)를 숫자로 정량화할 수 있다고 생각하여 보청기 같은 것을 만드는 연구도 하였다고 한다. 그는 매일 동네를 산책을 하였는데 도중에 대장간이 있었다. 늘 시끄럽게 들리던 망치 소리의 사이사이에 가끔씩 듣기 좋은 소리가 들리곤 했다. 언제 조화로운 소리가 들리는가를 연구하기 시작했다. 악기의 각 현에서 나는 소리는 현의 길이에 의존하고 현의 길이가 1/3, 2/3, 3/4 등의 간단한 자연수의 비를 이룰 때 아름다운 화음이 나온다는 것을 발견하여 음계의 기초를 확립하였고, 이를 이용하여 오늘날의 8음계를 만든 것으로 알려져 있다.

자연수의 비로 이루어진 완벽한 세상

소리 속에 들어있는 아름다움을 간단한 자연수를 이용하여 나타낼 수 있다는 음의 원리를 발견한 피타고라스학파는 세상의 모든 현상을 자연수와 자연수의 비로 설명하려는 연구를 했고 많은 것을 발견하였다. 자연수가 세상의 근본 원리라고 생각하고 자연의 근본은 네 수 1, 2, 3, 4에 있다고 했다. 세상은 점, 선, 면, 입체의 네 가지 기하학적인 원소로 구성되어 있다고 했다. 이제 피타고라스학파는 세상의 모든 것은 자연수의 비를 이용한 원리로 이루어졌다는 확신을 갖는다. 그 확신은 점점 더 깊어져 신앙의 단계로까지 발전한다. 그들의 확고한 종교적 교리는 바로 다음과 같았고 이를 위해 모든 것을 걸고 연구에 전념하였다.

세상은 자연수와 자연수의 비로 이루어져 있다.

당시의 여러 철학자들은 세상을 이루고 있는 근본적인 물질을 찾는 데에 논쟁을 벌였다. 그러나 조그만 사모스 섬에서부터 크로톤에서까지 피타고라스학파는 그들을 비웃으면서 세상이 구성되어 있는 자연수비의 원리에 대해 폐쇄적으로 그러나 광신적인 수준으로 맹렬히 연구에 매진하고 있었다.

피타고라스 이후의 피타고라스학파

밀로의 후원 아래 크로톤에서 수학 연구가 활기차게 진일보하였다. 사실의 결과만이 외부로 퍼졌고 자세한 증명은 철저히 비밀로 간직하였으며 비밀은 종교적 신념의 수준에서 지켜졌다. 당대 최고의 명망 있는 소수의 외부의 현자들만 지식의 토론장에 초대받았다. 이 초대에 거절을 당한 실론(Cylon)이란 인물에 의해 훗날 피타고라스학파는 철저히 파괴되고 박해를 받는다. 결국 크로톤을 떠나 다시 사모스로 돌아온 피타고라스학파는 더욱 폐쇄적이고 사이비 종교집단의 수준으로까지 신비적인 경향이 깊어진다. 연구 결과를 발설하지 않는다는 비밀서약을 어겨서 여러 명이 죽임을 당했다. 세상은 오로지 간단한 자연수의 비로 이루어져있다는 그들의 신념을 깨뜨리는 무리수($\sqrt{2}$)의 발견을 외부에 알린 '히파수스'를 밤에 물에 빠뜨려 죽이기까지 하였다.

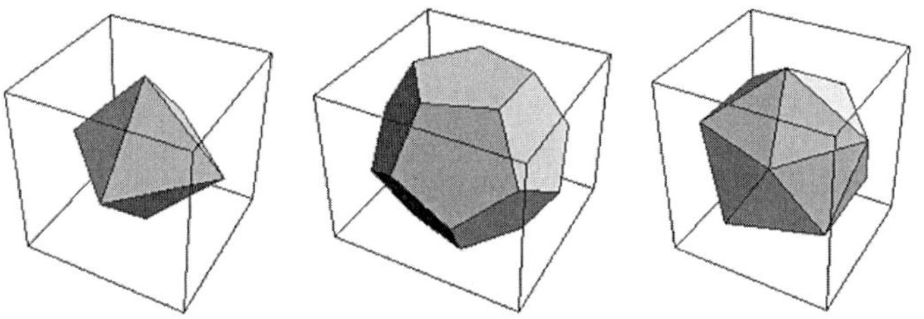

세상에 존재하는 정다면체는 정사면체, 정육면체, 정팔면체, 정십이면체, 정이십면체 5개뿐다. 정십이면체를 제외한 나머지 4개의 정다면체는 당시에 널리 알려져 있었다.[13] 역시나 피타고라스학파는 12개의 정오각형으로 이루어진 정십이면체를 발견하는데 성공했고 그 결과를 비밀에 부쳤다. 그러나 십여 명의 젊은 학도들이 공공장소에서 토론 중에 이를 발설하고 말았다. 학파의 기본 신념을 부정하게 될지도 모르는 무리수의 존재를 발설한 히파수스의 경우에 비하면 사소한 죄로 여길 수도 있었다. 그럼에도 불구하고 십여 명의 어린 학도들 역시 모두 수장되었다고 한다.

잔인할 정도였던 광적 종교적 경향이 수학연구에서는 오히려 아주 좋은 영향을 미쳤다. 그들은 조금만 섬 안에서 다른 것은 고려치 않고 오직 자신들의 종교적 신념을 위해 모든 것을 걸고 세상의 원리인 수학연구에 매진하였다. 그 결과 오늘날의 수학(기하학)의 연역적 체계를 거의 완성하였고 대수학도 상당 수준에 이르렀다. 그들은 오직 피타고라스[14]라는 이름으로만 결과만을 조용

13) 플라톤(Plato, BC 428~348)도 정다면체 4개만 알고 있었다고 한다.

히 세상에 알리는 일을 한다. 그들의 비밀 유지 경향은 계속 되어서 다른 지역의 학자들과의 토론 등으로만 자신들의 결과를 알렸지 직접 기록을 남기지는 않았다. 이런 이유로 그들의 모든 행적과 업적은 다른 사람들에 의해 간접적으로 전해진다. 이는 마치 그로부터 500년쯤 후에 심한 박해를 받았던 초기 기독교의 활동과 비슷한 점이 많다. 성서는 예수의 말씀을 들은 제자 등의 기록을 적절히 선택하여 정리한 것이다. 한 때 심하게 핍박을 받았던 기독교가 오늘날 지구상의 가장 주요한 종교로 자리 잡고 서구 사상의 기본으로 자리 잡았듯이 오랫동안 핍박을 받았던 피타고라스학파의 수학의 업적은 그리스 문명은 물론 오늘날의 과학문명의 주춧돌이 되었다.

수학자와 그리스 3대 철학자와의 관계

피타고라스와 그리스의 3대 철학자 소크라테스, 플라톤, 아리스토텔레스의 시기는 직접적으로 겹치지는 않는다. 앞에서 언급한바와 같이 크로톤 시절의 피타고라스학파와 피타고라스 사후의 그의 제자인 또 다른 피타고라스들은 아테네의 3대 철학자에게 직접적으로 깊은 영향을 미쳤다. 실제로 그리스를 대표하는 철학자들과 피타고라스의 제자들이 서로를 초대하여 직접 토론하였다고 한다. 현대 서구사상의 모체가 되는 그리스 문명의 중심지인 아테네의 위대한 학자들의 논증적 사고방식의 형성의 근간에는 피타고라스학파가 있는 것이다. 이해를 돕기 위해 당시의 잘 알려진 인물들을 연대순으로 정리해 보았다.

---

14) 이 때에는 피타고라스는 이미 사망한 것으로 추정된다. 그의 제자나 자식 대부분이 피타고라스라는 이름을 사용한 것으로 보인다.

(년도는 B.C.)

탈레스 (624~546)	피타고라스 (582~497)	이솝(Aesop, 620?~560?)			
		소크라테스 (469~339)	플라톤 (428~348)	아리스토텔레스 (384~322)	유클리드 (330~275)

이솝우화로 친숙한 이솝(Aesop, 620?~560?)은 다른 지역에서 사모스 섬으로 잡혀온 노예로 알려졌다. 그의 생존 시기는 확실하지 않지만 탈레스와 많이 겹치는 것은 틀림없는 듯하다. 이솝은 자신이 알고 있었던 일들을 적당히 재미있게 노랫말 이야기로 만들어 전달하는 뛰어난 능력을 가졌으며 이 능력이 높이 평가되어 나중에는 노예 신분에서 해방되었다고도 한다. 당연히 사모스 섬과 인접해 있는 밀레투스의 현자 탈레스도 그의 이야기(꾀 많은 당나귀)의 소재로 쓰였을 것이다.

Question

03 삼각형의 외접원, 내접원은 그릴 수 있는데 사각형, 오각형의 경우는 어떤가요?

중학교 2학년 교과서에서 직각삼각형을 배우고 난 뒤에 외심과 내심을 배운다. 도입부에 종이접기 등을 이용한 삼각형의 외심(외접원의 중심)을 구하는 1~2가지 방법들만 언급한 후 바로 앞부분부터 다음과 같은 사실을 선언하듯 언급한다.

> 삼각형의 세 변의 수직 이등분선은 한 점에서 만나고
> 이 점이 삼각형의 외심(외접원의 중심)이다.

이 후 바로

$\overline{AB}$의 수직이등분선 위의 점 O에서 두 점 A, B에 이르는 거리는 서로 같다. 라는 것을 이용하여 다음과 같은 다소 긴 교과서의 증명(설명)이 이어진다.

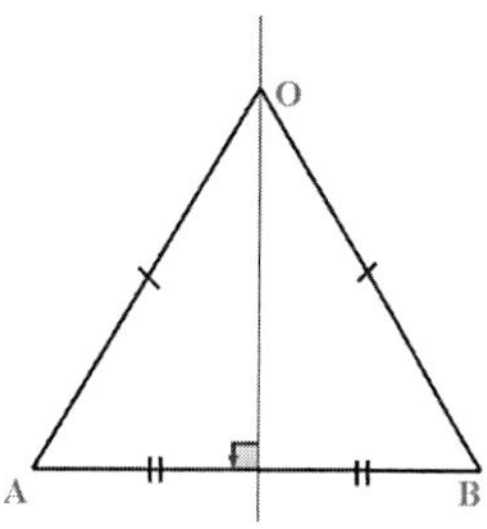

> △ABC에서 변 AB와 AC의 수직이등분선의 교점을 O라고 하면 $\overline{OA}=\overline{OB}$, $\overline{OA}=\overline{OC}$ · · · · ①
> 점 O에서 변 BC에 내린 수선의 발을 D라 하면 △OBD와 △OCD에서
> ∠ODB = ∠ODC= 90° · · · ②
> ①에서 $\overline{OB}=\overline{OC}$ · · · ③
> $\overline{OD}$는 공통 · · · ④
> ②, ③, ④에서
> △OBD와 △OCD는 빗변의 길이와 다른 한 변의 길이가 각각 같은 직각삼각형이므로
> △OBD ≡ △OCD
>
> 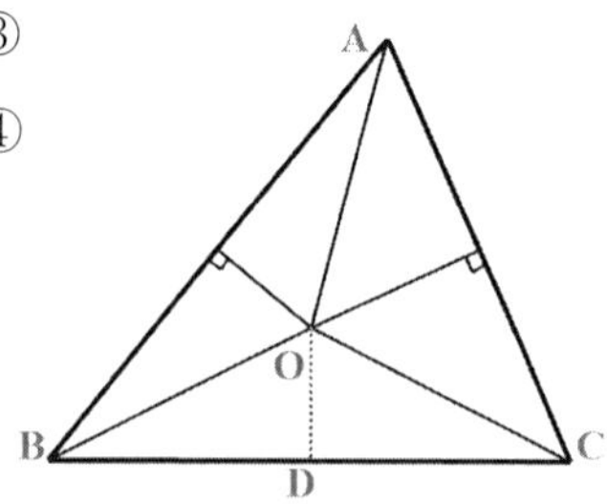
>

$\overline{BD}=\overline{CD}$이므로 점 O는 $\overline{BC}$의 수직이등분선 위에 있다.
따라서 △ABC의 세 변의 수직이등분선은 점 O에서 만난다.
결국 $\overline{OA}=\overline{OB}=\overline{OC}$가 성립하므로 점 O에서 △ABC의 외접원을 그릴 수 있다.

이 부분을 처음 배우는 학생의 입장에서 생각해 보자. 단원의 초입부터

'삼각형의 세 변의 수직 이등분선은 한 점에서 만나고
이 점이 외심이다.'

라는 선언적 사실을 접하고 바로 위와 같은 중학교 2학년에게는 긴 증명(설명)을 배운다. 교사의 입장(공급자의 입장)에서는 이 방식이 간편할지도 모르겠지만

'과연 학생들에게 이렇게 주입식으로 가르쳐야만 할까?'

하는 의구심을 강하게 가질 수밖에 없다. 게다가 선언적인 외심의 정의와 증명을 단순히 외우기만 한다면 모르겠지만 상당수의 학생들은 다음과 같은 의문을 의식적이던 무의식적이던 간에 갖게 되기 마련이다.

'왜 삼각형의 외접원이 항상 존재하게 되는가?'

교과서에는 삼각형의 외심이 있다고 선언하고 외심을 구하는 방법에만 초점이 맞추어져 있다. 수학적 사실을 함축하여 선언적으로 전개해나가는 유클리드의 〈원론〉의 틀에서 도형단원이 구성되어 있을 뿐, 자연스럽게 삼각형의 외심을 발견해 나가는 내용은 없다. 오래 전부터 외심(내심) 교육의 문제점을 지적한 수학교육 논문이 여러 편 있었음에도 불구하고 깊은 성찰 없이 기존의 교과서의 내용을 답습하는 관행을 개선하지 않고 있기 때문이다. 근본적으로는 내용의 발전보다는 교육과정의 틀에 맞추어 통일된 형

식을 유지하려는 유연하지 못한 현행 교과서 검정체계가 한 원인으로 보인다.

> 외심과 외접원 존재를 자연스럽게 발견할 수 있다면 학생들이 기계적으로 외심의 정의를 받아들이는 방식을 벗어날 수 있지 않을까?

외접원이란 삼각형의 세 꼭짓점을 지나는 원이다. 본질적으로는 외접원이 존재한다는 것은 주어진 세 점을 지나는 원이 존재하느냐의 문제이다. 이런 관점에서 다음과 같이 삼각형의 외접원(외심)이 존재함을 설명해주는 다음의 과정을 살펴보자.

먼저 앞에서와 같이 다음의 기본 사실을 언급한다.

> $\overline{AB}$의 수직이등분선 위의 점 O에서 두 점 A, B에 이르는 거리는 서로 같다.

이를 기초로 주어진 두 점 A, B를 지나는 원들을 얼마든지 그릴 수 있다는 것을 설명한다. 즉, 다음의 왼쪽 그림처럼 컴퍼스 등으로 선분 AB의 수직이등분선 위에 점 O_1, O_2, O_3, O_4를 중심으로 하고 점 A 또는 점 B를 끝점으로 하는 원을 그리면 된다.

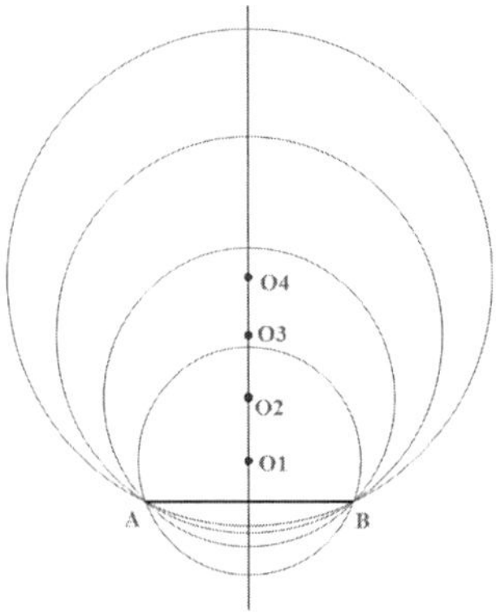

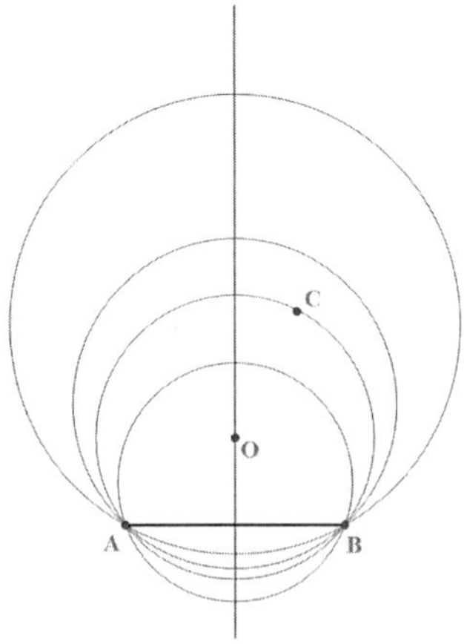

특히, 이 과정을 기하 소프트웨어인 GSP 등을 이용하여 직관적으로 흥미롭게 학생들에게 지도할 수 있다. 중심이 $\overline{AB}$의 수직이등분선 위에 있고 두 점 A, B를 지나는 원들을 크기를 조정하면서 (중심을 움직여 가면서) 얼마든지 그릴 수 있고, 그 중에서 오른쪽 그림처럼 점 C를 지나는 △ABC의 외접원 O도 발견할 수 있게 된다. 즉, 자연스럽게 세 점을 지나는 외접원(외심)의 존재를 알게 되고 다음의 사실도 확실하게 인지하게 된다.

> 두 점 A, B를 지나는 원의 중심은 선분 AB의 수직이등분선 위에 있다.

이제 삼각형 △ABC가 있을 때 외심을 어떻게 구할지를 생각해 본다. 학생들은 자연스럽게 삼각형의 외접원의 중심은 각 변의 수직이등분선상에 위치해 있다는 것을 능숙하게 사용하게 될 것이다. 이를 이용하여 아래 왼쪽 그림처럼 변 AB의 수직이등분선과 변 BC의 수직이등분선은 평행하지 않은 두 개의 직선이므로 반드시 한 점 O에서 반드시 만난다는 것을 알게 된다. 그리고 이 점에서 세 점 A, B, C에 이르는 거리가 모두 같으므로 세 점 A, B, C를 모두 지나는 원(외접원)을 그릴 수 있다는 것을 쉽게 발견하게 된다.(이 때 변 CA의 수직이등분선은 고려하지 않아도 무방하다.)

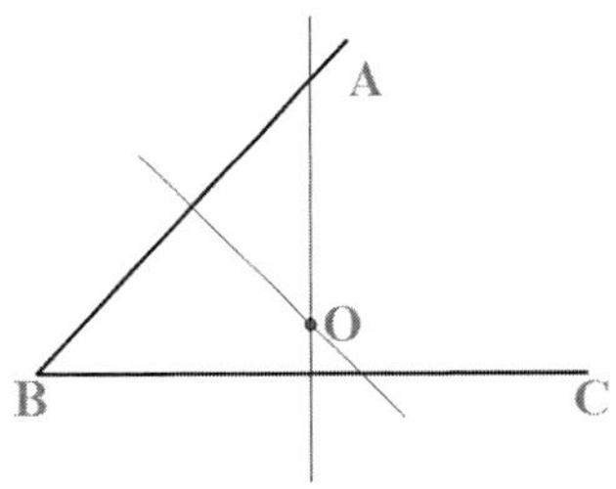

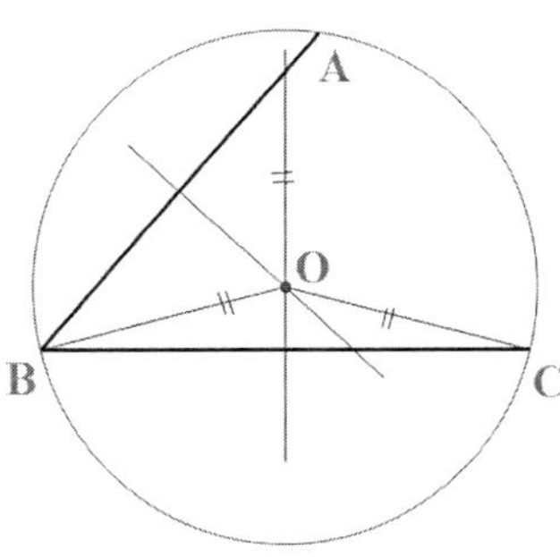

이러한 내용들을 생각한 후에

> 삼각형의 세 변의 수직이등분선은 한 점에서 만나고 이 점이 삼각형의 외심(외접원의 중심)이다.

라는 교과서의 내용과 증명이 뒤따르면 된다. 이미 위 명제의 증명의 근본적인 원리를 자연스럽게 인지하고 있는 상태이므로 증명을 더 쉽게 이해할 것이다. 선언적인 명제를 주입식으로 제공하고 설명(증명)을 보여 주는 학습과정과는 비교가 안 된다. 외접원의 존재성을 확인하고 자연스럽게 외심의 위치가 변의 수직이등분선 위에 있다는 것을 스스로 발견한 뒤에 위의 명제를 익히는 것이 보다 효과적인 지도 방법일 것이다.

앞에서 언급한 내용들과 연계하면 이 단원의 질문들에 대한 답도 생각해 볼 수 있다. 물론 질문이 없다면 굳이 수업 시간에 다룰 필요는 없지만, 중학교 3학년 도형 단원에서 원에 내접하는 사각형에 관하여 다루게 되므로 다음 내용들을 참고하기 바란다.

> 삼각형의 외접원은 항상 있는데 사각형의 외접원은 없는 경우가 있어요. 왜 그럴까요?

두 점 A, B를 지나는 원의 중심은 변 $\overline{AB}$의 수직이등분선 위에 있으므로 위의 질문은 다음 질문과 같은 것으로 볼 수 있다.

> 삼각형의 각 변의 수직이등분선은 한 점에서 만나는데, 왜 사각형의 각 변의 수직이등분선은 한 점에서 만나지 않나요?

질문에 대한 답도 자연스럽게 가능하다. 삼각형의 경우와 달리 사각형의 외심이 있기 위해서는 변 AB, BC, CD의 수직이등분선 세 개가 동일한 한 점에서 만나야 한다. 그러나 일반적으로는 세 개의 직선은 한 점에서 만날 수 없으므로 특별한 경우가 아니면 사각형의 외심은 존재할 수가 없게 된다.(다음 그림의 왼쪽을 참고하라.)

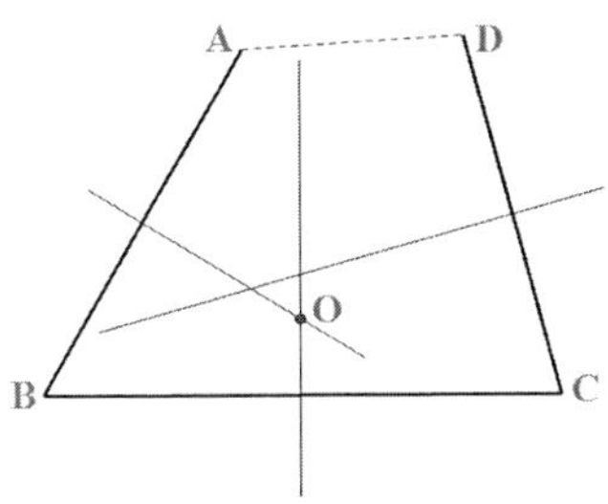

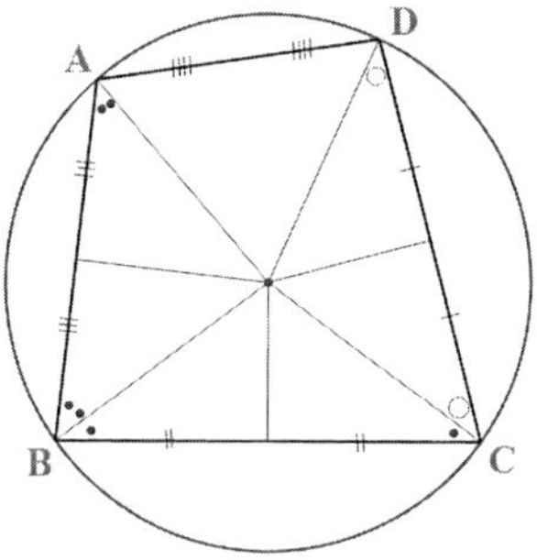

참고로 어떤 경우에 사각형의 외심이 존재하는지를 알아보자. 이 경우는 거꾸로 원에 내접하는 사각형을 그려 놓고 생각하면 간단하다. 원주각의 성질을 이용하면 위의 오른쪽 그림에서

$$\angle A + \angle C = 180^o, \quad \angle B + \angle D = 180^o$$

가 성립함을 알 수 있다.

즉, 사각형의 외접원이 존재할 조건은 바로 대각의 합(마주보는 각들의 합)이 180^o인 것이다. 한편, 오각형 이상에서 외접원을 논의하는 것은 그리 의미 있는 일은 아니다.

> 사각형의 외접원이 존재할 조건은 대각의 합이 180^o이다.

외심의 논의를 참고하여 이번엔 내심의 이야기를 해보자. 역시 대부분의 교과서에서는 도입부에 종이접기 등을 이용하여 삼각형의 내심을 구해보고 역시 바로 다음과 같은 사실을 선언한다.

> 삼각형의 세 각의 이등분선은 한 점에서 만나고 이 점이 내심(내접원의 중심)이다.

거의 모든 교과서가 똑같이 다음의 기본 사실을 언급한다.

> ∠ABC의 이등분선 위의 점 I에서 $\overline{AB}$, $\overline{BC}$ 위에 내린 수선의 길이는 같다.

이 후 바로 △ABC에서 ∠A, ∠B의 이등분선의 교점을 I라 할 때, $\overline{CI}$가 ∠C의 이등분선임을 밝히는 증명(설명)이 이어진다.

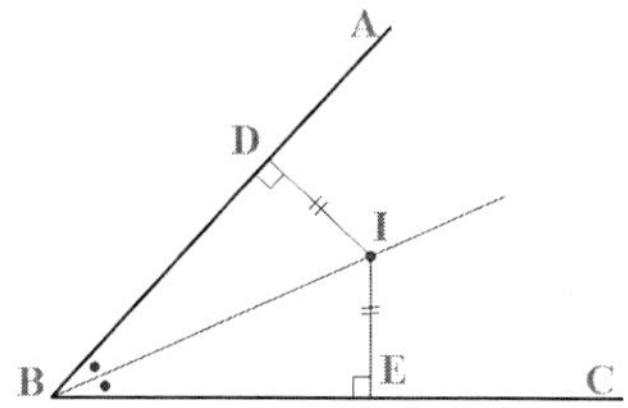

I에서 변 AB, BC, CA에 내린 수선의 발을 D, E, F라 하자.
점 I는 ∠A의 이등분선 위에 있으므로 $\overline{ID} = \overline{IF}$ · · · ①
점 I는 ∠B의 이등분선 위에
있으므로 $\overline{ID} = \overline{IE}$ · · · ②
①, ②에서 $\overline{IE} = \overline{IF}$ · · · ③
△CEI와 △CFI에서
∠CEI= ∠CFI = 90° · · · ④
$\overline{IC}$는 공통인 빗변 · · · ⑤
③, ④, ⑤로부터 두 직각삼각형에서 빗변의 길이와 다른 한 변의 길이가 각각 같으므로 △CEI ≡ △CFI이다.
따라서 ∠ECI = ∠FCI이므로 $\overline{CI}$가 ∠C의 이등분선이다.

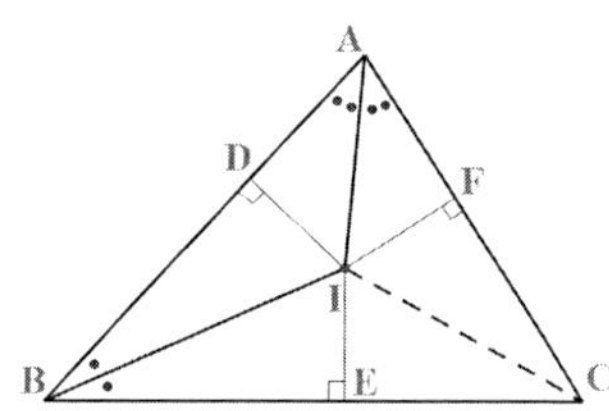

위에서 $\overline{ID} = \overline{IE} = \overline{IF}$가 성립하므로 점 I에서 세 변 AB, BC, CA 모두 접하는 내접원을 그릴 수 있다.

외심의 경우와 마찬가지로 역시 일부 학생들은 다음과 같은 의문을 가질 수 있다.

'왜 삼각형의 내심(내접원)이 항상 존재하게 되는가?'

내접원이란 삼각형의 세 변에 모두 접하는 원이다. 이런 관점에서 다음과 같이 삼각형의 내접원이 존재함을 설명해주면 어떨까 생각해보자. 교과서의

> ∠ABC의 이등분선 위의 점 I에서 $\overline{AB}$, $\overline{BC}$ 위에 내린 수선의 길이는 같다.

의 내용과 1학년에서 배운 원과 직선의 관계에 대한 내용을 기초로 설명하면 된다. 아래 그림과 같이 ∠B의 이등분선 위의 점을 중심으로 하고, 두 변 $\overline{AB}$, $\overline{BC}$에 동시에 접하는 원들을 얼마든지 그릴 수 있음을 보여주자.(역시 이 과정도 기하 소프트웨어인 GSP 등을 이용하면 좀 더 효과적으로 지도할 수 있다.)

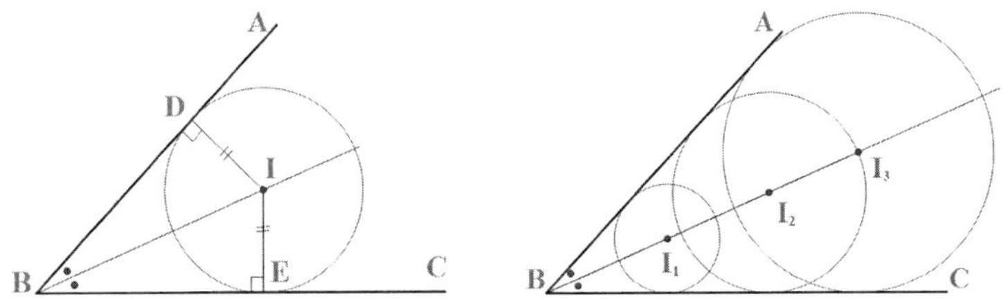

그림의 오른쪽처럼 중심이 ∠B의 이등분선 위에 있고 두 변 $\overline{AB}$, $\overline{BC}$에 동시에 접하는 원 I_1, I_2, I_3 등을 크기를 조정하면서(중심을 움직이면서) 얼마든지 그릴 수 있고, 그 중에서 변 $\overline{AC}$에 접하는 원 I_2도 자연스럽게 발견할 수 있게 된다. 즉, 학생들은 자연스럽게 세 변에 접하는 내접원(내심)의 존재를 인지하게 된다. 또한 다음의 사실에도 매우 친숙해지게 된다.

> 두 변 $\overline{AB}$, $\overline{BC}$에 동시에 접하는 원의 중심은 ∠B의 이등분선 위에 있고 이등분선 위의 점에서 $\overline{AB}$, $\overline{BC}$에 동시에 접하는 원을 그릴 수 있다.

이제 $\triangle ABC$에 대하여 내심을 어떻게 구할지를 생각해 본다. 학생들은 자연스럽게 $\triangle ABC$의 내심은 세 각 이등분선상에 위치해 있다는 것을 능숙하게 사용하게 될 것이다. 아래의 왼쪽 그림처럼 $\angle B$의 이등분선과 $\angle C$의 이등분선은 한 점 I에서 만난다. 또, 오른쪽 그림처럼 점 I에서 $\overline{AB}$, $\overline{BC}$ 모두 접하는 원을 그릴 수 있고 이 원의 반지름은 $\overline{ID} = \overline{IE} = \overline{IF}$이므로 내접원이 된다.

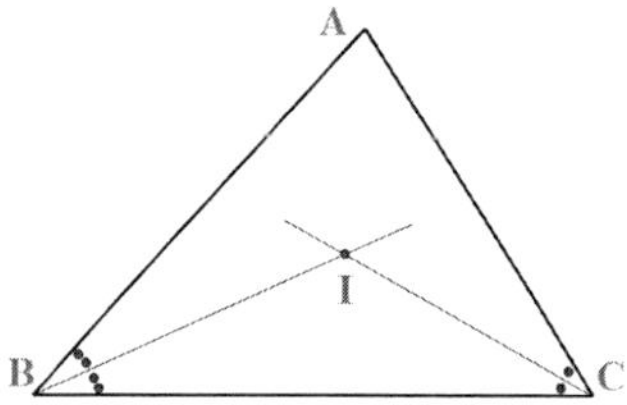

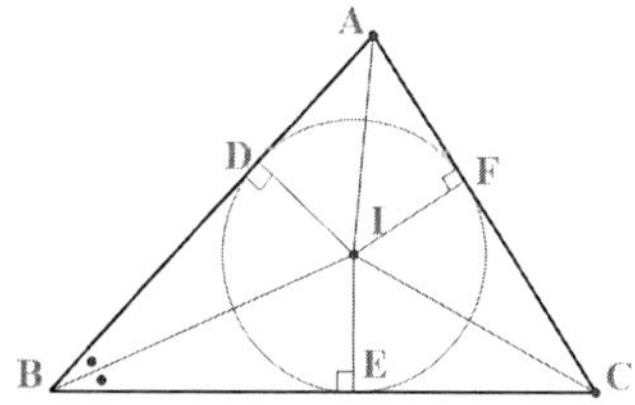

이러한 내용들을 생각한 후에

삼각형의 세 각의 이등분선은 한 점에서 만나고
이 점이 삼각형의 내심(내접원의 중심)이다.

라는 교과서의 내용과 증명이 뒤따르면 될 것이다. 외접원에서와 마찬가지로 질문이 없다면 굳이 수업 시간에 다룰 필요는 없지만, 사각형에 내접하는 원이 존재하는가에 대한 다음 내용들을 참고하기 바란다.

> 삼각형의 내접원은 항상 존재하는데 사각형의 내접원은 없는 경우가 대부분인 것 같아요. 왜 그럴까요?

두 변 $\overline{AB}$, $\overline{BC}$ 모두 접하는 원의 중심은 $\angle B$의 이등분선 위에 있으므로 위 질문은 다음 질문과 같은 것으로 볼 수 있다.

> 삼각형의 세 각의 이등분선은 한 점에서 만나는데, 왜 사각형의 네 각의 이등분선은 한 점에서 만나지 않나요?

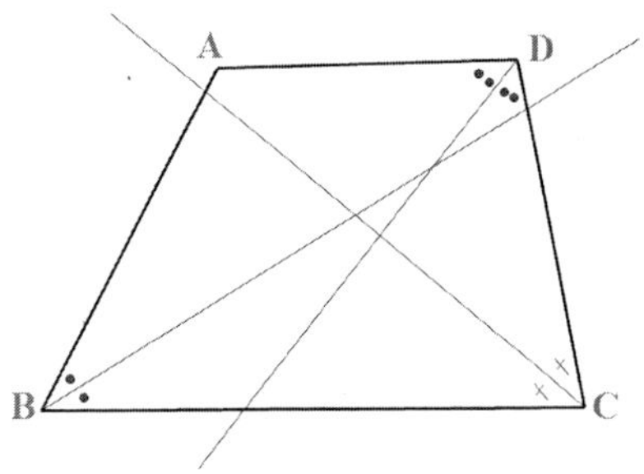

따라서 이 질문에 대한 답도 자연스럽게 가능하다. 삼각형의 경우와 달리 사각형의 내심이 존재하기 위해서는 ∠B, ∠C, ∠D의 이등분선이 세 개가 모두 한 점에서 만나야 하는데 일반적으로 세 개의 직선은 한 점에서 만날 수 없으므로 특별한 경우가 아니면 사각형의 내심은 존재할 수가 없다.

참고로 어떤 경우에 사각형의 외심이 존재하는지를 알아보자. 거꾸로 원에 외접하는 사각형을 그려 놓고 생각하면 편리하다.

오른쪽 그림에서

$$\overline{AB}+\overline{CD}=\overline{BC}+\overline{DA}$$

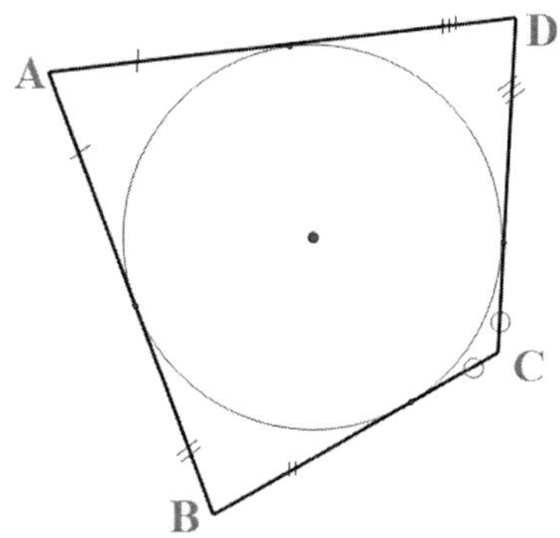

가 성립함을 쉽게 알 수 있다. 즉, 사각형의 내접원이 존재할 조건은 바로 대변의 합(마주보는 변들의 합)이 서로 같다는 것이다. 한편, 오각형 이상의 경우에는 의미 있는 규칙성은 없다.

페르마 점

삼각형의 오심이라고 하면 흔히 외심, 내심, 무게중심, 수심, 방심을 일컫는다. 그런데 교과서에서는 외심, 내심, 무게중심만을 다루고 수심과 방심은 참고서에서 가끔 등장하지만 거의 다루지 않는다. 또한 수심과 방심은 그리 큰 의미가 없으며 문제를 위한 문제 정도로만 다룬다. 반면에 참고서나 서술형 문제 또는 과학고 대비 문제 등에서 페르마 점이 종종 등장하고 웹 사이트에서도 이에 관한 질의응답이 빈번히 이루어지는 것을 볼 수 있다. 그런데 페르마 점에 대한 여기저기 단편적인 지식들만 산재해 있는 듯해서 관련 논문과 여러 자료들, 저자가 직접 실험한 내용 등을 정리하여 체계적으로 소개하는 시간을 갖겠다. 이를 궁금해 하는 학생들이나 교사들이 참고할 수 있는 유용한 자료가 될 것이라 생각한다.
프랑스의 수학자 '페르마'[15](Pierre Fermat, 1601~1665)가 이탈리아의 물리학자 토리첼리(Evangelista Torricelli, 1608~1647)에게 보낸 편지에서 시작되었다.

> 삼각형의 세 꼭짓점으로부터의 거리의 합이 최소가 되는 점은?

토리첼리는 유체의 압력을 주로 연구했던 과학 교과서에도 등장하는 유명한 물리학자로 그의 업적은 프랑스의 페르마에게도 잘 알려졌다. 평소에도 페르마는 파스칼 등 여러 학자에게 수학문제를 편지로 보내 그들의 능력을 알아보려하곤 했다. 물론 토리첼리는 답을 구했다. 이런 이유로

'삼각형의 세 꼭짓점으로부터의 거리의 합이 최소가 되는 점'

---

15) 페르마에 대해서는 단원의 뒷부분에 더 자세히 언급하겠다.

을 페르마 점 또는 페르마-토리첼리 점이라고도 부른다. 페르마의 점은 다음과 같은 최적화 이론(Optimal Theory)에도 적용된다.

① 바다 위의 3개의 섬들을 모두 연결하는 다리(path)를 건설 해야 하는데 그 길이를 최소로 하려면?

② A, B, C 세 지점에서 해저 유전이 발견되었다. 각 지역의 석유를 운반하는 송유관을 건설하려고 한다. 송유관의 길이를 최소로 할 수 있는 위치 P를 정하여라.

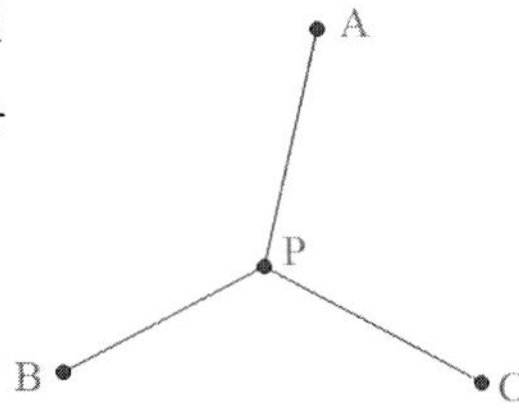

정삼각형의 경우에는 내심, 외심, 무게중심은 물론 페르마 점도 모두 일치한다. 그러면 일반적인 삼각형에서는 페르마 점을 어떻게 구해야 할까? 인터넷 사이트 등에 증명을 찾아 볼 수 있는데, 학생들이 이해하기 쉽게 되어 있지도 않았고 꼭 필요한 설명들은 빠져있었다. 이에 대한 정리와 설명을 가능한 중고등 학생의 수준에 맞추어 소개한다.

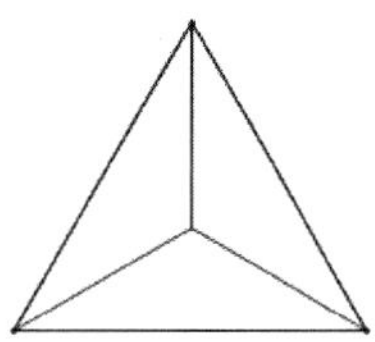

정리 △ABC의 내부의 점 P에서 세 꼭짓점에 그은 세 개의 선분이 각각 120^o를 이룰 때 $\overline{PA}+\overline{PB}+\overline{PC}$의 값이 최소이다.

설명 삼각형 내부의 한 점 P에 대하여 △APC가 생긴다.

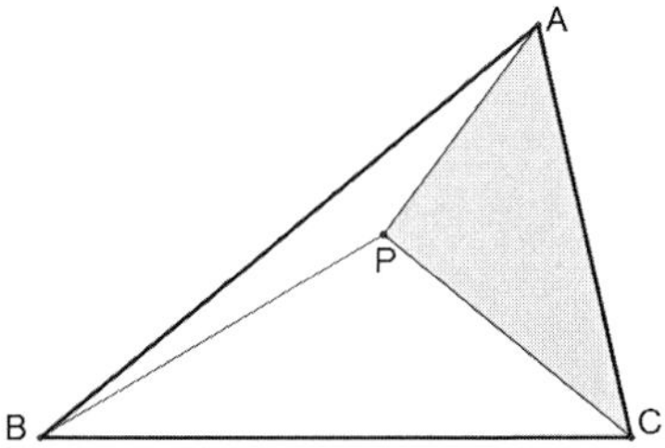

$\triangle$APC를 점 A를 중심으로 $\triangle$ABC의 바깥 쪽 방향으로 60° 회전시킨 $\triangle$AP′C′을 생각하자.

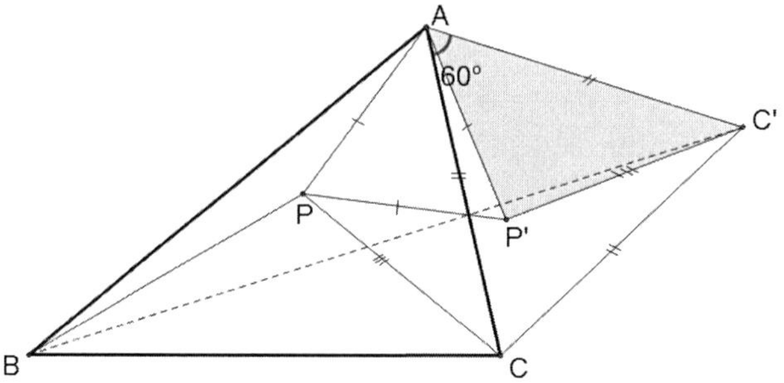

그림에서 $\overline{PA}=\overline{PP'}$이고 $\overline{PC}=\overline{P'C'}$이므로

$$\overline{PA}+\overline{PB}+\overline{PC}=\overline{PP'}+\overline{PB}+\overline{P'C'}$$

이 성립한다. 그런데 $\overline{BP}\rightarrow\overline{PP'}\rightarrow\overline{P'C'}$를 따라가는 경로의 길이 $\overline{BP}+\overline{PP'}+\overline{P'C'}$는 점 P가 $\overline{BC'}$ 위에 있을 때 최소가 된다. 즉, $\overline{PA}+\overline{PB}+\overline{PC}$가 최소이기 위해서는 아래 그림처럼 점 P가 $\overline{BC'}$ 위에 있어야 한다. 이때 $\angle APC'=60^o$($\because$ $\triangle$APP′는 정삼각형)

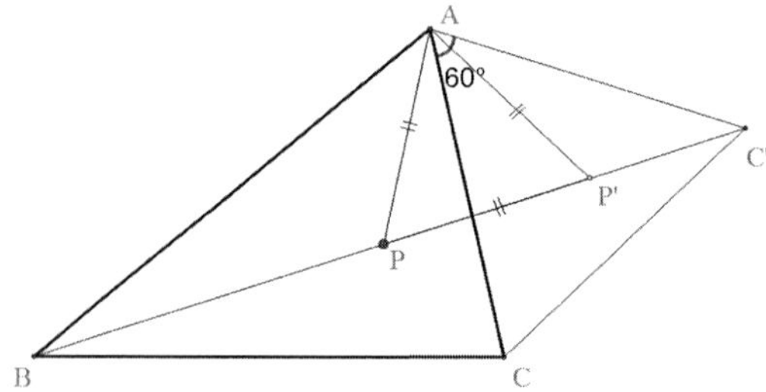

비슷한 방법으로 점 P에 대하여 $\triangle$APB를 $\triangle$ABC의 바깥 쪽 방향으로 60° 회전시킬 때를 생각하면 점 P는 선분 CA′ 위에도 있어야 한다. 또 $\angle APA'=60^o$이다.

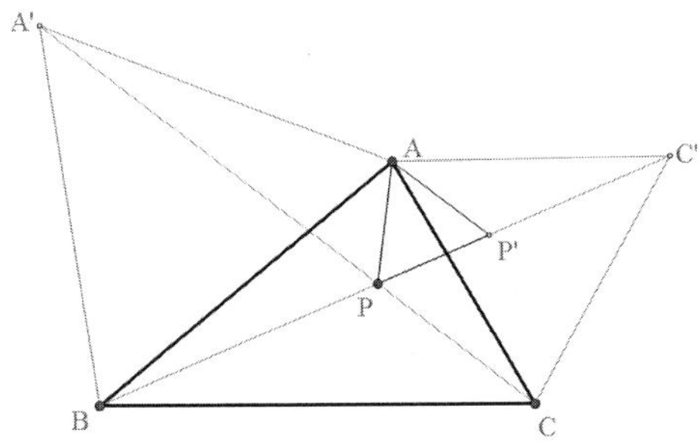

마찬가지 방법을 계속 사용하면 다음을 알 수 있다.

$\angle APC' = \angle APA' = 60^o$

$\angle BPB' = \angle BPA' = 60^o$

$\angle CPC' = \angle APB' = 60^o$

이 사실로부터 세 선분 $\overline{AB}'$, $\overline{BC}'$, $\overline{CA}'$이 한 점에서 만난 다는 것을 알 수 있다.

또한, $\angle APB = \angle BPC = \angle CPA = 120^o$이 성립한다.

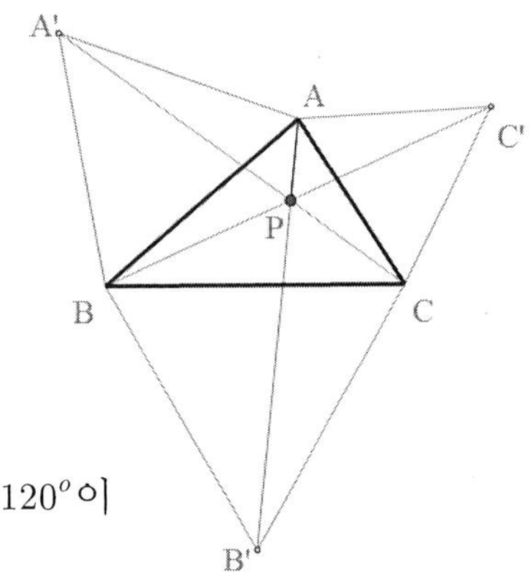

참고

1. 세 선분이 한 점에서 만난다는 사실을 체바의 정리를 이용해서 설명할 수도 있는데 여기서는 생략하겠다.
2. $\angle AA'B = 60^o$와 $\angle APB = 120^o$

   $\angle BB'C = 60^o$와 $\angle BPC = 120^o$

   $\angle CC'A = 60^o$와 $\angle CPA = 120^o$

의 세 가지 사실에서 그림과 같이 페르마 점은 세 변 $\overline{AB}$, $\overline{BC}$, $\overline{CA}$를 각각 한 변으로 갖는 정삼각형들의 각 외접원들의 교점이 된다. 따라서 그림처럼 작도에 의해서 구할 수도 있다.

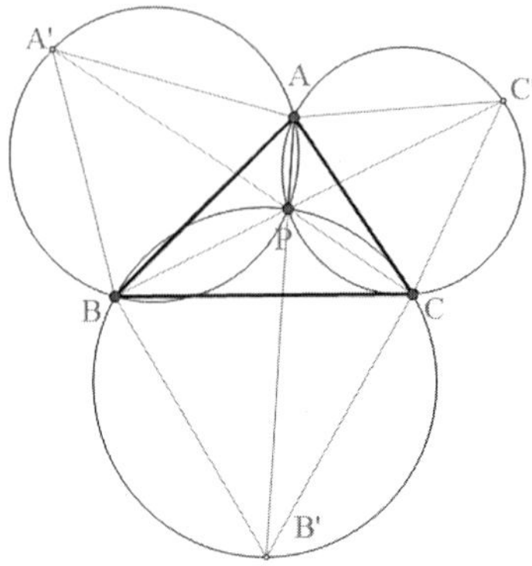

$\triangle ABC$ 의 어떤 각도 120^o를 넘지 않는 경우에는 점 P를 찾는 것은 위의 작도방법을 사용하면 된다. 그런데 어느 한 각이 120° 이상인 삼각형에서는 페르마의 점은 달라진다. 위의 작도방법으로는 페르마의 점 P가 삼각형의 외부에 위치하게 된다.

이런 경우에 대한 아래의 두 그림을 비교해보자.

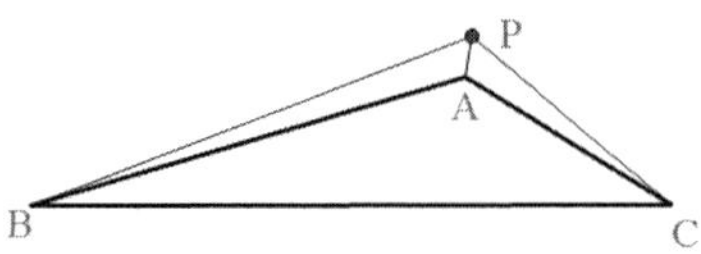

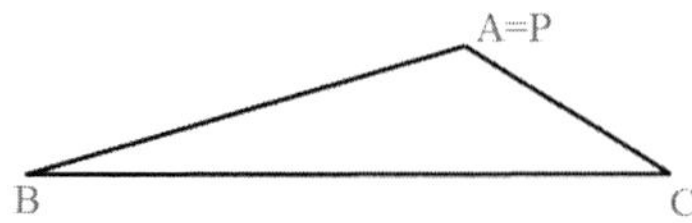

> $\angle BPC = 120^o$ 가 되는 점 P는 $\triangle ABC$ 의 외부에 나타난다. 또한 $\overline{PA} + \overline{PB} + \overline{PC} > \overline{AA} + \overline{AB} + \overline{AC} = \overline{AB} + \overline{AC}$ 이 성립한다. 결론적으로 $\angle A \geq 120^o$ 인 $\triangle ABC$ 에서는 점 A 가 페르마의 점이다.

사각형 이상의 도형에서의 페르마 점은 무엇일까?

먼저 정사각형인 경우에 페르마 점은 무엇일까? 정사각형의 중앙에 위치하도록 점 P를 정하면 될 것 같으므로 대부분은 오른쪽 그림을 떠올릴 것이다. 그러나 답과는 거리가 멀다.

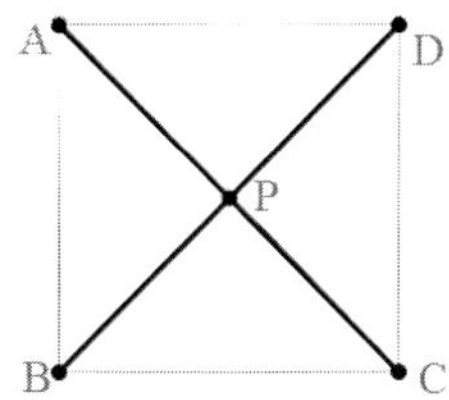

질문을 다음과 같이 바꾸면 어떨까?

> 4개의 점 A, B, C, D 를 모두 연결하는 경로 중에서 길이가 최소인 것을 찾아라.

이 질문이 페르마 점을 찾는 질문과 다른 점이 무엇인지를 파악한다면 정답을 찾을 수도 있을 것이다. 아직도 정답이 어떤 것일지 짐작을 못한다면 다음의 힌트가 필요하다.

'4개의 점에 대한 페르마 점은 2개이어야 한다.'

정답은 다음과 같다.

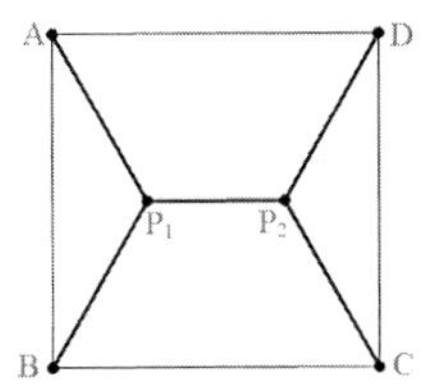

이 때 점 P_1, P_2에서 각 선분들이 이루는 각은 모두 120° 이다.

직사각형의 경우에는 두 가지 경우가 있는데 오른 쪽이 정답이다. 역시 점 P_1, P_2 에서 각 선분들이 이루는 각은 모두 120° 이다.

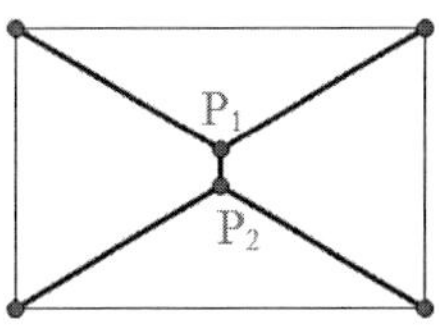

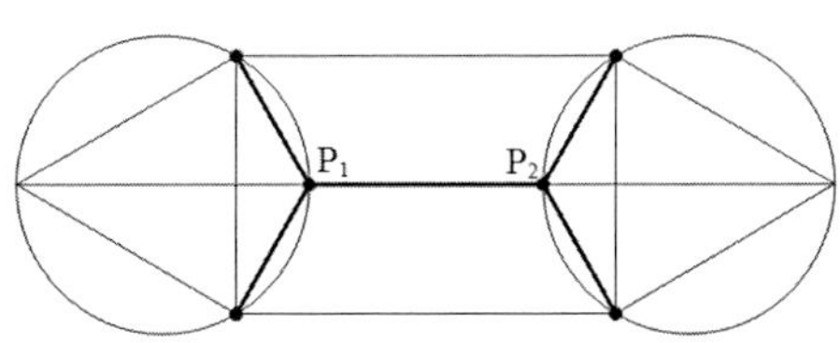

오각형의 페르마 점은 3개이고 육각형의 페르마 점은 4개다.

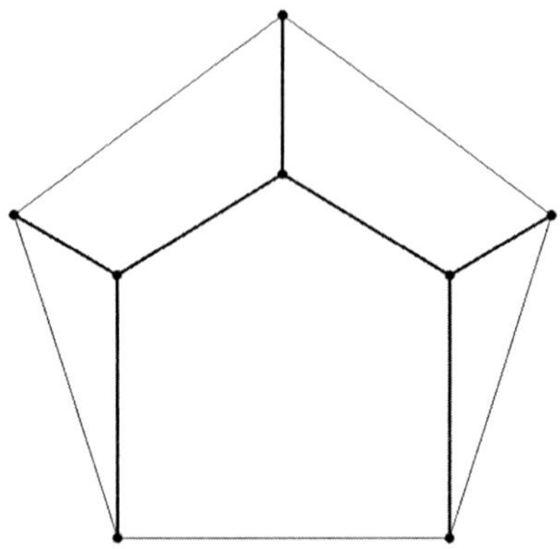

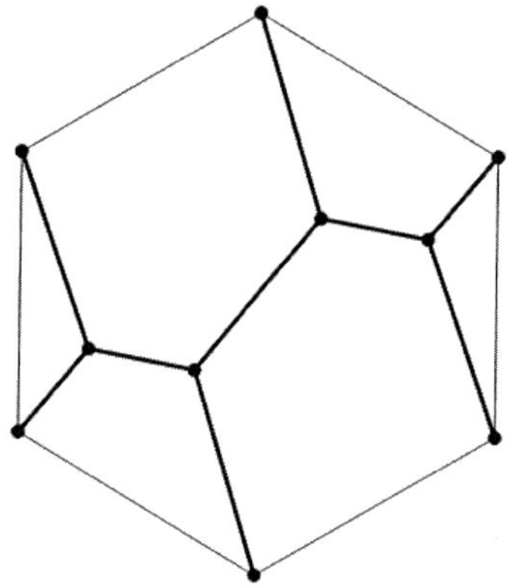

비눗물 막을 이용하여 페르마 점을 찾는 실험

표면장력의 원리에 의해 자연 상태의 물방울은 구형을 이루려고 한다. 같은 원리로 비눗물 막은 최소의 표면적을 유지하려는 성질을 갖고 있다. 이를 이용하여 다각형의 페르마 점을 찾는 실험이 있다. 수학과 관련하여 여러 제품을 판매하는 OO사랑에서 제작한 모형을 이용하여 비눗물 막 실험을 하여 직접 찍은 사진들이다.

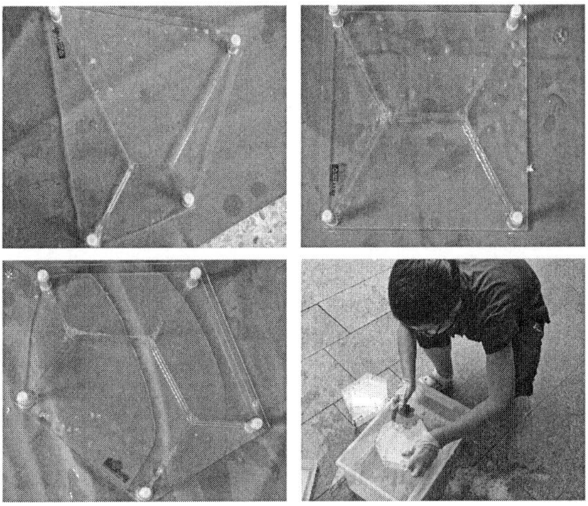

저자는 중학생들과 함께 좀 더 다양한 도형들에 대한 모형을 직접 제작하여 비눗물 막 실험을 직접 해보았다.[16] 앞에서 언급한 여러 사실들에 대한 실제적인 결과들을 보여 준다. 이론적으로는 페르마 점을 구하기가 쉽지 않은 도형들에 대하여 물리적인 성질을 이용하여 페르마 점을 찾아 쉽게 낼 수 있는 것이다.

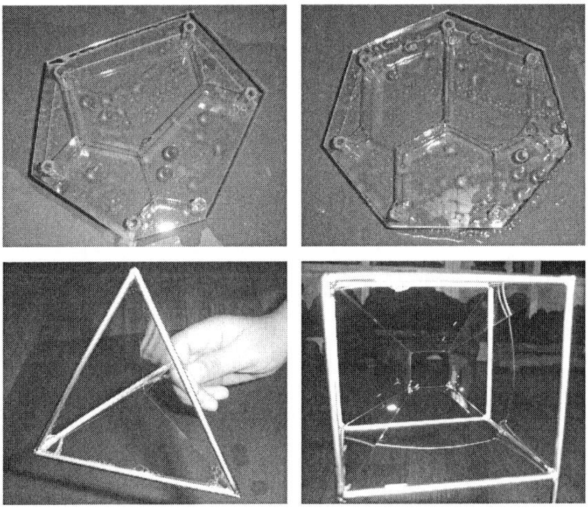

16) 사진과 같은 결과가 나오기 위해서는 바람이 없는 실내에서 특별히 배합된 비눗물을 이용하여 조심스럽게 실험을 해야만 한다.

벌집의 모양은 왜 정육각형일까?

수학 관련한 여러 책이나 인터넷 등에 벌집의 모양이 육각형인 이유를 설명한 것들이 많이 있다. 대개 2~3개의 책들에서 발췌한 내용들로 보인다. 저자의 생각으로는 근본적인 설명이 불충분하다고 여겨지므로 이제 자세히 언급하겠다. 기존의 내용들과 무엇이 다른지 비교해보라.

둘레가 일정할 때 넓이가 최대인 도형은 원이지만 원으로는 빈틈없이 평면을 덮을 수가 없다. 정다각형 중에서는 오직 정삼각형, 정사각형, 정육각형으로 평면을 덮을 수 있다.

> 동일한 넓이의 정삼각형, 정사각형, 정육각형 중에 둘레(변의 길이의 합)가 최소인 것은 원에 가장 가까운 정육각형이다.

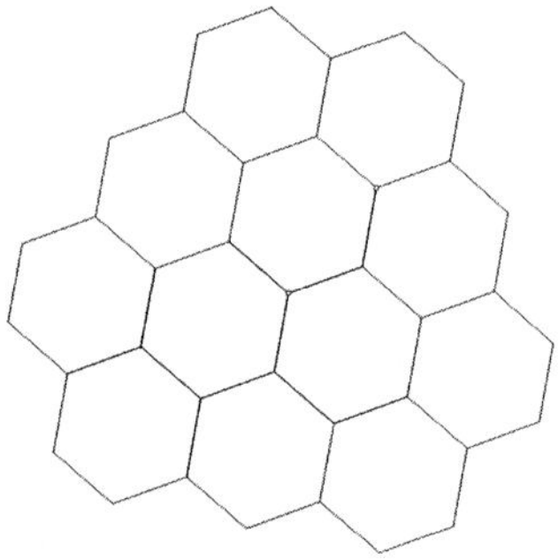

따라서 벌집을 최소의 재료(벽의 재료)로 만들려면 정육각형 모양이 이론적으로는 가장 적합하다. 그런데 사람들이 밀집하여 생활하는 아파트들은 직사각형 구조이며 동일한 공간에 대하여 최소의 재료가 소모된다고 하여 정육각형 모양으로 아파트를 짓는 경우는 없다. 땅 위에서 생활하는 인간과 구조물은 중력의 영향을 받을 수밖에 없다. 그러나 날아다니는 벌들은 상대적으로 중력의 영향에서 자유로우므로 지상의 직사각형 모양의 아파트와는 달리 공간상에 정육각형 모양의 벌집을 짓는 것이다. 역학적으로도 주로 수직 중력만을 고려한 직사각형 모양의 아파트 구조 보다 벌집의 육각형 구조는 공간상의 여러 방향의 외력을 골고루 분산시킬 수 있다는 장점이 있다. 지표면에서 어느 정도 떠

있는 벌집은 자연 상태에서 수시로 외부의 영향을 받기 마련이다.

그런데 정다각형으로 평면을 덮는 방식의 앞의 설명은 실제로 수많은 벌들이 모여 벌집을 짓는 것을 상상해보면 결과에 집착한 옳지 않은 판단이다. 아파트 한 동을 짓기 위해 한 동의 크기와 개수를 먼저 정하고 설계하여 건설하는 측량술과 계산에 의존하는 인간의 방식으로 벌들이 판단할까? 벌들이 어떻게 정육각형을 설계하고 만들까? 어떻게 120°의 각도를 맞출까? 이는 지능이 인간의 수준에 가깝더라도 축적된 노하우와 측량술이 없으면 힘든 일이다. 그렇다면 어떻게 많은 벌들이 한꺼번에 모여 정육각형 모양의 벌집을 만드는 것일까? 이를 설명하는 두 가지 정도의 이론이 있다.

벌집의 모양이 처음 만들 때부터 육각형 모양은 아닌 것으로 2013년에 영국의 카디프대학 연구팀의 〈영국왕립학회 학술지, Journal of the Royal Society interface〉에 실린 논문에서 밝혀졌다. 보통의 벌들은 복부 아래쪽에 샘에서 분비되는 물질과 침샘에서 분비되는 액체를 섞어서 씹는다. 그리고 이것이 굳어지면서 단단한 밀랍을 만든다. 처음에는 원형에 가까운 형태로 만들어져 있다가 단단히 굳기 전에 벌들의 체온에 의해 조금씩 녹고, 바람 등에 의한 가벼운 진동으로 벽의 형태가 자연스럽게 변해가면서 액체의 표면장력에 의해 육각형 구조를 띠게 되고 시간이 지나면서 단단히 굳어진다는 것이다. 마치 비눗물 막이 표면장력에 의해 최소의 길이를 유지하기 위해 120°의 각을 이루게 되고 이것은 정육각형의 한 내각과 같으므로 결과적으로 육각형 모양이 나오는 것이다. 실험의 사진에서처럼 배열된 많은 점을 비눗물 막으로 자연스럽게 연결하면 시간이 지남에 따라 표면장력에 의해 육각형 모양으로 결정되는 것과 비슷한 원리이다. 즉, 벌집이 결과적으로 여러 개의 점들을 연결하는 페르마 점을 정하는 것과 유사하게 되는 것이다.

이제 약간의 추가적인 내용이 필요하다. 굳기 전의 밀랍은 액체와 고체의 중간 단계로 보아야 한다. 따라서 비눗물 막처럼 완벽에 가까운 육각형 구조가 될 수 없다. 이제 벌들의 마무리작업이 필요하다. 벌들은 이미 다듬어진 벽을 기준으로 대칭이 되게 두 방향의 벽을 다듬는다. 감각에 의해 가능한 대칭적인 작업만으로도 벽들은 서로 120° 에 가까운 각을 이루게 된다.

(1단계) (2단계) (3단계)

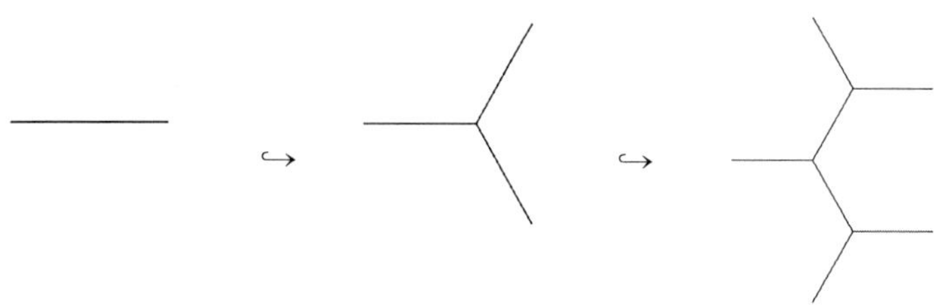

이제는 반복이다. 벽의 길이를 비슷하게 맞추고 각 벽이 끝나는 지점에서 이미 다듬어진 벽을 기준으로 대칭이 되게 두 방향으로 벽을 다듬는 일을 많은 벌들이 동시에 반복하여 진행하면 된다. 연구에 따르면 벌들은 학습을 통하여 제한적으로 지식을 전수받는다고 한다. 본능과 학습을 통해 위와 같은 협동 작업을 하는 것이다. 그리 높은 지능이 아니더라도 앞에서 언급한 과정을 간단한 학습을 통하여 반복하는 것은 가능한 작업이다. 작업을 반복하여 필요한 칸 수 만큼 건설하고 난 후에는 벌집의 큰 바깥 둘레와 꽁지 부분을 마무리 하여 완성한다.

꽁지 부분을 입체적으로 마무리 할 때에도 벌들은 놀랄 만큼 지혜롭게 최소의 재료로 공간을 확보한다. 벌집의 각 방은 위쪽은 열린 정육각형 모양이고 아래쪽 꽁지 부분은 삼면으로 닫힌 입체모양으로 되어있다. 방의 꽁지 부분의 삼면은 서로 약 55° 에 가까운 각을 이루게 만들어져 있다고 한다. 그런데 놀랍게도 55° 정도의 각으로 마무리할 때가 동일한 공간을 갖는 것 중에서 표면적이 최소인 경우에 해당한다는 것이다.(고등학교 수준에서 삼각함수의 미분법을 이용한 최대·최소문제로 이를 확인할 수도 있지만 생략한다.) 벌들은 동일한 공간을 만들 때 재료를 가장 절약할 수 있게 끝 부분을 처리하는 기술자인 듯 보인다. 벌들이 어떻게 이 작업을 할 수 있는지는 아직 구체적으로 알려져 있지 않다.

이해에 3분, 푸는 데 300년이 걸린 페르마의 마지막 정리

페르마의 마지막 정리에 대한 내용은 이런저런 이야기나 책 등으로 흔히 듣거나 볼 수 있다. 인터넷 등의 이야기들은 아주 단편적인 수준에서 머물러 교사의 입장에서는 많이 부족한 것 같고, 책은 전문적이고 긴 내용으로 구성되어 있어서 한 권을 온전히 읽고 이해할 수 있는 능력과 시간이 없으면 접근하기 쉽지 않다. 초보적 수준의 독자라도 전반적인 내용을 큰 어려움 없이 읽을 수 있고 대략의 내용이라도 오래 동안 기억할 수 있도록 나름대로 적어보았다.

방정식의 아버지 디오판토스의 저서 〈산학〉

알렉산드리아의 '디오판토스'(Diophantos, BC.3~4세기)는 유클리드 〈원론〉의 I장 뒷부분의 피타고라스정리의 증명17)을 읽으면서 다음과 같은 생각을 한다.

직각삼각형의 변의 길이를 x, y, z라 하면 $x^2+y^2=z^2$이라는 피타고라스의 증명은 아름답기까지 하구나.
역으로 $x^2+y^2=z^2$을 만족하는 세 수 x, y, z를 변의 길이로 갖는 삼각형은 반드시 직각삼각형이 된다는 증명도 있구나! 음. (3, 4, 5), (5, 12, 13) 등이 직각삼각형의 세변의 길이가 되겠는데...

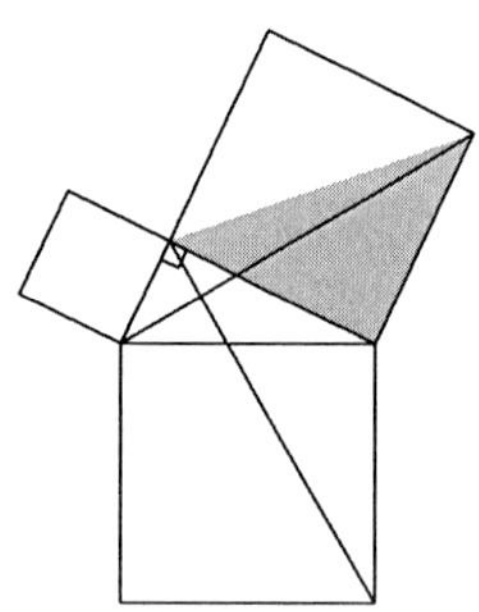

17) 〈원론〉에는 피타고라스정리와 그 역에 대한 증명이 실려 있다.

그런데 $x^2 + y^2 = z^2$를 만족하는 세 자연수의 쌍들을 찾기가 간단하지가 않군. 이천년 전의 바빌로니아인들은 (65, 72, 97) 같은 수를 찾아내었다고 했던데 어떻게 찾았을까?

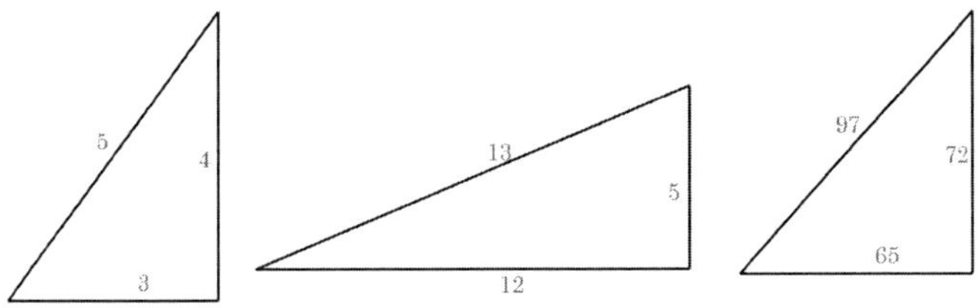

이와 같은 생각은 방정식에 대한 총 13권으로 이루어진 그의 저서 〈산학, Arithematica〉에

'주어진 제곱수를 2개의 제곱수로 나누어라'

라는 형태의 문제와 해법[18]으로 실려 있다. 〈산학〉은 아랍어로 번역되었고, 중세 말기에 다시 라틴어로 번역되어 유럽에서 출간되었다. 비슷한 시기에 번역판이 출간된 〈원론〉이 당시의 기하학의 고전이었다면 〈산학〉은 대수학(방정식)의 고전이라고 볼 수 있었다. 당대의 많은 수학자들이 이 책을 보면서 연구를 했는데 그 중에는 후세에 아마추어 수학의 제왕이라고 불리 우는 프랑스의 수학자 '페르마'가 있었다.

아마추어 수학의 제왕 페르마의 등장

페르마(Pierre de Fermat, 1601~1665)는 부유한 상인의 아들로 태어나 당시로서는 부유층만이 누릴 수 있는 교육을 받았다. 그런데 어린 시절 특별하게 수학교육을 받았다든가, 여러 분야의 공부에 특출

18) 자연수 $a, b\,(a > b)$에 대해 $x = a^2 - b^2$, $y = 2ab$, $z = a^2 + b^2$가 방정식 $x^2 + y^2 = z^2$의 해이다. 예를 들어 $a = 3, b = 2$이면 (3, 4, 5), $a = 10$, $b = 1$이면 (99, 20, 101), $a = 100, b = 3$이면 (9991, 600, 10009)이다.

함을 보였지만 특별히 수학에 대한 이야기는 전해지지 않는다. 결국 그는 의원, 고급공무원, 판사와 같은 정부의 일을 유능하게 하는 직업을 가진 사람이 되었다. 그를 수학의 세계에 빠져들게 한 것은 그의 청렴성이었다. 음모와 술수가 난무했던 17세기 프랑스의 복잡한 정치 환경에서 청렴한 공직생활을 위해 출세의 생각은 모두 접고 여유가 있을 때마다 수학공부를 시작했다. 처음엔 취미의 수준이었지만 깊이를 알 수 없는 수학의 바다를 만나자 그의 놀라운 직관적인 수학적 재능은 돌고래처럼 거침없이 헤엄쳐 나가기도 수면 위로 높이 뛰어오르기도 했다. 프랑스어로 번역된 디오판토스 〈산학〉을 읽던 페르마는 다음과 같은 생각을 한다.

> 흠! 디오판토스가 등식 $x^2+y^2=z^2$를 만족하는 세 자연수들 얼마든지 찾아내는 방법을 밝혀 놓았군! 별것 아니지만...
> 그렇다면 나는 다음과 같이 더 확장된 문제를 풀어나 볼까?
>
> 주어진 세제곱수를 2개의 세제곱수의 합으로 나누어라!
>
> $$x^3+y^3=z^3$$

페르마는 이내 $x^3+y^3=z^3$을 만족하는 자연수를 찾는 것이 녹녹치 않다는 것을 깨달았고 그는 놀라운 수학적 직관으로 아예 이런 자연수는 존재조차 하지 않는다는 것을 꿰뚫어 보았다. 계속하여 $x^4+y^4=z^4$, $x^5+y^5=z^5$ 등을 만족하는 자연수는 존재조차 하지 않는다는 것도 직관적으로 느끼게 되었다. 이 후 부단한 노력 끝에 그는 〈산학〉의 한 여백에 다음과 같이 자신의 결과를 적었다.

> $n \geq 3$에 대해 $x^n+y^n=z^n$을 만족하는 자연수 x, y, z는 없다. 나는 경이적인 방법으로 이 정리를 증명하였다. 그러나 책의 여백이 너무 좁아 여기에 옮기지는 않겠다.

이 간단한 문구가 300년이 넘도록 우리가 알만한 많은 수학자들에게 엄청난 스트레스를 주었다. 위의 내용을 패러디한 낙서 등이 여럿 있다. 한 때 뉴욕 지하철역에 적힌 낙서라고 한다.

> $n \geq 3$에 대해 $x^n + y^n = z^n$을 만족하는 자연수 x, y, z는 없다. 나는 경이적인 방법으로 이 정리를 증명하였다. 그러나 기차가 막 출발하려 하니 안타깝게도 여기에 적을 시간이 없도다!

어느 공원 화장실의 낙서라고 한다.

> $n \geq 3$에 대해 $x^n + y^n = z^n$을 만족하는 자연수 x, y, z는 없다. 나는 경이적인 방법으로 이 정리를 증명하였다. 그러나 이제 볼일을 다보고 가야하니 여기에 적지 못하는구나!

인도의 수학천재 라마누잔(Ramanujan, 1887~1920)을 스카우트한 캠브리지의 하디(Godfrey Hardy, 1877~1947) 교수는 독특한 유머감각을 가졌다고 한다. 지금까지도 풀리지 않은 유명한 난제 중의 하나인 리만가설[19]을 빗대어 다음과 같은 농담을 남겼다.

> 나는 방금 리만의 가설을 풀었지.
> 기약할 수 없는 먼 여행에서 돌아오면 풀이를 알려주마!

페르마는 〈페르마의 마지막 정리〉라고 불리는 내용 이외에도 디오판토스의 생각을 몇 단계나 뛰어 넘은 여러 방정식의 문제를 제시하였는데 대부분 증명을 남기지 않았다. 실제로 여백이 좁았던 이유도 있었겠지만, 수학이 직업이 아니고 스스로의 지적 만족감을 채우기 위해 늦은 나이에 공부하는 그는 누구에게 보여주는 것이 아니라 자신만을 위해 간단하게 메모하는 정도면 충분하다고 여겼을 것이다. 페르마 역시 천재들이 종종 지니고 있는 보통 이상의 장난기와 자부심을 갖고 있었다. 가끔씩 당시에 유명 수학자

19) 후에 백만 달러의 상금이 걸려있는 7개의 밀레니엄 문제 중의 하나가 되었다.

에게 자신의 결과에 대해 문제 형식으로 편지를 보냈는데 편지를 받은 일부 수학자들은 까다로운 문제에 페르마를 얄밉고 짜증나는 존재로 여기기까지 했다.

메모들이 적힌 시기부터 이십년 쯤 후에 페르마가 세상을 떠나자 그의 장남은 아버지의 심상치 않은 수학적 결과가 여기저기 남아 있던 〈산학〉을 정리하여 출간하기로 마음먹었다. 수학에 정통하지 않았던 장남은 3년간의 노력 끝에 1670년에 페르마의 주석이 적혀진 〈산학〉의 리메이크 본을 세상에 등장시켰다. 책의 내용이 알려지면서 수학이 업이 아닐뿐더러 친절하지도 않았던 페르마에게 짜증이 나서 페르마를 무시했던 수학자까지도 경악하게 된다. 아마추어 수학자의 치기로 여겨왔던 페르마의 편지들의 내용이라고 생각하였으나 간단한 그의 낙서 수준의 주석들만으로도 그 속에 숨겨진 페르마의 수학 실력과 엄청난 수학적 결과들을 짐작할 수 있게 된 것이다. 이 후 페르마에 대한 수학자들의 태도는 급변한다. 그는 위대한 수학자로 자리 매김하고 그의 짧은 메모들은 신빙성 있는 굉장한 것으로 받아들여지고 이를 기초로 그의 모든 결과들을 재현하는 일들을 앞 다투어하기 시작했다. 그러나 이 작업은 그리 녹녹치 않았다. 워낙 간단하게 증명의 개요만 적었고 어렵게 여겨지는 문제는 더더욱 여백을 이유로 메모가 없거나 생략되어 있었다. 많은 수학자들의 작업이 수십 년간 이어졌지만 해결되지 않은 어려운 문제 몇 개가 여전히 남게 되었다. 이 때 쯤에 수학의 손꼽히는 천재 중의 한 사람인 오일러가 등장한다.

18세기 수학의 왕 오일러

18세기의 가장 위대한 수학자라는데 이론의 여지가 없는 스위스 바젤 출신의 '레온하르트 오일러'(Leonhard Euler, 1707~1783)는 당시 수학의 전 분야를 섭렵하였을 뿐만이 아니라 의학, 식물학, 화학 등에도 업적을 남겼다. 당시의 사람들은 해결하지 못한 문제들이 있으면 대체로 오일러에게 편지를 써서 문의를 하였고 그는 대부분 해결하여 답을 했다. 그가 해결하지 못하면 당시의 아무도 해결하지 못하는 문제로 여겨졌다. 그는 하루에 몇 편의 논문을 쓴 적도 있었다고 한다. 이런 오일러를 골치 아프게 한 것이 바로 페르마가 남긴 문제들이었다. 그는 항상 쉬지 않고 수학을 연구하고 계산하며 지내는 태도를 보여 온 것으로 잘 알려져 있다. 76세의 나이로 오일러가 사망했을 때 그의 사망 소식을 알리는 전보의 내용은 다음과 같았다.

"안타깝게도 오일러 교수님께서 계산을 멈추셨습니다."

특히 오일러는 갖은 노력 끝에 페르마가 남긴 문제들의 대부분을 해결하였다. 오일러가 7년 동안 끌어 오다가[20] 해결한 문제를 적어본다.

> $4n+1$의 꼴인 소수는 항상 두 제곱수의 합으로 표현되지만,
> $4n-1$의 꼴인 소수는 이런 방식으로 표현할 수 없다.

페르마가 남긴 문제들의 대부분을 해결함으로써 오일러의 명성은 더욱 높아졌다. 그러나 그 역시 페르마의 마지막 정리로 불리는 문제를 해결할 수는 없었다. 실제로 오일러는 평생 동안 이 문제를 두고두고 생각했고 부분적인 결실도 있었다. $x^4+y^4=z^4$의 꼴의 증명은 가장 쉬웠는데 이는 페르마가 〈산학〉의 구석진 곳에 갈겨쓴 메모를 단서로 해결했다. 이 때의 방법과 허수(imaginary number) i를 사용함으로써 $x^3+y^3=z^3$의 꼴의 증명을 각고의 노력 끝에 완성했다. 그러나 거기까지였고 페르마의 마지막 정리는 수학의 왕 오일러 조차 해결하지 못한 문제가 되고 말았다. 오일

20) 오일러가 7년 동안 전적으로 이 문제만을 생각한 것은 아니고 두고두고 생각하며 해결했다고 한다.

러 이 후 70년이 넘게 사람들에게는 도저히 풀지 못하는 문제로 치부되고 슬슬 관심에서 멀어지고 있었다.

여성 수학자에 의한 새로운 도전

수학자들의 페르마의 마지막 정리에 대한 도전이 잠잠해져갈 무렵인 19세기 초에 획기적인 진전을 가져온 여성 수학자가 나타난다. 르 블랑(Le Blanc)이라는 가명(차명)으로 자신을 오랫동안 숨기고 활동했던 소피 제르맹(Sophie Germain, 1776~1831)이다. 동서양을 막론하고 당시에는 수학을 하는 여성을 보는 시각이 곱지 않았다. 아버지의 반대를 무릅쓰고 어려서부터 수학에 몰입하여 혼자 공부를 하던 제르맹은 최고의 과학자를 양성하는 파리고등기술대학에 위장취학(?)을 한다. 이 학교를 다녔었으나 파리를 아주 떠나버린 남학생의 이름으로 등록을 한 것이다. 강의노트와 책들을 우편으로 받아서 매번 숙제도 완벽하게 제출하는 지금의 방송통신대학의 학생처럼 수개월을 지냈으나 그녀의 뛰어난 능력은 그녀를 르 블랑이라는 이름으로는 더 이상 버티지 못하게 하였다. 그녀의 지도교수는 오늘날 대학수학책에도 그 이름이 자주 등장하는 라그랑주였는데 르 블랑의 천재적인 능력에 감탄하여 면담을 원했고 결국 그녀의 위장취학은 들통이 나고 말았다. 그러나 라그랑주는 모든 것을 덮어주고 비밀을 지켜주는 동시에 오히려 그녀의 든든한 후원자가 되어 주었다. 그의 보호 아래 마음 놓고 문제풀이 과정을 단시간에 모두 이수한다.

이 후 본격적으로 〈페르마의 마지막 정리〉의 해결에 도전한다. 단 몇 년 만에 그녀는 오일러의 $x^4+y^4=z^4$, $x^3+y^3=z^3$ 꼴에 대한 성취 이 후 수십 년간 누구도 한 발짝도 앞으로 내딛지 못한 이 문제에 대해 획기적인 결과를 얻는다. 그녀가 자신의 성취 결과를 논의하고 싶어 했던 사람은 스승인 라그랑주가 아니었다. 오일러의 뒤를 이어 '수학의 왕자'란 별칭을 가진 이미 당대의 최고의 천재라고 인정받는 '가우스'(Friedrich Gauss, 1777~1855)가 그녀에겐 동년배 아이돌(idol)이었다. 그러나 그녀는 여전히 스승 라그랑주 이외에는 노출이 되어있지 않는 여성이어서 계속 르 블랑이란 이름으로 신분을 숨긴 채 가우스와 편지로 교류하였다. 나폴레옹의 독일 침공 당시 가우스의 신변보호를 위해 제르맹이 애를 쓰는 과정에서 가우스는 그녀의 신분을 알게 되었다. 상당히 놀랐지만 가우스는 자신만큼이나 뛰어난 대수학적 재능을 가진 그녀를 칭송하며 계속하여 교류를 이어나갔다. 말년에는 괴팅겐 대학의 보수적인 교수진들을 설득하여 제르맹에게 박사학위를 수여하는 결정을 얻어 내지만 아쉽게도 그녀는 병으로 세상을 떠난 후였다.

10억 원의 상금, 그리고 처절한 실패들

제르맹의 업적이 세상에 알려진 후에 〈페르마의 마지막 정리〉는 디리클레, 르장드르에 의해 $x^5+y^5=z^5$의 경우가 해결되고 15년 정도의 시간을 두고 라메에 의해 $x^7+y^7=z^7$의 경우가 해결된다. 모두 제르맹의 성취를 기반으로 한 것이다. 수학자들은 150년을 넘게 끌어온 악명 높은 문제의 해결이 눈앞에 다가왔다는 확신에 차 있었고 이런 분위기로 프랑스 과학학술원은 〈페르마의 마지막 정리〉의 조속한 해결을 위해 순금메달과 3000프랑[21)]의 상금을 걸고 현상공모를 한다. 라메, 코시를 비롯한 유명 수학자들이 거의 증명을 완성했고 시한을 정해 완전한 증명을 하겠다고 발표까지 했다. 그러나 독일의 수학자 쿰머가 그들의 방법으로 〈페르마의 마지막 정리〉를 완전하게 증명하는 것이 어림도 없다는 논문을 편지를 통하여 학술원에 알렸다. 결국 학술원은 이미 만들어 놓은 순금메달을 쿰머에게 수여하고 현상공모를 철회하였다. 이

21) 당시에 파티용 드레스를 10벌 정도를 살 수 있는 정도의 돈

후 19세기 말까지 〈페르마의 마지막 정리〉는 도저히 해결이 불가능한 문제로 치부되고 관심에서 잊혀져갔다.

과학과 예술가들을 꾸준히 후원을 하고 있었던 독일의 볼프스켈 가문의 파울 볼프스켈은 수학에 상당한 재능을 보였다. 평소부터 페르마의 정리를 연구해온 수학자 볼프스켈은 사랑하는 여인에게 거절을 당한 후 자살하기로 결심한다. 치밀한 성격을 가진 그는 철두철미하게 자살을 준비한다. 자살을 작정한 날 저녁에 신변을 정리하던 중 그는 전에 보았던 쿰머의 논문을 정리하게 되었다. 그런데 죽음을 눈 앞 둔 순간 갑자기 아이디어가 떠오르는 것이었다. 생각에 몰입해 자살 예정 시간을 훌쩍 넘기게 되었다. 결국 자살할 생각을 접고 상당기간 연구에 몰두하였다. 그러나 〈페르마의 마지막 정리〉의 증명에는 성공하지 못했다. 그는 1908년에 많은 수학자들이 이 문제에 도전하여 성공하기를 바라는 마음에 10만 마르크를 상금(현재의 가치로 수십억 원)으로 걸고 괴팅겐 왕립과학원을 통하여 볼프스캘상을 만들었다. 이 소식이 전 유럽으로 퍼져 세상에서 가장 대중적인 문제가 되기에 이르렀다. 많은 수학자들이 엄청난 상금을 노리고 다시 이 문제에 도전했고 이로 인해 평생 이 문제만 연구한 수학자들도 꽤 있었다고 한다. 1차 세계대전 이전까지 수십 년간 많은 편지가 괴팅겐 대학으로 배달되었다. 물론 모두 오류나 결함이 있는 것들이었다. 심사위원인 괴팅겐대학의 란다우 교수는 아예 오류를 지적하는 빈칸만 남겨 놓고 미리 인쇄한 수백 장의 답장을 준비해 놓았다고 한다. 1차 세계대전 이후 화폐가치가 백분의 일 정도로 떨어진 이 후에도 꾸준히 많은 시도가 이루어졌다고 한다.

초등학생 열 살 소년의 결심으로 세계적 난제를 해결하다.

초등학교에 다니는 열 살 소년 '엔드류 와일즈'(Andrew Wiles, 1953~)

는 집으로 돌아 갈 때 종종 마을 도서관을 들러서 수학책들을 보는 것을 즐겼다. 어느 날 그는 답도 없는 단 한 개의 문제만을 소개한 에릭 벨의 책을 펼쳐보았다. 책의 표지에는

The Last Problem

란 이름이 적혀있었다. 단 한 개의 문제는 바로 <페르마의 마지막 정리>이었고 문제 자체는 웬만한 초등학생도 단번에 이해할 수 있는 단순한 내용이었다. 소년 와일즈는 그의 인생의 목표로 이 문제를 놓아두었다. 그는 꾸준히 수학공부를 하여 26살인 1979년에 캠브리지 대학에서 박사학위를 받는다. 그의 수학적 재능은 학계에서는 이미 잘 알려져 있었고 얼마 후에 프린스턴 고등과학원의 교수로 부임한다. 이 때부터 7년 동안 <페르마의 마지막 정리>의 해결에만 거의 모든 시간을 보냈다. 천재로 불리는 많은 사람들이 실패했던 악명 높은 문제에 도전하는 그 역시 많은 회의와 좌절의 시간 그리고 각고의 노력의 시간을 보냈던 것이다.

드디어 1993년 6월에 와일즈는 캠브리지 뉴턴 연구소에서 3일간의 연속된 강연에서 350년간 끌어온 세기의 난제에 대한 해답을 제시하였다. 강연이 끝나자 유명 수학자들의 박수를 받았고 사람들은 이제 <페르마의 마지막 정리>는 완전히 해결된 것이라 생각했다. <Inventiones Mathemathica>라는 학술지에서 보통의 경우 2~3명이었던 심사위원의 수를 6명으로 늘려 200쪽에 이르는 와일즈의 논문 검증에 나섰다. 그런데 2개월이 좀 지나서 마지막 부분의 심사를 맡고 있던 위원으로부터 질문이 e-mail을 통해 와일즈에게 날아들었다. 사소해 보이는 질문이었는데 생각보다 심각한 갭(Gap)[22]이었다. 그는 이를 해결하기 위해 모든 외부와의 접촉을 끊고 필사적으로 노력했지만 쉽지 않았다. 몇 개월이 지나도 그의

22) 논리적으로 비약된 부분

논문이 출판되지 않자 사람들에게서 의구심이 터져 나오기 시작했다.

> "와일즈의 논문에도 무언가 오류가 있는 것이 틀림없어! 많은 천재 수학자들도 경험했던 숨은 함정에 빠진 것 같은데..."

와일즈는 어쩔 수 없이 논문에 치명적일지도 모르는 갭이 있음을 밝히고 2월까지 이를 해결하겠다고 수학학회에 보고하는 e-mail을 보낸다. 그러나 문제는 해결되지 않았고 사람들은 "역시 이번에도 오류가 있었어!"라며 오히려 와일즈를 측은히 여기며 동정하는 분위기가 역력했다. 이 때 이 갭과 관련된 부분에 정통한 캠브리지의 리처드 테일러 교수가 프린스턴으로 온다. 그는 논문심사에 참여했던 6명의 심사위원 중의 한 사람이기도 했다. 와일즈는 그에게 공동으로 이 문제를 해결하자고 도움을 청했고 테일러는 기꺼이 응했다. 그러나 여름이 다가오도록 소득이 없었다. 와일즈는 테일러에게 1년이 다 되도록 진전이 없으니 포기하고 이제 이대로 논문을 세상에 공개해 문제의 부분을 누군가가 다시 해결하도록 하자고 말한다. 테일러는 9월까지만 한 번 더 노력해보자고 했다. 그러던 중 와일즈는 그동안 시도했던 방식과는 다른 방법으로 결론을 얻었다. 마침내 모든 문제가 해결된 것이다. 그리하여 1994년 10월에 그의 논문은 완전한 것으로 검증을 마쳤고 뉴턴연구소의 강연 이 후 거의 2년이 지나서인 1995년 3월에야 수학의 가장 권위 있는 학술지 중의 하나인 〈Annals of Mathemathics〉에 출간되어 세상에 공개되었다.

와일즈를 〈페르마의 마지막 정리〉를 해결하지 못한 이전의 오일러 등의 여러 천재 수학자들과 단순히 비교하는 것은 어리석은 일이다. 와일즈의 방법은 20세기의 첨단 대수학과 기하학의 기법이 동원된 것으로 아마도 이런 기법들이 발달되지 않은 과거에는 해법자체가 불가능한 일 일지도 모르기 때문이다. 그럼에도 불구하고 저자는 또 다른 영원히 풀릴 수 없는 마지막 문제를 던진다.

'페르마는 과연 경이적인 해법을 갖고 있었던 것일까?'

디오판토스의 방정식

디오판토스는 평생 방정식 문제의 연구에만 매달렸다. 오죽하면 그의 사후에 무덤의 묘비에 새겨진 다음 글이 전해온다.

> "그는 인생의 $\frac{1}{6}$을 소년으로 보냈다. 그리고 인생의 $\frac{1}{12}$이 지난 뒤에는 얼굴에 수염이 자라기 시작했다.
> 다시 $\frac{1}{7}$이 지난 뒤 그는 아름다운 여인과 결혼을 했으며,
> 결혼한 지 5년 만에 아들을 얻었다.
> 아! 그러나 그의 아들은 아버지의 반밖에 살지 못하였다.
> 그 뒤 4년 후에 그도 일생을 마쳤다."

풀이 아버지(디오판토스)의 나이를 x라 하면

$$\frac{1}{6}x+\frac{1}{12}x+\frac{1}{7}x+5+\frac{1}{2}x+4=x$$

에서 $x=84$가 나온다.

이 내용은 웬만한 중학교 수학교과서에는 다 실려 있다. 그런데도 저자가 여기서 다시 언급하는 것에는 이유가 있다. 방정식을 배우지도 않은 초등학생이 위 문제를 얼핏 보고 단번에 84살임을 맞췄다. 어떻게 했을까? 그 학생은 이렇게 대답했다.

"아버지의 나이는 12와 7의 배수인데 사람의 나이이니까 84밖에 없는데요?"

Question

04 무게중심으로는 무엇을 할 수 있나요?

중학교 2학년 닮음 단원의 뒷부분에서 다음과 같이 삼각형의 무게중심에 대한 내용을 다룬다.

> **〈삼각형의 무게중심〉**
>
> 삼각형의 세 중선은 한 점에서 만나고, 이 점(무게중심)은 세 중선의 길이를 각각 꼭짓점으로부터 2 : 1로 내분한다.
>
> 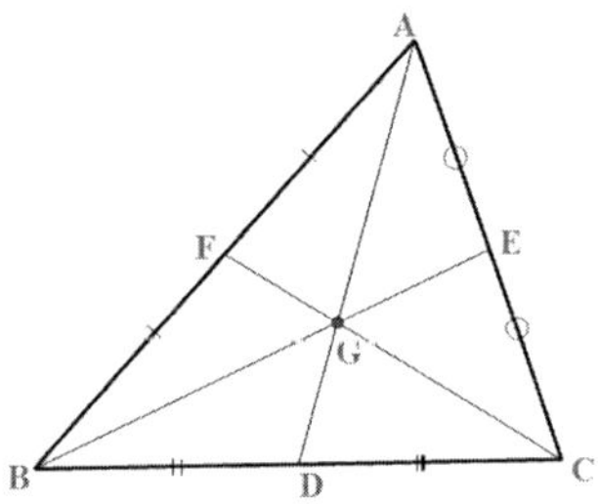
>
>
> 그림과 같이 △ABC에서 두 중선 AD, BE의 교점을 G라 하자. 이 때
>
> $\overline{CA} : \overline{CE} = \overline{CB} : \overline{CD} = 2:1$
>
> 이므로 $\overline{AB} // \overline{DE}$ 이다.
>
> 따라서 $\overline{AB} : \overline{DE} = 2:1$ 이고
>
> △GAB와 △GDE에서
>
> 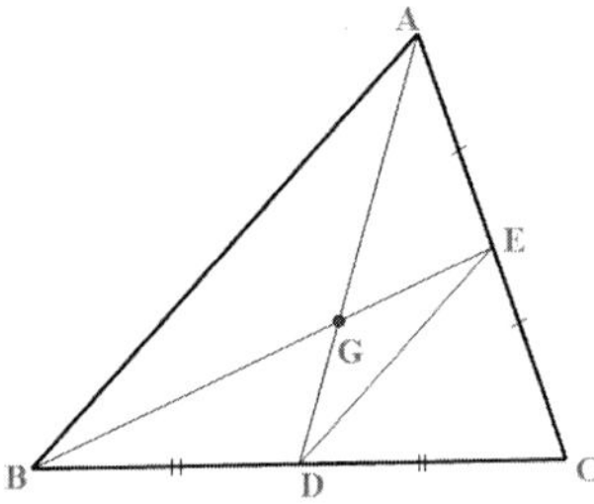
>
>
> 두 쌍의 대응하는 각의 크기가 각각 같으므로 △GAB ∽ △GDE이다.
>
> 따라서 $\overline{AG} : \overline{GD} = \overline{AB} : \overline{DE} = 2:1$ 이다.
>
> 한편 △ABC에서 두 중선 AD, CF의 교점을 G′이라고 하면 같은 방법으로 $\overline{AG'} : \overline{G'D} = 2:1$ 이다. 따라서 두 점 G, G′은 모두 선분 AD를 2 : 1로 나누는 점이므로 일치한다.

교과서에는 종이접기, 널빤지, 실 등을 통하여 무게중심에 대한 의미를 전달하려는 내용이 조금씩은 실려 있고, 학생들은 무게중심이란 단어 자체에서 그 용어의 의미를 어느 정도 짐작할 수 있다. 그러나 막상 다음과 같은 학생의 질문을 받으면 어떻게 답해야 할지 당황스러울 수도 있다.

왜, 삼각형의 세 중선의 교점이 무게중심이 되지요?

삼각형의 외심과 내심의 경우와는 달리 무게중심에 대한 근본적인 설명은 물리적으로 접근해야한다. 어려운 내용이 아니므로 간략히 설명해 줄 수도 있지만 물리학의 내용과 구분구적법의 사고가 포함되므로 중학교 수업에는 다룰 수 없는 내용이다.(개인적으로는 고등학교 도형 단원의 내분점 정도에서 지렛대 또는 시소의 원리를 활용하여 언급하는 것도 좋다고 생각한다.) 따라서 학생들에게 노골적으로 지도할 내용은 아니다. 하지만 수학교사라면 탐구심이 강한 학생들이 할 수 있는 위와 같은 당황스러운 질문들에 대한 대비는 하고 있어야 하지 않을까?

널빤지 모양의 삼각형이나 정사각형 또는 직사각형의 무게중심을 손가락으로 잘 받쳐서 평형을 유지하게 할 수 있는 활동 등에서 알 수 있듯이 무게중심이란 도형의 모든 무게가 모이는 중심점이라 할 수 있다. 그림과 같이 무게를 무시할 수 있는 얇지만 강한 철사의 양 끝에 무게가 같은 두 물체가 놓여 있을 때 전체의 무게의 중심은 당연히 철사의 중점이 될 것이다.(〈그림1〉의 왼쪽)

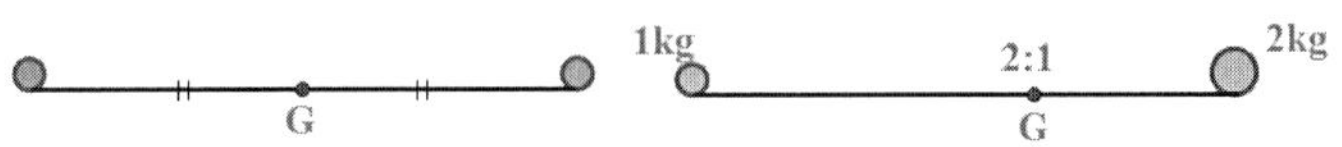

〈그림1〉

만약 두 물체의 무게가 각각 $1kg$, $2kg$이면 전체의 무게의 중심은 어디에 있을까? 지렛대나 시소의 원리를 생각해보면 무게중심은 그림의 점 G에 위치하고 있음을 유추할 수 있다.(〈그림1〉의 오른쪽) 물리적으로 설명하면 무게중심을 기준으로 관성(moment)이 0이어야 한다. 따라서 무게가 각각 m, n인 두 물체의 무게중심은 선분 $\overline{AB}$ 위의 $\overline{AG} : \overline{BG} = n : m$를 만족하는 점 G가 된다.

직관적으로 정사각형 또는 직사각형의 무게중심은 대각선의 교점임은 쉽게 알 수 있다. 그렇다면 〈그림2〉와 같이 2개의 직사각형을 붙여서 만든 도형의 무게중심은 어디에 있을까?

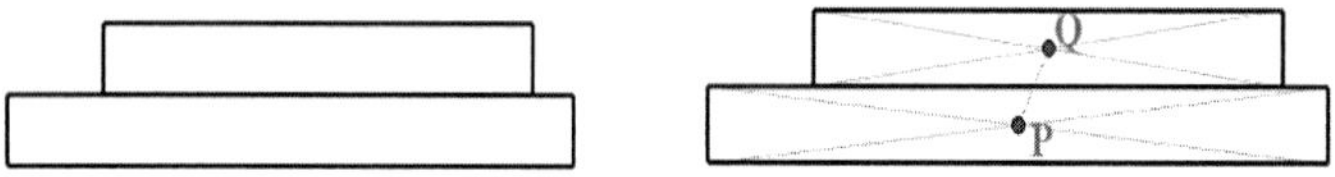

〈그림2〉

직사각형의 무게중심은 대각선의 교점 P, Q가 되므로 〈그림2〉에서 전체 도형의 무게중심은 선분 PQ 위에 있다는 것을 알 수 있다. 이번에는 〈그림3〉과 같이 △ABC에 내접하도록 여러 개의 직사각형을 붙여 놓은 도형의 무게중심의 위치를 생각해보자.

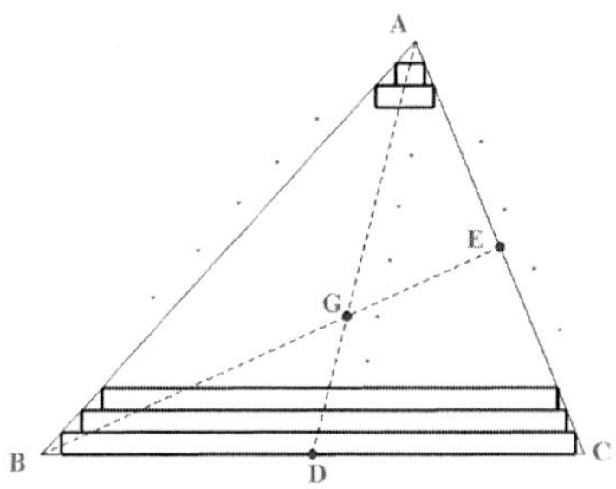

〈그림3〉

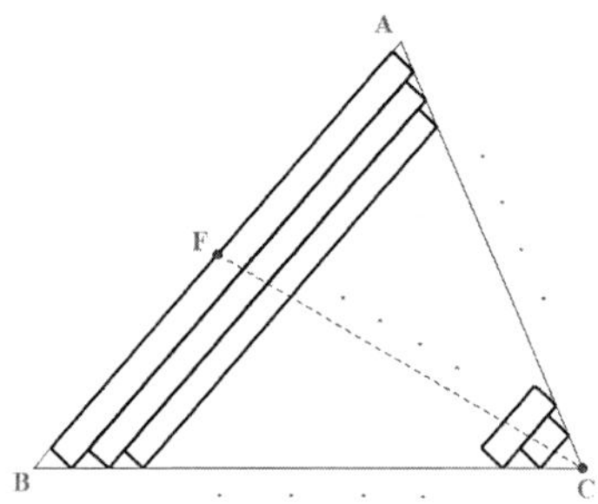

〈그림4〉

각 직사각형의 무게중심이 대각선의 교점에 있다. 그런데 이 교점들을 연결한 선은 근사적으로 꼭짓점 A와 변 BC의 중점 D을 연결한 선분 AD와 비슷한 모양임을 알 수 있다. 또한, 직사각형들을 더욱 잘게 나눌수록 전체 도형은 △ABC와 비슷해지고 그 무게중심의 위치는 선분 AD에 더 가까이 있다는 것을 알 수 있다. 즉, △ABC의 무게중심은 선분 AD 위에 있음을 판단할 수 있다. 비슷한 방법을 이용하면 △ABC의 무게중심은 선분 BE 위에 있음도 알 수 있으므로 △ABC의 무게중심은 두 중선의 교점 G가 된다. 역으로 점 G가 △ABC의 무게중심이므로 〈그림4〉를 참고하면 점 G는 선분 CF 위에 있어야 한다. 따라서 △ABC의 세 중선은 한 점에서 만나게 된다.
위의 설명을 모든 학생들에게 할 필요가 있다고는 생각하지 않는다. 그러나 교과서의 내용을 다 배우고 난 후 자연스레 다음과 같은 질문을 던지는 학생에게 어떤 대답을 할 것인가?

사각형(오각형 등)의 무게 중심은 존재하는가?
또, 존재한다면 구하는 방법은?

이런 질문을 하는 학생들을 위해서는 삼각형의 경우에 앞에서와 같이 직사각형들로 잘게 쪼개어 무게중심의 위치를 설명해 주는 것이 한 방법이 될 수 있다.

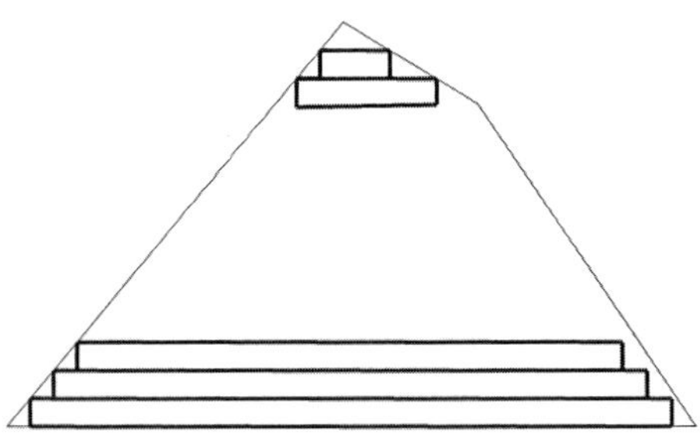

〈그림5〉

즉, 〈그림5〉를 참고하여 생각해 보면 〈그림3〉처럼 직사각형들로 잘게 쪼개는 앞의 방식으로는 설명할 수는 없음을 알 수 있다. 그렇지만 삼각형에 대한 설명과정에서 학생들에 따라 다음 사실을 파악할 수도 있을 것이다.

> 도형을 두 개로 분할하였을 때 원래 도형의 무게중심은 분할한 도형의 두 무게중심을 연결한 선분 위에 있다.

위의 사실을 깨달았거나 알게 된 학생 중에는 길지 않은 시간 내에 다음과 같은 방법을 찾아내는 경우를 종종 보곤 했다.

〈내분점을 구하는 방법〉

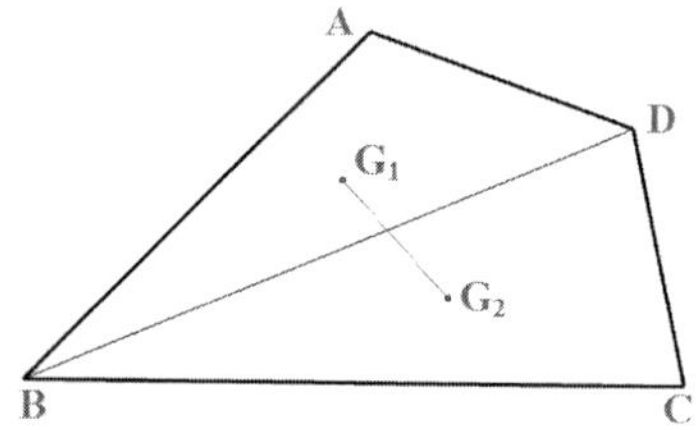

사각형 ABCD를 두 개의 삼각형 △ABD와 △BCD로 나누어 각각의 무게중심 G_1, G_2와 넓이 m, n를 구한다.

각 도형의 무게가 모두 무게중심에 모여 있다고 보면 점 G_1에 △ABC의 넓이 m만큼의 무게를 갖는 물체가 있고, 점 G_1에 △ACD의 넓이 n만큼의 무게를 갖는 물체가 있는 것으로 생각할 수 있다. 따라서 선분 $\overline{G_1G_2}$를 $n:m$으로 내분하는 점 G가 사각형 ABCD의 무게중심이다.

〈작도에 의한 방법〉

위의 방법에서처럼 △ABD와 △BCD의 무게중심 G_1, G_2를 각각 구한다. 다시 아래의 왼쪽 그림처럼 △ABC와 △ACD의 무게중심 G_3, G_4를 구한다.

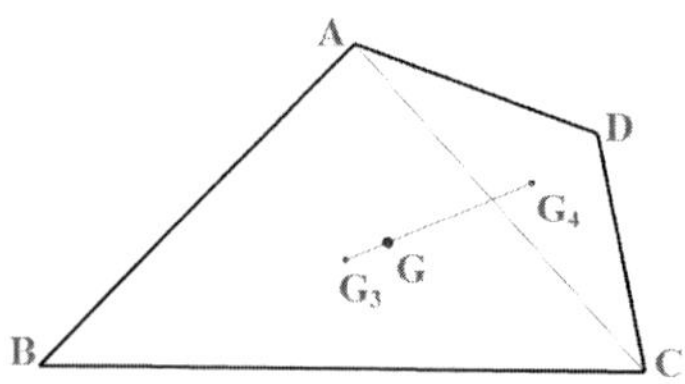

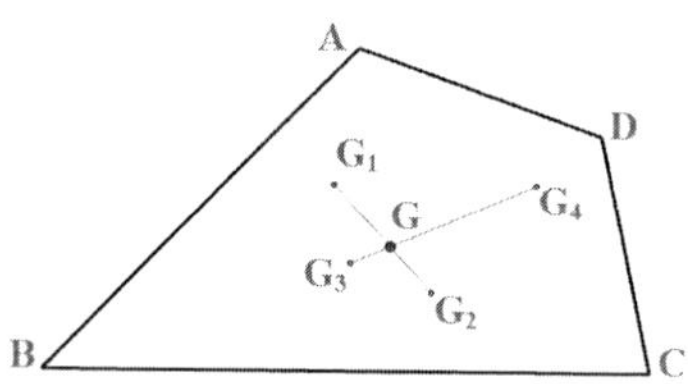

사각형 ABCD의 무게중심은 선분 $\overline{G_1G_2}$ 위에 있고, 또, 선분 $\overline{G_3G_4}$ 위에 있다. 따라서 오른쪽 그림처럼 두 선분 $\overline{G_1G_2}$와 $\overline{G_3G_4}$의 교점 G가 사각형 ABCD의 무게중심이다.

오각형 이상의 어떤 다각형이라도 이런 방법을 비슷하게 적용하면 〈그림6〉처럼 다각형의 무게중심을 구할 수 있다.

(1)다각형을 2개로 분리하여 각각의 무게중심 G_1, G_2을 구한다.
(2)다른 2개의 다각형으로 분리하여 무게중심 G_3, G_4을 구한다.
(3)두 선분 $\overline{G_1G_2}$와 $\overline{G_3G_4}$의 교점이 무게 중심 G가 된다.

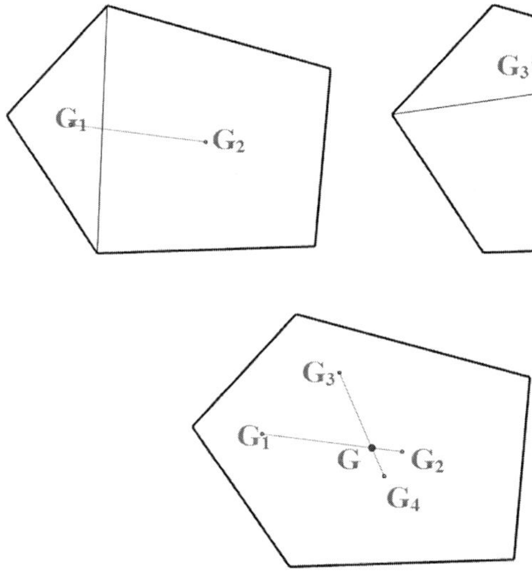

〈그림6〉

참고로 볼록 다각형이 아니면 아래 그림과 같이 무게중심이 도형의 밖에 위치할 수도 있다.

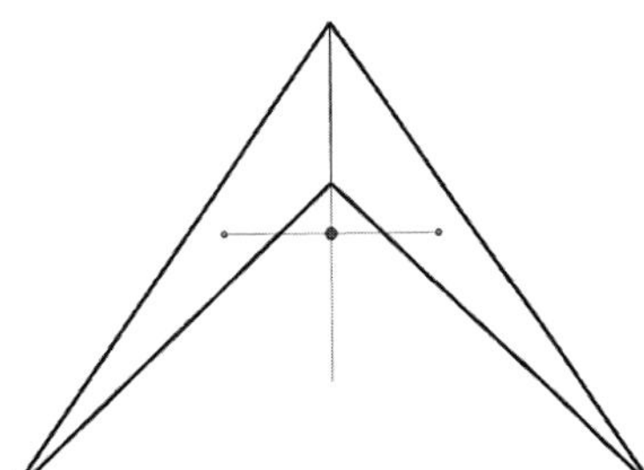

이제 다음 질문에 대해 알아보자.

다각형이 아닌 도형은 항상 무게 중심이 있나요? 방법은요?

대답은 대학의 미적분학 수준이므로 결과만 요약한다.

> 두 곡선 $y=f(x)$, $y=g(x)$로 둘러싸인 영역(넓이 A)의 무게 중심의 좌표 $(\overline{x}, \overline{y})$는
>
> 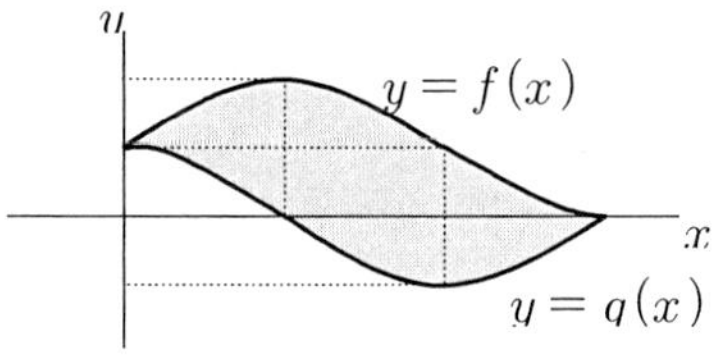
>
>
> $$\overline{x}=\frac{1}{A}\int_a^b x(f(x)-g(x))\,dx$$
> $$\overline{y}=\frac{1}{A}\int_a^b \frac{1}{2}([f(x)]^2-[g(x)]^2)dx$$
> $$(\text{단, } A=\int_a^b (f(x)-g(x))\,dx)$$

한편, 고등학교 교과서에서는 다음과 같은 내용이 있다.

> 좌표평면 위에 세 점 $\mathrm{A}(x_1, y_1)$, $\mathrm{B}(x_2, y_2)$, $\mathrm{C}(x_3, y_3)$을 꼭짓점으로 하는 $\triangle\mathrm{ABC}$의 무게중심은 다음과 같다.
> $$\left(\frac{x_1+x_2+x_3}{3},\ \frac{y_1+y_2+y_3}{3}\right)$$

이 공식은 삼각형의 무게중심은 중선을 꼭짓점으로부터 $2:1$로 내분한다는 사실로부터 유도된다. 이와 연계하여 가질 수 있는 다음과 같은 의문에 대해 한참 후까지도 어느 책에도 답은 물론 질문조차 보이질 않았고 누구도 내게 알려주지 않았던 것 같다.

> 네 꼭짓점 $A(x_1, y_1)$, $B(x_2, y_2)$, $C(x_3, y_3)$, $D(x_4, y_4)$으로 이루어진 사각형 ABCD의 무게중심은 다음과 같다??
>
> $$\left(\frac{x_1+x_2+x_3+x_4}{4},\ \frac{y_2+y_2+y_3+y_4}{4}\right)$$

학창시절의 저자도 처음에는 위의 답이 참일 것이라 생각하고 대수롭지 않게 그냥 지나쳤다. 그런데 나중에 한 번 생각해보니 어처구니없게도 위 명제는 거짓이라는 것을 쉽게 알 수 있었다.

> 네 꼭짓점 A(4, 9), B(0, 3), C(6, 0), D(10, 4)으로 이루어진 사각형 ABCD의 무게중심 G는 (4.93, 4.16) 근처다.
>
> 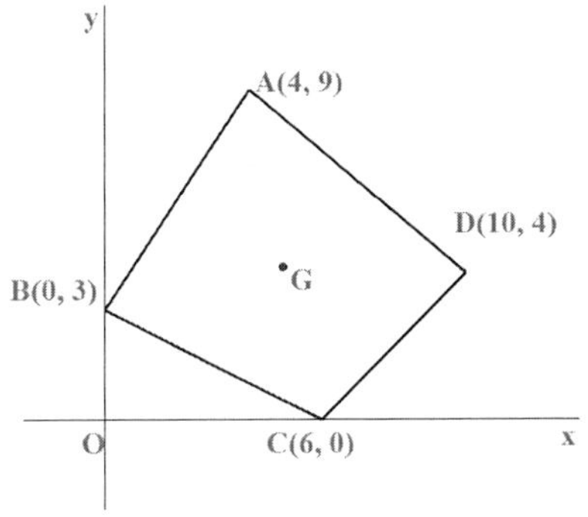
>
>
> $$\left(\frac{x_1+x_2+x_3+x_4}{4},\ \frac{y_2+y_2+y_3+y_4}{4}\right)=(5,\ 3)$$이므로
>
> 두 좌표는 서로 일치하지 않는다.

수학교사라면 세 점 $A(x_1, y_1)$, $B(x_2, y_2)$, $C(x_3, y_3)$을 꼭짓점으로 하는 $\triangle ABC$의 무게중심이

$$\left(\frac{x_1+x_2+x_3}{3},\ \frac{y_1+y_2+y_3}{3}\right)$$

임을 가르치는 부분에서 사각형의 경우에 대한 질문과 답을 학생들과 생각해보는 기회를 갖는 것은 어떨까? 시간이나 난이도를

적절히 고려한다는 전제하에

> '시험에 나오지 않더라도 주어진 사실에서 좀 더 일반적인 질문을 끄집어내고 이에 대한 답을 스스로 찾아가보는 경험을 해보는 과정'

을 자주 겪고 연습함으로써 스스로 의문점과 문제를 찾아내고 답을 구하려는 창의적 습성이 길러지는 것은 아닐까?

창의성을 교육하는 것은 근본적으로 불가능할지도 모른다! 다만 창의적으로 생각할 수 있는 기회를 제공하고 습관을 길러주는 것이 교사의 역할이 아닐까?

대부분의 수학교사가 '교재연구'를 잘못 생각하고 있다. 꽉 짜인 학습량과 형식적인 학습목표에 얽매여 그저 교과서에 적혀있는 내용을 막힘없이 잘 전달하는 준비를 하는 것만이 교재연구가 아니다. 교재연구란 다음과 같은 일들을 어떻게 할 수 있는가를 준비하고 생각하는 것이다.

- 얼마나 흥미롭고 자연스럽고 쉽게 개념과 내용을 도입하고 전달할까?
- 교과서의 내용을 바탕으로 학생 스스로 창의적인 생각을 할 수 있는 습성을 기를 수 있도록 도와줄까?

이런 준비, 생각, 연습이 쌓여 가면서 교사로서의 실력이 느는 것이다. 단순히 교과서의 내용과 수학적 기능들만 단순히 그대로 전달하는 능력을 쌓아가는 일들은 단지 2~3년 정도의 경력이면 족하다.

아마도 교사들은 다음 중 1~2개에 대해 깊이 있게는 아니더라도 조금씩은 의문을 가져 본 경험이 있을 수도 있다.

(1) 삼각형에서 무게중심을 지나는 직선으로 나누어지는 두 개의 도형의 넓이가 같은 경우는?
(2) 다각형에서 무게중심을 지나는 직선에 의해 생기는 두 개의 도형의 넓이가 같은 경우는?
(3) 도형의 무게중심을 지나는 직선은 어떤 의미를 갖고 있을까?

학생 중 누가 이런 질문을 해온다면 당황스러울 것이다. 어려워 보이지는 않으나 평소에 생각해보지 않았다면 당황할 수도 있다. 이 질문들은 실질적으로 다각형의 무게중심의 본질을 물어보는 것들이다. 하나씩 생각해 보자. 아래 그림을 보면 (1)의 경우에 대한 답을 알 수 있다. 즉, 삼각형의 경우에 무게중심을 지나는 직선이 꼭짓점을 통과할 때에만 넓이를 이등분한다.

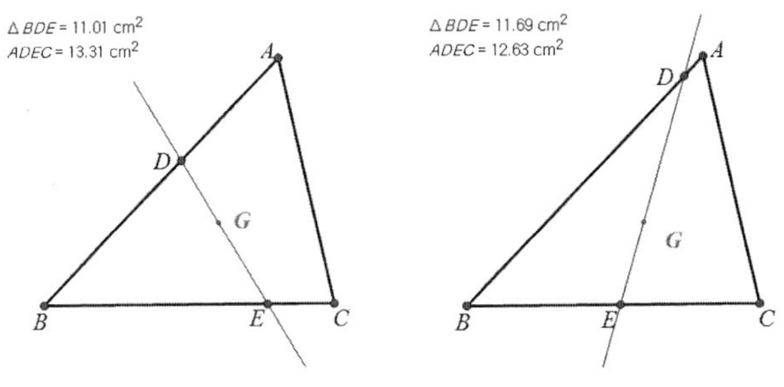

$\triangle ABE = \triangle AEC$

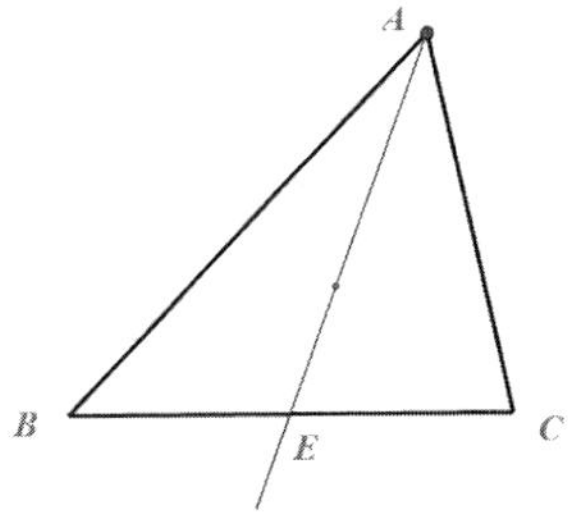

아래 그림처럼 꼭짓점을 지나지 않는 직선일 경우에는 오히려 무게중심을 지나지 않는 직선이 넓이를 이등분한다.

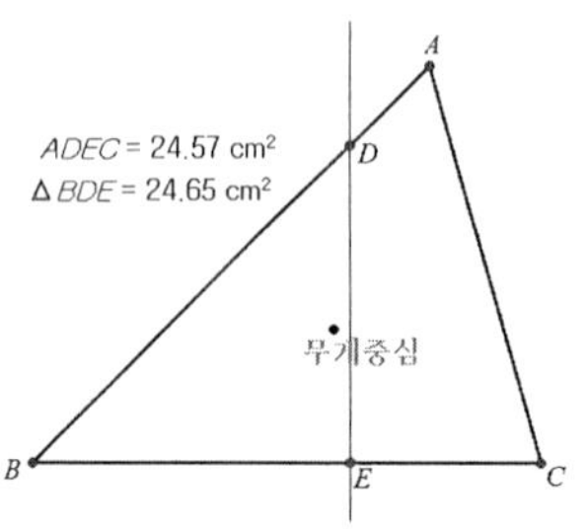

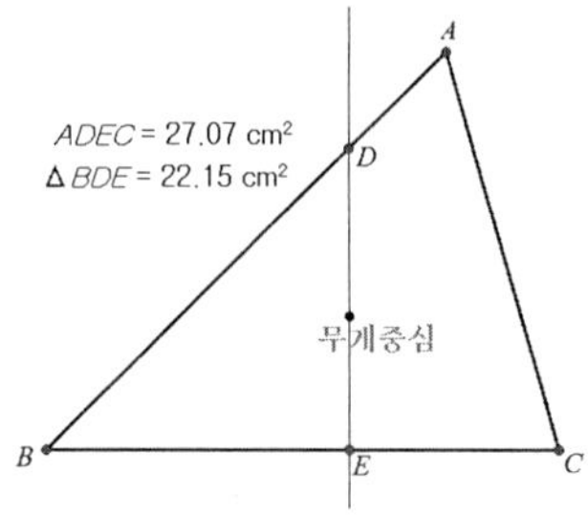

그렇다면 사각형의 경우에는 어떨까? 그림은 사각형의 무게중심을 지나는 직선에 따라 나뉘는 두 도형의 넓이를 나타낸 것이다. 무엇을 알 수 있을까?

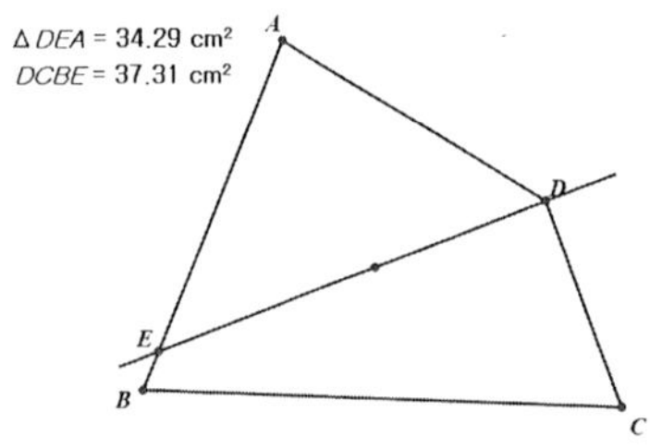

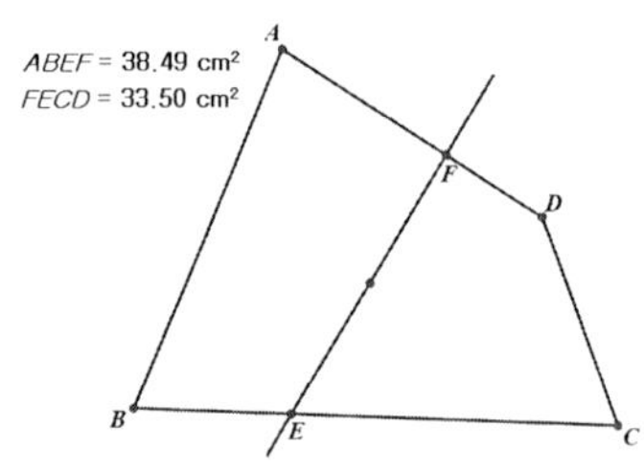

삼각형과 특정한 다각형을 제외한 일반적인 도형에서는 무게중심과 꼭짓점을 지나는 직선이 도형의 넓이를 항상 이등분하지 않는다는 것을 알 수 있다.

무엇을 도형의 중심으로 생각해야 할까?

내심과 외심은 각각 내접원과 외접원의 중심이 되고 각각 삼각형에 내접하거나 외접하는 원을 그릴 수 있다. 내접원은 삼각형 안에 그릴 수 있는 가장 큰 원이고 외접원은 삼각형을 포함하는 가장 작은 원이다. 그러나 삼각형의 경우 내심과 외심을 도형의 중심이라고는 보기 어렵다. 아래 그림들을 살펴보면 그 이유를 직관적으로 알 수 있다. 정삼각형에 가까운 ㉠의 경우에 내심, 외심과 무게중심이 비슷한 곳에 있다. 그러나 둔각삼각형인 경우에 외심은 도형 밖에 있고 ㉢처럼 둔각이 180^o에 가까울수록 외심은 도형에서 더 멀리 떨어진 곳에 있게 된다. ㉣의 경우와 같이 삼각형의 제일 작은 각이 0^o에 가까운 삼각형의 내심은 상대적으로 그 각의 대변에 치우친 곳에 위치하게 되므로 내심 역시 삼각형의 중심이라고 보기 어렵다.

㉠

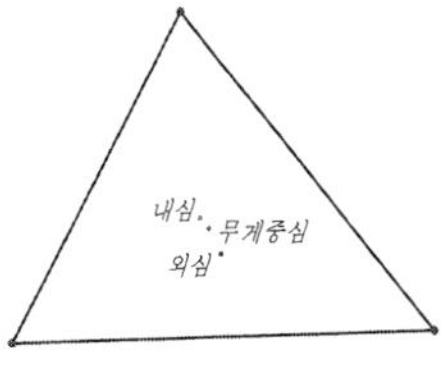

㉡

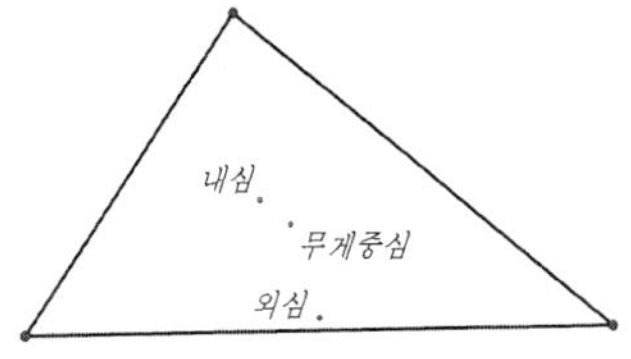

㉢

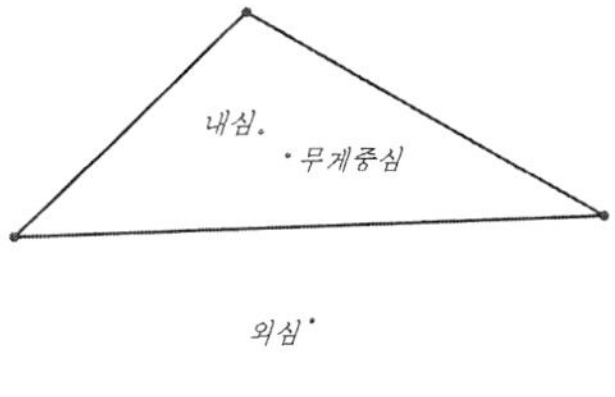

㉣

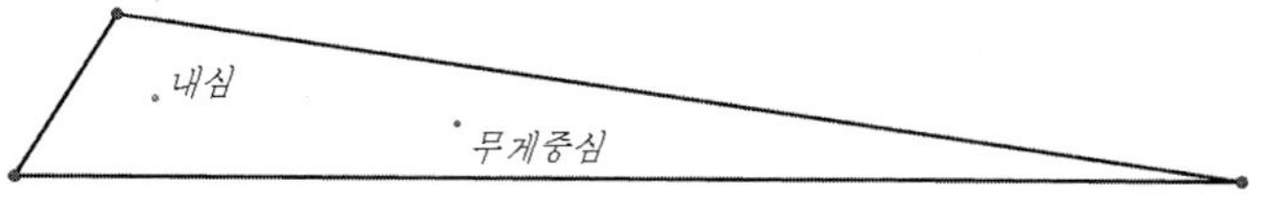

위의 여러 모양의 삼각형에서 시각적으로 무게중심의 위치는 도형의 중심에 위치하는 것으로 보인다. 게다가 본문에서 언급한 바와 같이 사각형, 오각형 등의 다각형에서는 특수한 경우를 제외하고는 내심과 외심이 존재하지 않는다. 그러나 모든 도형은 무게중심을 갖는다. 이런 결과들을 종합해보면 도형의 중심은 무게중심일 것이라는 추론을 할 수 있다. 무게중심이 도형의 중심이라 한다면 그것은 어떤 의미일까? 평면도형의 무게중심은 그 도형의 넓이의 평균점으로 볼 수 있다. 이를 물리적으로 설명할 수 있지만 중학교 2학년에게 설명할 수는 없는 일이다. 저자는 직접 중학생들과 함께 무게중심의 직관적인 의미를 알아보기 위하여 실제로 다음과 같은 실험을 했다.

실험 A 아래 10 종류의 그림에서 각각 원 안의 도형이 가장 원의 가운데에 위치해 있다고 보이는 것을 하나씩 선택하라.(독자들도 직접 선택해보라!)

1번

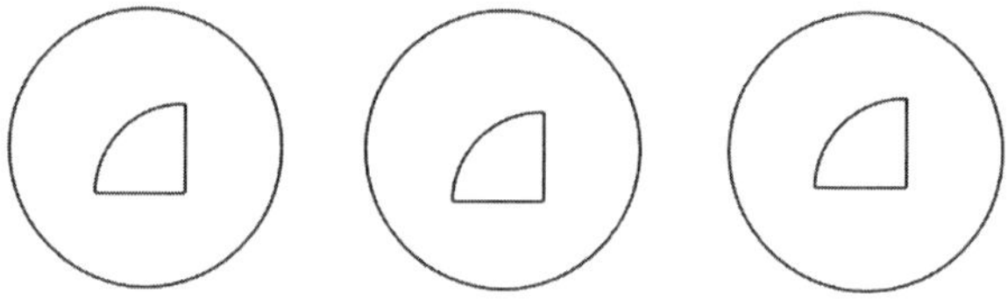

2번

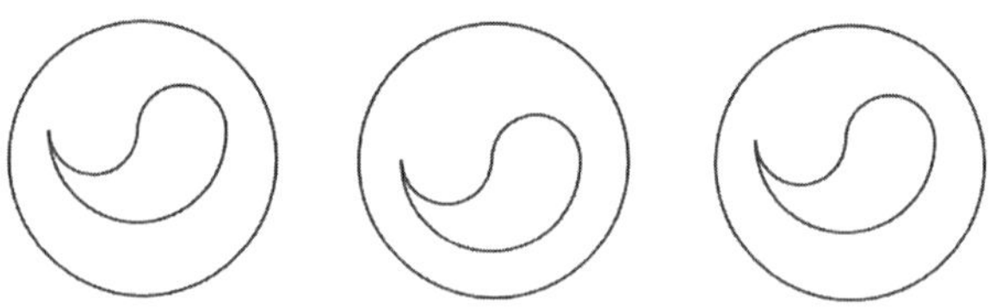

3번

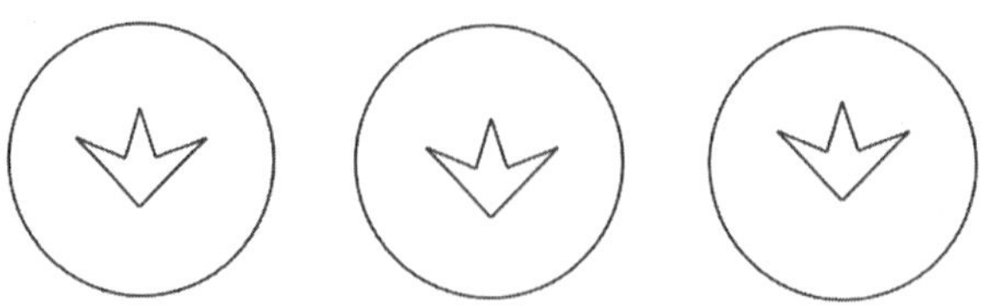

4번

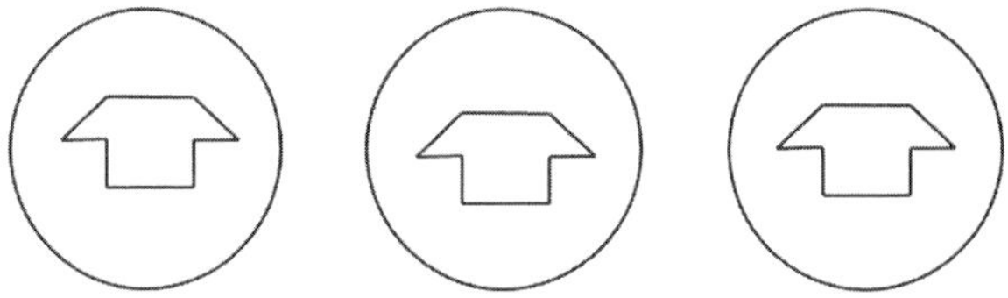

5번

6번

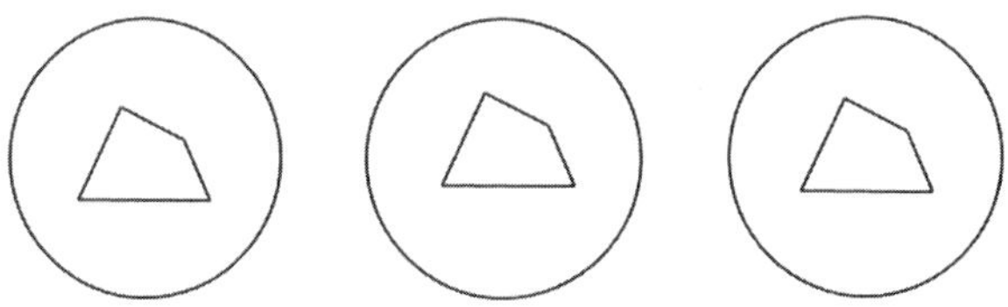

7번

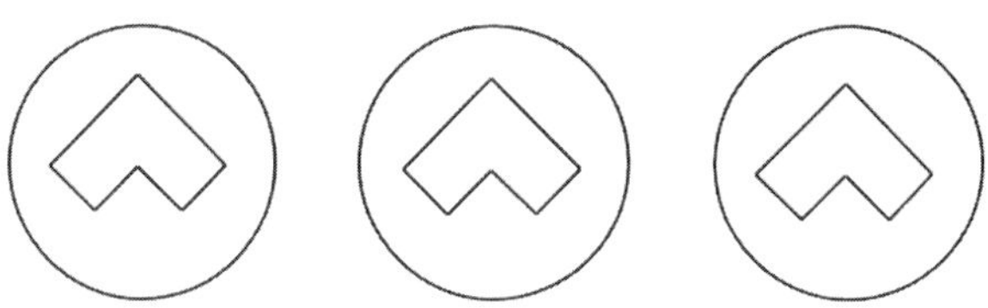

8번

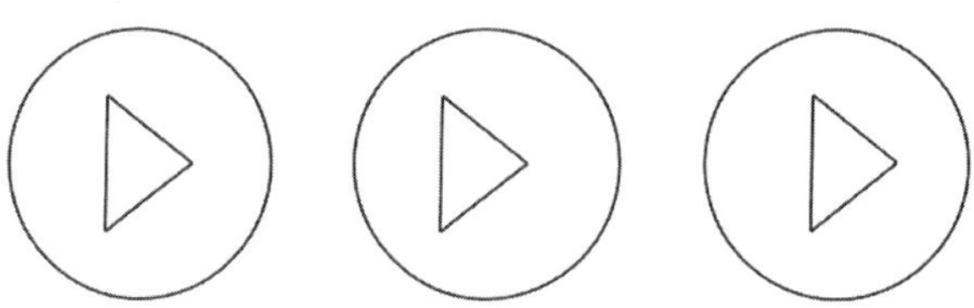

9번

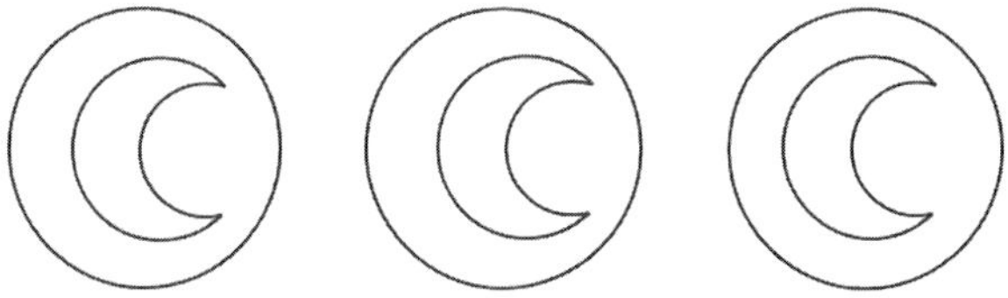

10번

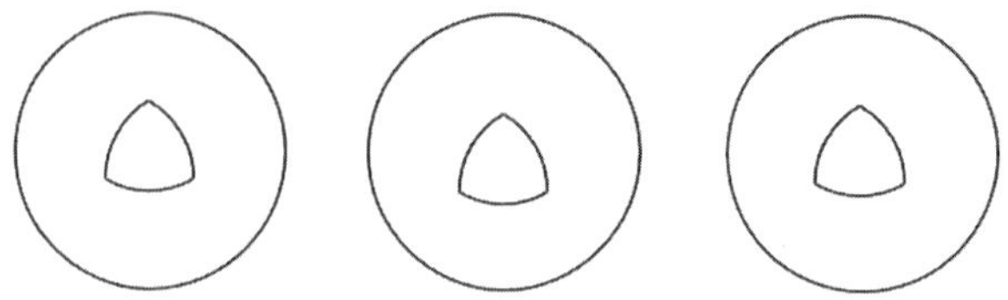

결과는 오른쪽 표와 같다. 진한 숫자는 도형의 무게중심이 원의 중심과 일치하는 그림에 해당하는 항을 나타낸 것이고 밑줄 친 숫자는 실험대상인 학생들이 가장 많이 선택한 항을 나타낸 것이다. 결과를 분석해보면 대체적으로 볼록다각형의 경우에 무게중심과 원의 중심이 일치할 때를 시각적으로 정확히 판단했다. 그러나 도형의 경계가 곡선으로 되어있거나 오목한 정도가 심할 때에는 무게중심과 원의 중심이 일치하지 않은 그림을 선택하는(2번, 5번, 9번) 경향을 보였다.

	(1)	(2)	(3)
1번	**17**	2	78
2번	63	4	**30**
3번	1	17	**79**
4번	13	7	**77**
5번	**4**	90	3
6번	10	18	**69**
7번	4	**39**	54
8번	**41**	1	55
9번	**14**	2	81
10번	54	5	**38**

볼록한 도형의 무게중심은 항상 도형 안에 있지만 볼록하지 않은 도형의 무게중심은 도형의 바깥쪽에 있을 수도 있다. 이 경우에는 상대적으로 도형의 중심과 무게중심의 위치가 같지 않다는 착시현상이 생기게 되는 것으로 판단된다.

실험 B (실험B) 대학생들에게 모양이 다름 3종류의 아크릴판을 제공한다.

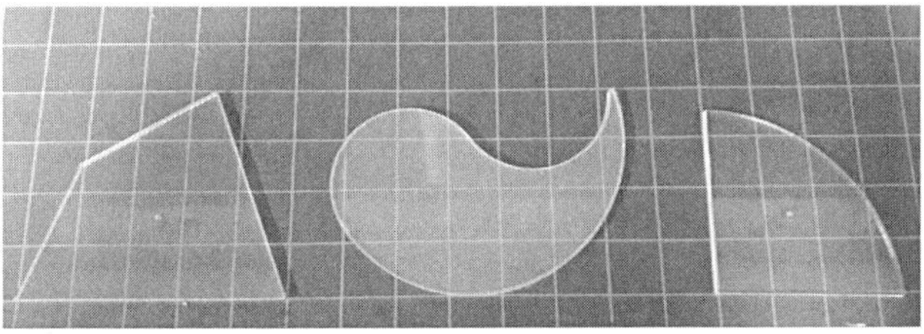

1) 왼쪽의 원의 중앙에 위의 3종류의 아크릴판을 오른쪽 그림처럼 놓아보라!

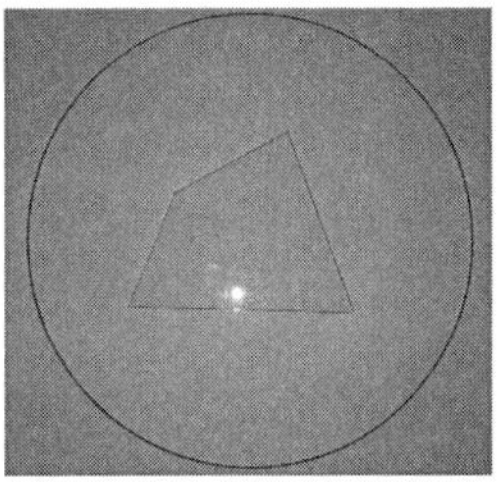

2) 도형을 고정시키고 연필로 경계를 그려라!

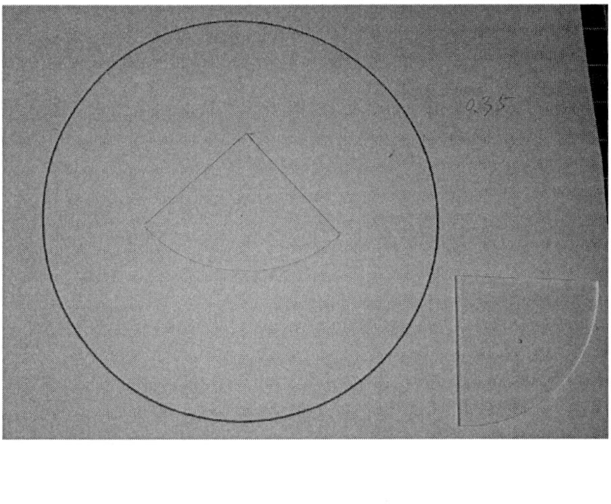

3) 자! 그 결과를 보자. 그림에서 점들은 학생들이 실제로 놓은 도형의 무게중심을 나중에 점을 찍어 표시한 것이다.

(건축/미술/수학과) (어문계열학과)

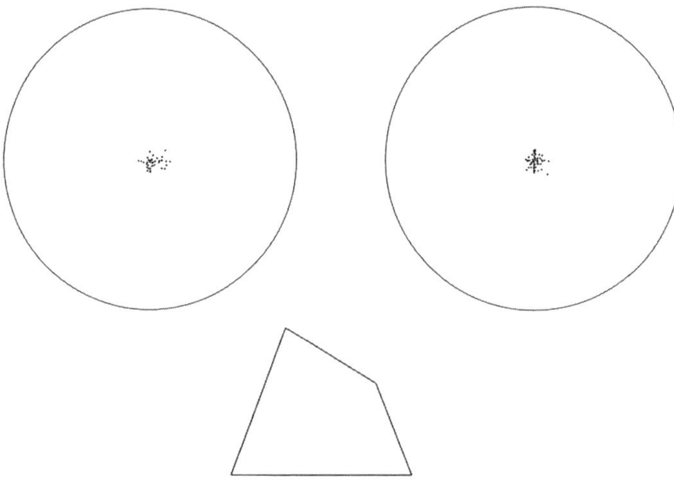

(건축/미술/수학과) (어문계열학과)

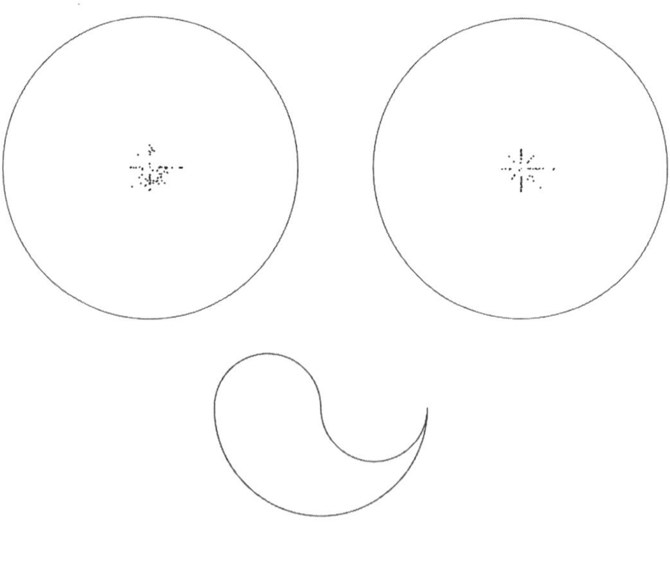

볼록 사각형의 경우에는 학생들이 놓은 도형의 무게중심과 원의 중심이 아주 가깝게 일치하는 경향을 보인다. 반면에 태극모양 도형의 경우에 첫 번째 도형과 비교하면 상대적으로 덜 중심에 가까운 것을 알 수 있다. 오목한 정도가 큰 경우에는 도형의 중심에 대한 착시현상이 생기는 것을 볼 수 있다. 도형에 더 민감할 수 있다고 생각되는 학과(건축/미술/수학)와 그렇게 생각되지 않는 학과(어문계열)들로 구분해서 보았지만 결과는 비슷하게 나왔다. 이는 전공여부와는 관계없이 보통의 볼록 도형의 경우에 무게중심이 도형의 중심이라는 직관적 인식을 갖고 있다는 것을 보여준다.

실제로 디자인 제작에 있어서 시각적 보정이라는 것이 있다. 그림과 같은 모양의 디자인들을 살펴보자. 어느 것이 더 안정적으로 보이는가?

㉠ ㉡

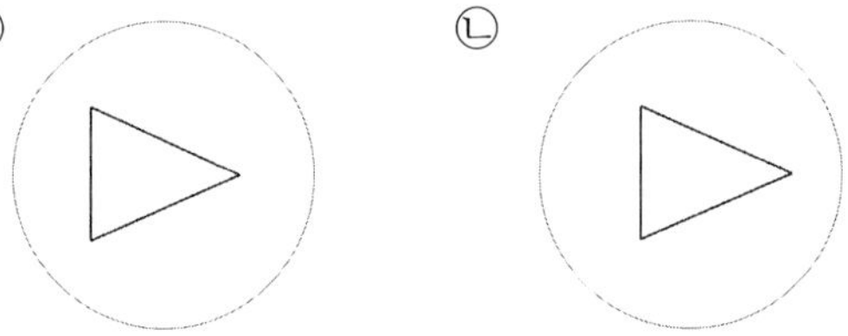

개인차가 있을 수도 있겠지만 거의 대부분의 사람들은 ㉠보다는 ㉡을 택할 것이다. 그 이유를 분석해보자. 위의 ㉠과 ㉡ 그림에서 원의 중심 등을 포함한 보조선만을 각각 추가한 아래의 그림 ㉠′과 ㉡′을 비교해보면 원인을 알 수 있다. ㉠′(㉠)에서는 삼각형의 좌우 폭의 중점이 원의 중심과 일치하게 놓여있고 ㉡′(㉡)에서는 삼각형의 무게중심이 원의 중심과 일치하게 놓여있다.

㉠′ ㉡′

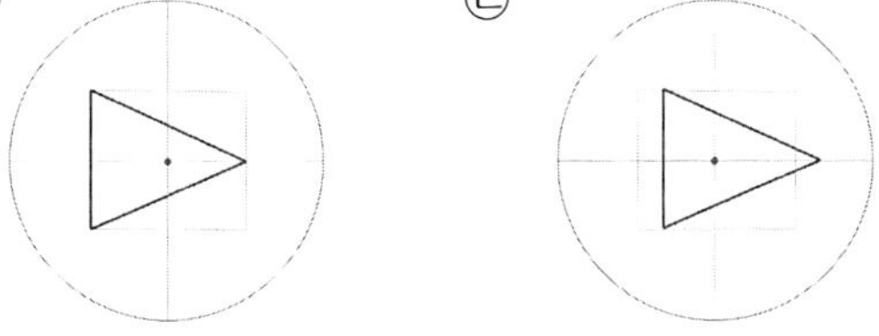

이것은 큰 원 안에서 삼각형의 위치를 선택할 때 왼쪽의 넓이와 오른쪽의 넓이를 고려해 중간지점을 판단하게 된다. 즉, 직관적으로 삼각형의 좌우 폭의 중점이 아닌 넓이의 중심(무게중심)을 삼각형의 중심으로 생각한다는 것이다. 이런 이유로 디자인 작업에 있어서 무게중심을 고려한 시각적 보정이 반드시 필요하다. 아래 그림은 또 다른 시각적 보정을 이용한 디자인의 예이다.

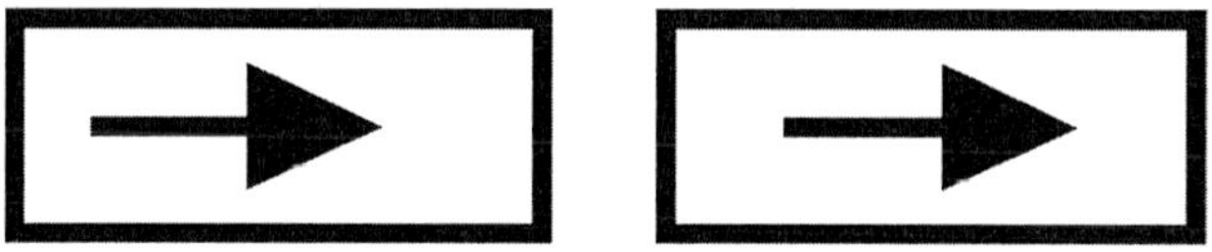

그러나 앞의 (실험A)와 (실험B)에서 보듯이 볼록하지 않은 도형 등에서는 착시현상으로 도형의 무게중심이 원의 중심과 일치하지 않은 것이 더 안정적으로 보이는 경우도 있다.

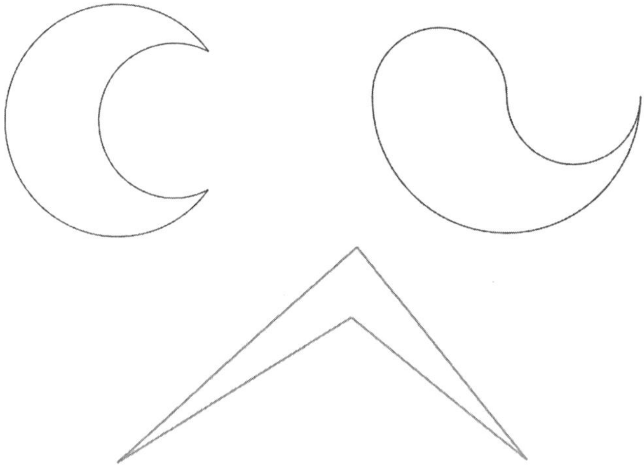

► 거꾸로 올라가는 바퀴

모든 물체에는 무게중심이 있다. 공간상에서 물체는 무게중심이 낮은 쪽으로 움직이려는 경향을 갖는다. 이를 이용하여 그림과 같이 낮은 곳에서 높은 곳으로 거꾸로 올라가는 바퀴를 간단히 만들 수 있다.

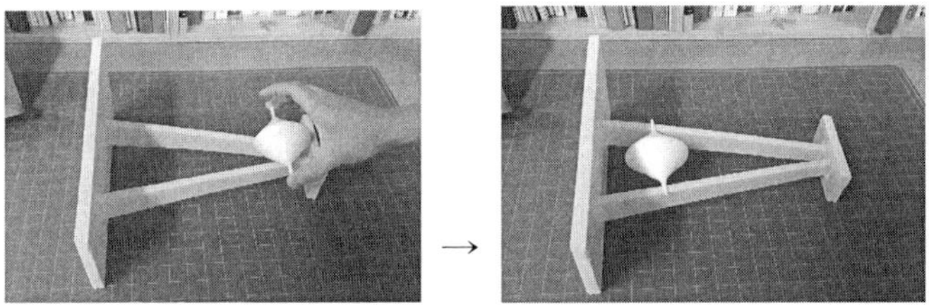

바퀴가 경사면을 따라 올라갈수록 무게중심이 아래로 내려간다.

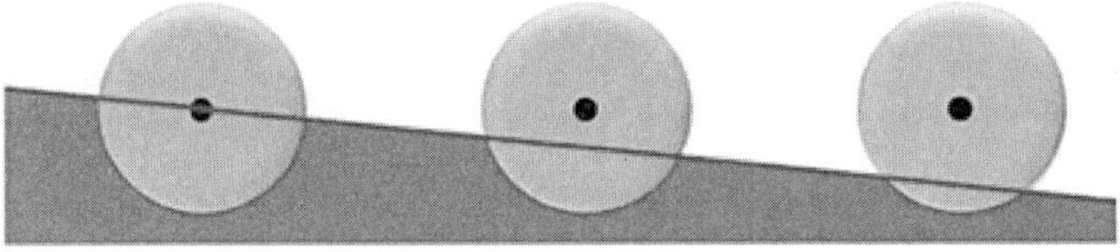

V자 모양의 판에서는 판 사이의 홈이 넓어지면서 무게중심이 낮아지진다. 따라서 경사면을 타고 올라가게 된다. 일자형 모양의 판에서는 아래쪽으로 파고들지 못하여 올라가지 못하고 오히려 내려가게 된다.

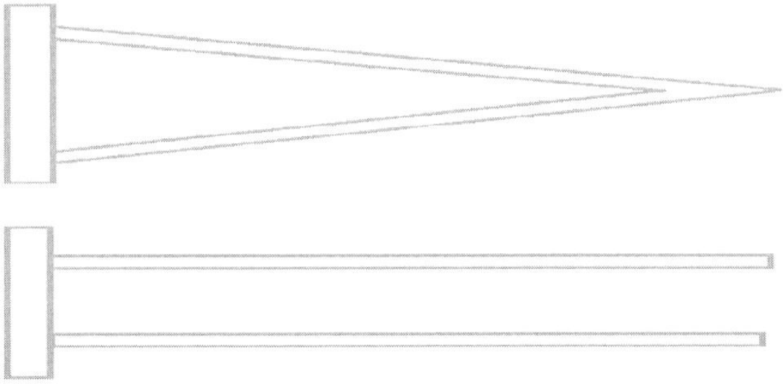

► 컵 위의 포크 무게중심 잡기

사진과 같이 두 개의 포크를 맞물린 후에 이쑤시개로 끼워서 컵과 함께 지탱하게 하여 가볍게 고정시킨다.

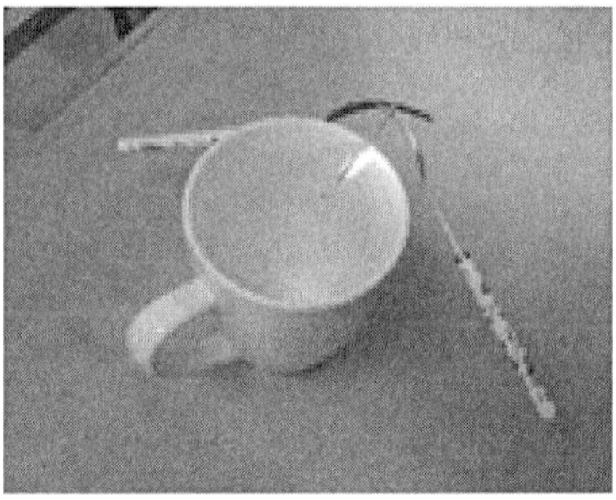

이쑤시개의 컵 안쪽 부분에 불을 붙이면 조금씩 타들어가면서 포크는 스스로 무게중심을 찾아간다. 이쑤시개가 컵에 살짝 걸칠 정도일 때 가볍게 바람을 불어 조심스럽게 불을 끄면 아래 사진처럼 포크와 남은 이쑤시개는 무게중심을 스스로 맞추어 아슬아슬하게 평형을 이루게 된다. 그런데 처음부터 짧은 이쑤시개로 마지막 그림처럼 인위적으로 평형을 이루게 하는 것은 거의 불가능하다.

► 무게중심을 이용한 문화상품권 위에 동전 세우기

동전이 스스로 무게중심을 찾아가는 성질을 이용하여 문화상품권(또는 지폐) 위에 동전이 스스로 세워지게 하는 그림이다. 굽은 상품권 위에 동전을 올려놓고 아주 천천히 상품권을 펴 나가면 마지막 그림처럼 동전을 거의 완전히 펴진 상품권 위에 올려놓을 수 있다. 동전 스스로 무게중심을 찾는 성질을 이용한 것으로 처음부터 마지막 그림처럼 직접 동전을 세우는 것은 거의 불가능하다.

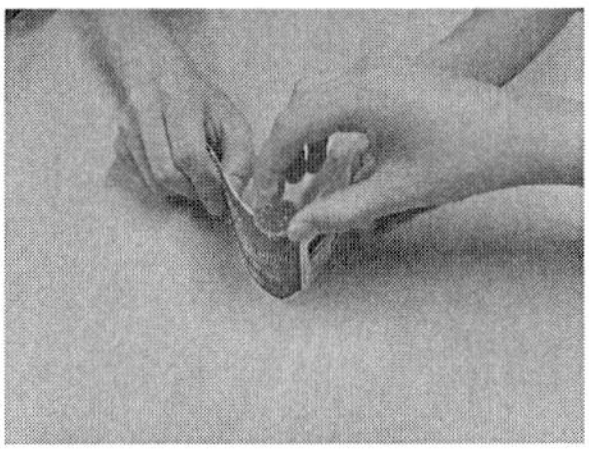

→

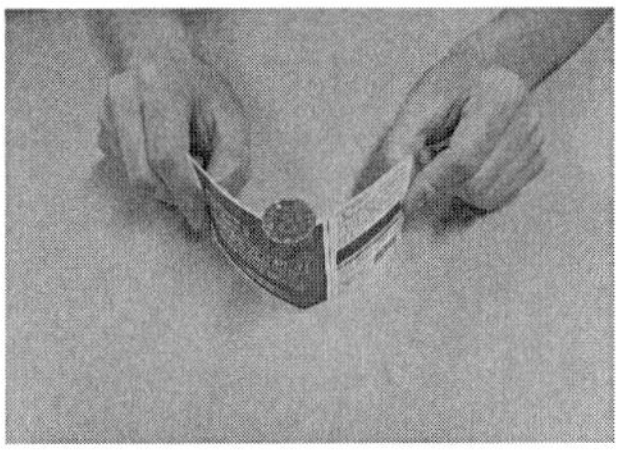

↙

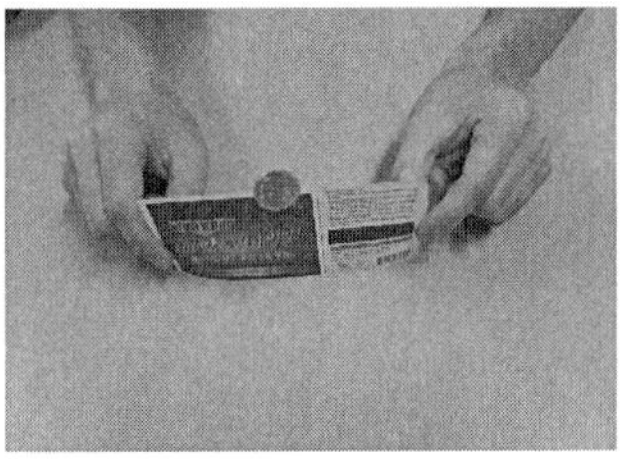

도형이 갖고 있는 무게중심은 도형의 자연스러운 물리적인 중심이다. 삼각형에서 단순히 무게중심을 정의하고 문제만을 푸는 교육에서 학생들은 기계적인 능력 이외에 도대체 어떤 것을 더 향상시킬 수 있을까? 연습문제풀이 이외에도 적절한 수준에서 학생들이 앞서와 같은 내용을 접하고 또, 직접 여러 실험을 해본다면 흥미도 유발하고 융합교육의 효과를 얻게 되지 않을까? 저자 자신을 포함하여 교사들은 교과서의 소재를 가지고 풍부한 콘텐츠를 찾고 개발하여 제공하고 적용하는 노력을 더 기울여야 할 것이다.

Question

05 헤론의 공식으로 삼각형의 넓이를 구할 수 있는데, 사각형의 넓이를 구하는 공식은 없나요?

세 변의 길이가 주어진 삼각형의 넓이를 구할 수 있는 유명한 헤론의 공식이 있다.

> 세 변의 길이가 a, b, c 인 삼각형의 넓이 S는 다음과 같은 공식으로 구할 수 있다.
>
> $$S=\sqrt{s(s-a)(s-b)(s-c)}$$
>
> $$\left(\text{단, } s=\frac{a+b+c}{2}\right)$$

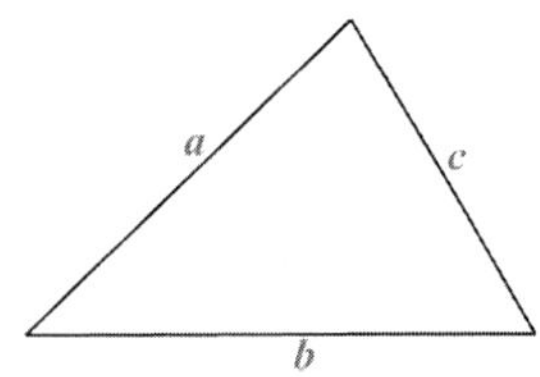

교과서 등에 나오는 전형적인 증명을 먼저 적어본다.

삼각형 ABC의 높이를 h라 하면 삼각형 ABC의 넓이 S는

$$S=\frac{1}{2}ab\sin C$$

코사인정리에 의해 $c^2=a^2+b^2-2ab\cos C$이고 $\sin^2 C=1-\cos^2 C$ 이므로

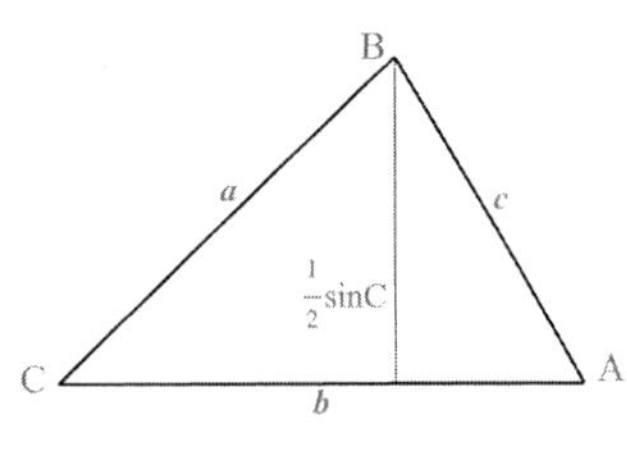

$$\begin{aligned}S^2&=\frac{1}{4}(ab)^2\sin^2 C\\&=\frac{1}{4}(ab)^2\left\{1-\left(\frac{a^2+b^2-c^2}{2ab}\right)^2\right\}\\&=\frac{1}{16}\left\{(2ab)^2-(a^2+b^2-c^2)^2\right\}\\&=\frac{1}{16}(2ab+a^2+b^2-c^2)(2ab-a^2-b^2+c^2)\\&=\frac{1}{16}((a+b)^2-c^2)(c^2-(a-b)^2) \swarrow\ x^2-y^2=(x+y)(x-y)\\&=\frac{1}{16}(a+b+c)(a+b-c)(a-b+c)(-a+b+c)\end{aligned}$$

$s=\dfrac{a+b+c}{2}$라 놓으면 $S^2=s(s-a)(s-b)(s-c)$이므로

$$S=\sqrt{s(s-a)(s-b)(s-c)}$$

그런데 이것이 전부가 아니다. 이런 내용을 다 소개한 후에 학생에게 다음 질문을 받았다면 어떻게 답할 것인가?

> 그런데 네 변의 길이가 주어진 사각형의 넓이를 구할 수 있는 공식은 없나요?

답부터 말하면 네 변의 길이만으로는 일반적인 사각형의 넓이를 구할 수 있는 공식이란 존재할 수 없다. 그러나 당신은 다음과 같은 두 개의 숨어있는 질문에 대한 대답을 할 준비가 되어 있는 교사이어야 할 것이다.

(1) 네 변의 길이가 주어진 사각형의 넓이공식은 없나요?

(2) 조건이 더 있으면 사각형의 넓이공식을 만들 수 있나요?

먼저 (1)번 질문에 대한 답을 생각해보자. 1단원의 삼각형의 결정조건(합동조건)에서 그 답을 짐작할 수 있다. 세 변의 길이가 주어진 삼각형은 유일하게 한 개로 결정되기 때문에 그 넓이가 존재하고 넓이공식을 찾을 수 있는데 그것이 바로 헤론의 공식이다. 그러나 사각형의 경우는 다르다. 일반적으로 아래 그림처럼 네 변의 길이가 주어진 사각형은 한 개로 결정되지 않고 넓이도 다를 수가 있다. 따라서 일반적인 사각형에서는 네 변의 길이로만 넓이를 구하는 공식은 존재할 수가 없다.

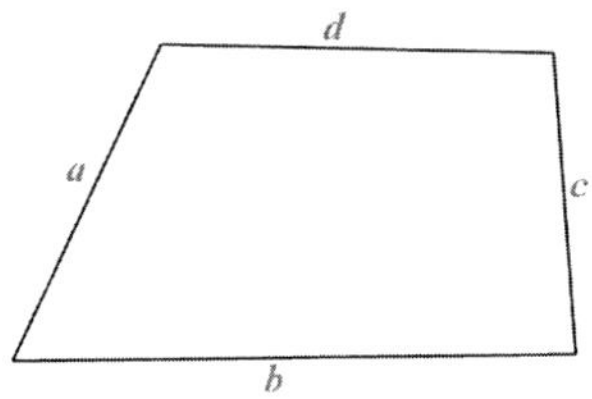

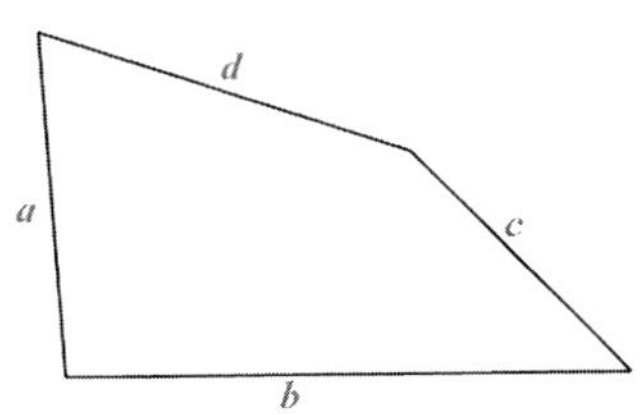

이제 (2)번 질문에 답을 생각해보자. 네 변의 길이만으로는 일반적인 사각형의 넓이를 구할 수는 없다고 했다. 하지만 정사각형이나 직사각형은 변의 길이를 알면 넓이를 구할 수 있음이 명백하

다. 그렇다면 마름모, 평행사변형 등은 변의 길이를 알면 넓이를 구할 수 있을까? 다음의 그림을 보고 판단해 보라!

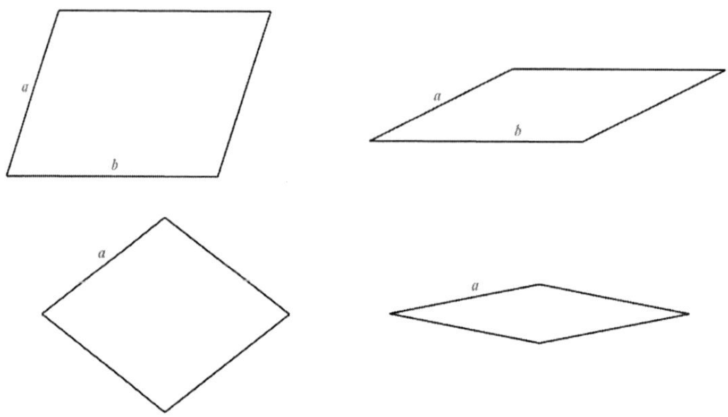

변의 길이를 알고 있더라도 마름모, 평행사변형은 하나로 결정되지 않고 각 사각형의 넓이가 서로 다를 수도 있다. 따라서 변의 길이만 가지고서는 넓이를 구할 수 없다. 그렇다면 정사각형과 직사각형을 제외하고는 네 변의 길이만으로는 사각형의 넓이를 구하지 못하는 것일까?

모든 변의 길이를 알 때		
넓이를 구할 수 있는 사각형		넓이를 구할 수 없는 사각형
정사각형, 직사각형	?	평행사변형, 마름모 등

표의 '?' 안에 들어 갈 수 있는 답은 일찍이 인도의 수학자 '브리마굽타'(598~665)가 발견했다. 즉, '원에 내접하는 사각형의 넓이를 구하는 공식'을 찾아낸 것이다.
공식은 삼각형의 경우와 비슷하게 제2코사인 법칙을 이용하여 유도된다. 사각형 ABCD가 원에 내접하므로 $\angle A + \angle C = \pi$ 이다.

따라서 $\sin C = \sin A$, $\cos C = -\cos A$가 성립한다.

원에 내접하는 사각형의 네 변의 길이를 a, b, c, d 라 하면, 넓이 S는

$$S = \sqrt{(s-a)(s-b)(s-c)(s-d)}$$

(단, $s = \dfrac{a+b+c+d}{2}$)

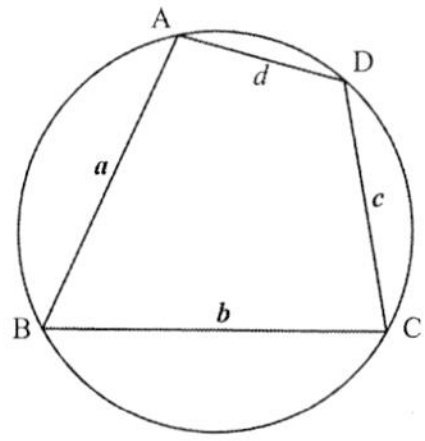

$S = \dfrac{1}{2}ad\sin A + \dfrac{1}{2}bc\sin C = \dfrac{1}{2}(ad+bc)\sin A$ 이므로

$$S^2 = \frac{1}{4}(ad+bc)^2\sin^2 A = \frac{1}{4}(ad+bc)^2(1-\cos^2 A)$$

$$= \frac{1}{4}(ad+bc)^2 - \frac{1}{4}(ad+bc)^2\cos^2 A \quad \cdot\ \cdot\ \cdot \quad ①$$

$\triangle ABD$와 $\triangle BCD$에 제2코사인 법칙을 계속 적용하면

$$a^2 + d^2 - 2ad\cos A = \overline{BD}^2 = b^2 + c^2 - 2bc\cos C$$

한편, $\cos C = \cos(\pi - A) = -\cos A$ 이므로 다음이 성립한다.

$$(ad+bc)\cos A = \frac{1}{2}(a^2+d^2-b^2-c^2)$$

위 식과 ①식을 연립하면 다음을 얻을 수 있다.

$$S^2 = \frac{1}{4}(ad+bc)^2 - \frac{1}{16}(a^2+d^2-b^2-c^2)^2$$

$$= \frac{1}{16}\{(2(ad+bc))^2 - (a^2+d^2-b^2-c^2)^2\}$$

$$= \frac{1}{16}\{(a+d)^2-(b-c)^2\}\{(b+c)^2-(a-d)^2\}$$

$$= \frac{1}{16}(a+d+b-c)(a+d-b+c)(b+c+a-d)(b+c-a+d)$$

$$= (s-a)(s-b)(s-c)(s-d) \quad \hookleftarrow \quad s = \frac{a+b+c+d}{2}$$

$$\therefore \quad S = \sqrt{(s-a)(s-b)(s-c)(s-d)}$$

브리마굽타 공식의 일반화

네 변의 길이가 a, b, c, d이고 마주보는 두 내각의 합이 $\theta = \angle A + \angle C$인 사각형의 넓이 S를 구하는 공식은 다음과 같음이 알려져 있다.

(단, $s = \dfrac{a+b+c+d}{2}$)

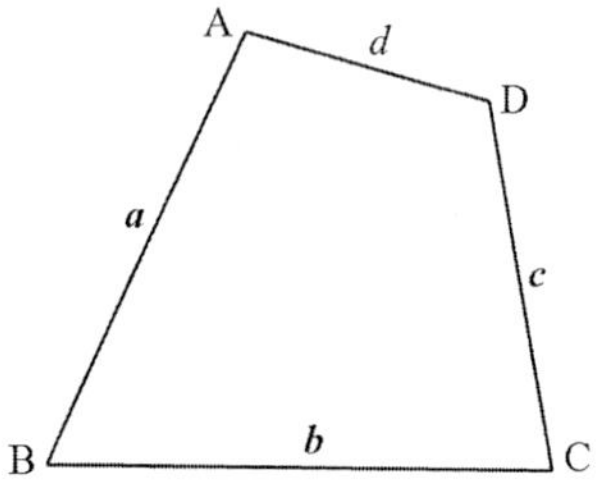

$$S = \sqrt{(s-a)(s-b)(s-c)(s-d) - abcd\cos^2\frac{\theta}{2}}$$

> 두 대각선의 길이가 a, b이고 두 대각선이 이루는 각인 θ인 사각형 ABCD의 넓이 S는 $S = \dfrac{1}{2}ab\sin\theta$ 이다.

한편, 다음과 같은 간단한 사각형의 넓이공식도 있다.

설명 두 대각선으로 잘리는 네 선분으로 길이를 각각 a_1, a_2와 b_1, b_2라 하면

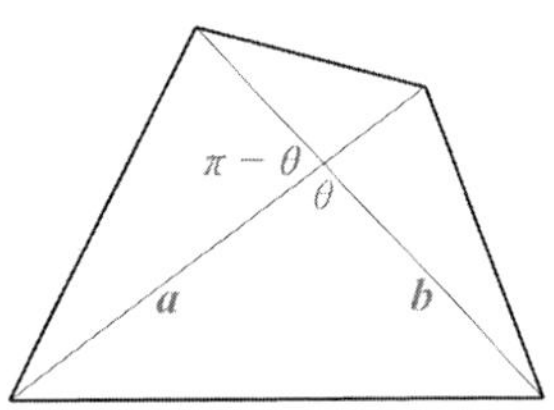

$$\begin{aligned} S &= \frac{1}{2}a_1b_1\sin\theta + \frac{1}{2}a_1b_2\sin(\pi-\theta) \\ &\quad + \frac{1}{2}a_2b_1\sin(\pi-\theta) + \frac{1}{2}a_2b_2\sin\theta \\ &= \frac{1}{2}(a_1b_1 + a_1b_2 + a_2b_1 + a_2b_2)\sin\theta \\ &= \frac{1}{2}(a_1+a_2)(b_1+b_2)\sin\theta = \frac{1}{2}ab\sin\theta \end{aligned}$$

〈헤론의 공식〉은 헤론이 처음 발견한 것이 맞나요?

1세기 말에 알렉산드리아에서 활동한 헤론은 그의 저서 〈측정론, Metrica〉에서 헤론의 공식에 대한 증명법을 남겼다. 헤론이 여러 분야의 실용적인 문제에 대해 당시까지의 수학적 지식을 동원한 해결방법들을 적어 놓은 책이다. 이 외에도 상당히 실용적인 여러 저서를 남긴 인물이다.

	대표적 내용
기타 저서 (실용적)	▪산의 양 쪽을 뚫어 터널을 만드는 방법 ▪저수지에 흘러서 넘치는 물의 양을 재는 방법 ▪막대기를 부러뜨릴 때 왜 중간에 무릎을 대야 하는가? ▪이빨을 뺄 때 맨손보다 집게를 사용하는 이유
측정론 (기하학적)	▪도형의 넓이, 헤론의 공식, 입체의 겉넓이 ▪입체의 부피 ▪넓이와 부피를 주어진 비율로 나누는 문제

이러한 다양한 내용들을 모두 헤론이 직접 발견했다고 보기는 어렵고 그가 수집했던 결과와 해결한 문제들을 함께 모은 책으로 보아야 할 것이다. 게다가 삼각형에 대한 헤론의 공식의 증명은 제2코사인법칙을 사용하지 않은 대단히 독특하고 기발한 발상으로 되어있다.

> 중학교 도형 수준의 기본적인 사실들을 절묘하게 연결하여 공식을 유도하였다. 특히, 아주 논증적인 방법을 사용했다.

이런 이유 때문에 많은 사람들이 공식의 증명법이 바로 고대의 슈퍼 천재인 '아르키메데스'의 것이라고 보고 있다. 또한 그런 기록이 있었다고도 한다. 그러나 아르키메데스의 뛰어난 업적들은 헤아릴 수 없이 많이 있기 때문에 삼각형의 넓이를 구하는 공식을 '아르키메데스의 공식'이라 부르자고 하는 것은 아르키메데스 입장에서는 번거로운 일에 지나지 않고 헤론에게는 잔인한 일일 수도 있다. 이런 저런 이유로 아르키메데스의 것이 유력함에도 그냥 〈헤론의 공식〉이라 부른다.

헤론의 〈측정론, Mertrica〉있는 헤론의 공식 증명

$\triangle$ABC의 세변의 길이를 각각 a, b, c라 하고 내접원의 반지름을 r이라 하면

$$S=\frac{1}{2}r(a+b+c)=rs$$

이다. $\overline{BA}$의 연장선 위에 $\overline{BG}=\frac{1}{2}(a+b+c)=s$가 되도록(즉, $\overline{GA}=\overline{CF}$) 점 G를 잡으면 다음이 성립한다.

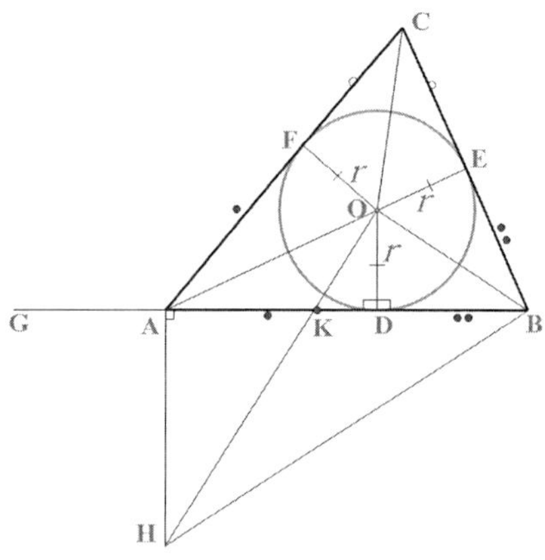

$$s-c=\overline{BG}-\overline{AB}=\overline{AG}$$

$$s-b=\overline{BG}-\overline{AC}=(\overline{BD}+\overline{AD}+\overline{CE})-(\overline{AD}+\overline{CE})=\overline{BD} \qquad (*)$$

$$s-a=\overline{BG}-\overline{BC}=(\overline{BD}+\overline{AD}+\overline{CE})-(\overline{BD}+\overline{CE})=\overline{AD}$$

점 A에서 $\overline{AB}$에 그은 수선 위에 $\angle$HAB$=\angle$HOB$=90^o$가 되도록 점 H를 정하자. $\triangle$AHB와 $\triangle$HBO는 동일한 빗변을 갖는 직각삼각형이므로 $\overline{HB}$의 중점을 중심으로 하는 원에 내접한다. 즉 사각형 AHBO가 원에 내접하므로

$\angle AHB + \angle AOB = \pi$ $\quad\cdot\ \cdot\ \cdot\ \cdot\ \cdot$ ① 이다.

그런데 $2(\angle AOD + \angle BOD + \angle COF) = 2\pi$에서

$\angle AOB + \angle COF = \pi$ $\quad\cdot\ \cdot\ \cdot\ \cdot\ \cdot$ ②

①식과 ②식에서 $\angle COF = \angle AHB$이므로 $\triangle COF \propto \triangle AHB$가 성립한다. 그러므로 다음을 얻을 수 있다.

$$\frac{\overline{AB}}{\overline{AH}} = \frac{\overline{CF}}{\overline{OF}} = \frac{\overline{AG}}{r}, \quad \frac{\overline{AB}}{\overline{AG}} = \frac{\overline{AH}}{r} \quad \cdot\ \cdot\ \cdot\ \cdot \text{ ③}$$

또한, $\triangle KAH \propto \triangle KDO$ 이므로

$$\frac{\overline{AH}}{\overline{AK}} = \frac{\overline{OD}}{\overline{KD}} = \frac{r}{\overline{KD}}, \quad \frac{\overline{AH}}{r} = \frac{\overline{AK}}{\overline{KD}} \quad \cdot\ \cdot\ \cdot\ \cdot \text{ ④}$$

③, ④에서 $\dfrac{\overline{AB}}{\overline{AG}} = \dfrac{\overline{AK}}{\overline{KD}}$를 얻을 수 있다. 이 식으로부터

$\dfrac{\overline{AB}}{\overline{AG}} + 1 = \dfrac{\overline{AK}}{\overline{KD}} + 1$이고 $\dfrac{\overline{AB} + \overline{AG}}{\overline{AG}} = \dfrac{\overline{AK} + \overline{KD}}{\overline{KD}}$ 이므로

$\dfrac{\overline{BG}}{\overline{AG}} = \dfrac{\overline{AD}}{\overline{KD}}$가 성립한다. 이를 변형하면 다음을 얻는다.

$$\frac{\overline{BG}}{\overline{AG}} \cdot \frac{\overline{BG}}{\overline{BG}} = \frac{\overline{AD}}{\overline{KD}} \cdot \frac{\overline{BD}}{\overline{BD}} \quad \cdot\ \cdot\ \cdot\ \cdot \text{ ⑤}$$

$\triangle KDO$가 직각삼각형이고 $\overline{KB} \perp \overline{OD}$므로 $\triangle KDO$와 $\triangle OBD$는 닮은 직각삼각형임을 알 수 있다. 따라서 $\overline{KD} \times \overline{BD} = r^2$이 성립하는데 ⑤에 대입하면 $\dfrac{(\overline{BG})^2}{\overline{AG} \times \overline{BG}} = \dfrac{\overline{AD} \times \overline{BD}}{r^2}$을 얻을 수 있다. 이를 간단히 하면 $r^2(\overline{BG})^2 = (\overline{AG})(\overline{BG})(\overline{AD})(\overline{BD})$인데 증명의 앞부분 (*)에서 $S = rs$이고 $\overline{BG} = s$, $s - c = \overline{AG}$, $s - b = \overline{BD}$, $s - a = \overline{AD}$라는 사실들을 이용하면 다음의 결론을 얻는다.

$$S = \sqrt{s(s-a)(s-b)(s-c)}$$

천재 아르키메데스

아르키메데스(B.C. 287~212)의 젊은 시절에 대해서는 잘 알려져 있지 않으나 시라쿠사(시칠리아)의 한 천문학자의 아들로 에서 태어나 알렉산드리아나 아테네 등에서 공부하거나 당대의 학자들과 교류했던 것으로 추측된다. 나중에는 고향으로 돌아와 수학, 과학, 공학 등 전 분야에 걸쳐 많은 업적을 남겼다. 그의 업적과 일화는 아르키메데스에 대한 '주해서'와 그가 동료 학자에게 보낸 편지, 훗날의 학자들에 의해 전해진 논문의 필사본 등으로 적잖게 전해져온다. 그리스의 모든 수학이론에 통달하였음은 물론, 유클리드 시대를 천년 이상 앞서고 몇 단계나 뛰어 넘는 위대한 수학자, 과학자(물리학, 천문학, 공학)로 기록된다. 현대의 수학자들이 아르키메데스의 위대함에 감탄하는 것은 오늘날까지 전해오는(더 많은 논문이 있었으리라 추정되지만) 그의 열 개의 논문 때문이기도 하다. 절제되고 엄격한 표현, 논증적인 종결, 독창성, 뛰어난 계산 기술 등은 현대의 논문에 결코 뒤지지 않는다. 그의 대표적인 저서와 주요 내용과 의미를 정리해 보았다.

〈부체에 관하여, On Floating Bodies〉

유체역학에 관한 수준 높은 논문이다. 부력의 법칙을 이용하여 금으로 된 왕관의 감정을 하였다고 한다. 목욕탕에서 '유레카(Eureka! Eureka!)'라고 외치면서 벌거벗은 모습으로 뛰쳐나왔다는 유명한 이야기를 남긴 논문이다.

〈지레에 관하여, On Levers〉

원문은 전해지지 않으나 후세의 수학자 파포스가 언급하여 알려졌다. 지렛대와 도르래의 원리를 이용하여 여러 기계를 발명하였다고 한다. 아르키메데스가 남긴 유명한 말과 관련된 논문이다.

"나에게 커다란 막대기와 받침대만 있다면 지구도 들어 올릴 수 있다."

〈구와 원기둥에 관하여〉

구와 원기둥의 부피와 겉넓이에 관한 2개의 정리로 되어 있다.

정리 구의 부피는 대원을 밑면으로 하고 구의 반지름을 높이로 하는 원뿔의 부피의 4배와 같다.

정리 구에 외접하는 직원기둥은 구에 대하여 겉넓이나 체적이 1.5배가 된다.

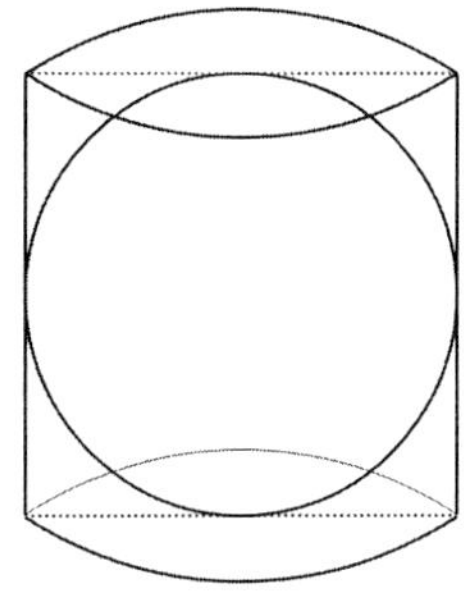

자신은 진리를 발견할 때마다 신의 비밀을 알게 된 행운을 지닌 사람이라고 생각했다. 이런 정리들을 발견하고 무척 즐거워했으며 특히, 구에 외접하는 직원기둥의 그림을 자신의 무덤의 묘비에 새겨줄 것을 주위 사람들에게 당부했다고 한다. 로마의 장군 마르켈루스는 시라쿠사가 함락될 때 로마의 병사에게 당한 그의 죽음을 안타깝게 여겨 구에 외접하는 직원기둥의 그림이 새겨진 묘비를 새워주었다고 한다.

BC75년에 로마의 뛰어난 대학자이며 정신적인 지주이자 대정치가인 키케로(Cicero, BC106~BC43)가 시칠리아의 총독으로 부임하였다. 그는 직접 확인한 아르키메데스의 업적에 더욱 경외감을 갖게 된다. 키케로가 소실된 아르키메데스의 무덤을 수풀과 가시덤불 속에서 간신히 찾아낼 수 있었던 이유도 역시 구에 외접하는 직원기둥의 그림이 새겨진 묘비를 발견했기 때문이었다고 한다. 키케로는 금장식을 포함하여 그의 무덤을 복원시켰지만 오랜 세월이 지나면서 다시 소실되었다. 그런데 2200년이 흐른 1965년애 아르키메데스의 유골이 매장되어 있는 무덤이 시라쿠사의 극장 근처에서 발견되었다. 보석과 금 문장으로 장식된 180cm 크기의 납관 형태이고, 이 무덤을 탐사한 시라쿠사 대학의 치안치오 교수는 이 무덤은 키케로가 설명한 것과 일치한다고 발표했다.

〈1965년 로마발 '뉴욕타임스' 기사〉

[ANSA 통신] 아르키메데스가 죽은 뒤 2200년이 흐른 뒤에 시라쿠사의 호텔 증축공사장에서 고대의 무덤이 발견되었다.

시라쿠사 대학의 치안치오 교수는 원기둥 그림의 흔적, 보석과 금 문장으로 장식된 납관 등의 키케로의 설명과 일치하는 것들을 근거로 아르키메데스의 무덤으로 발표했다.

〈원의 측정에 관하여, On the Measurement of Circle 〉

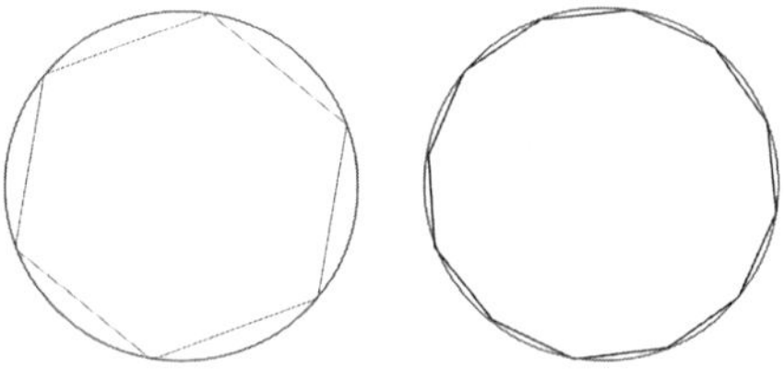

BC225년에 이 논문을 발표했는데 원의 넓이에 관해 처음으로 논증적 방법을 도입했다는 의의가 있다. 원에 내접하는 정6각형의 둘레의 길이에서, 원에 내접하는 정12각형의 둘레의 길이를 절묘한

방법으로 구했다. 정24각형부터 정96각형까지 변의 수를 늘려가며, 나타나는 제곱근수의 근삿값을 절묘하고도 복잡한 계산을 통하여 얻어냈다.

> **정리** 원둘레의 지름에 대한 비는 22/7 보다는 작고 73/21 보다는 크다. (즉, 3.14085 〈 π 〈3.14857)

세 개의 정리가 수록된 짧은 논문이지만 현대의 수학자들에게 다음과 같이 평가받고 있다.

> 최초로 원의 넓이를 구하는 공식을 증명으로 제시하였고,
> π에 대한 과학적인 근삿값을 구하는 방법을 제시하였다.

수의 체계나 기호가 엉성했던 당시에 제곱근의 근삿값을 구하는 것은 엄청난 작업이었다. 이 후 이천년이 지난 17세기에 미분을 이용한 방법이 나오기 전까지는 수학자들은 근본적으로 그의 방법을 이용하여 π를 계산하였다. 단지 정교한 계산과 많은 시간만을 추가하여 더 정밀하게 계산했을 뿐이다.

〈역법에 관하여, On the Calender〉

태양과 달, 당시에 알려진 다섯 개의 혹성의 운동을 보이기 위해 아르키메데스가 만든 성좌투영기의 설명이 있다고 한다. 원본이 남아 있지는 않으나 로마의 총독 키케로는 자신의 글에서 그 기구를 직접 보았다고 말했고 설명도 남겼다.

〈나선에 관하여, On Spirals〉

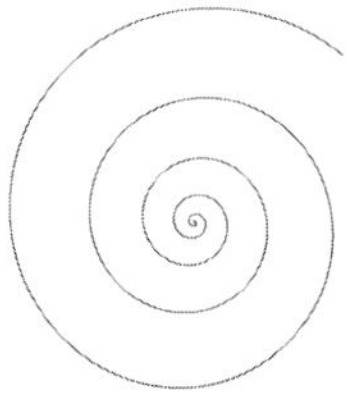

아르키메데스의 나선으로 알려진 곡선에 관한 성질을 다룬 논문

〈평면의 평형에 관하여, On the Equilibrium of Planes〉

평면도형의 중심을 찾고 그 성질을 조사하는 내용으로 무게중심과 관성(Moment)을 구하는 논문이다. 삼각형 등의 무게중심을 구하는 내용이 포함되어 있다고 한다.

〈방법, Method〉

주로 오늘날의 적분법에 해당하는 내용으로 포물선과 직선으로 둘러싸인 부분의 넓이를 적분법을 이용하지 않고 무한등비급수의 합의공식을 이용한다. 오래 전에 이와 관련하여 어느 대학에서 논술문제가 출제되기도 했다.

부등식 $y \geq x^2$, $y \leq x+2$ 이 나타내는 영역의 넓이를 다음 과정을 통해 구하시오.

(1) 포물선 $y=x^2$ 위의 세 점 $\mathrm{A}(a, a^2)$, $\mathrm{B}(b, b^2)$, $\mathrm{C}(c, c^2)$에 대하여 $c=\dfrac{a+b}{2}$일 때, 삼각형 ABC의 넓이는 $\dfrac{1}{8}(b-a)^3$이다.

(2) 포물선 위의 점 D의 x좌표가 점 A와 점 C의 평균이고, 포물선 위의 점 E의 x좌표가 점 C와 점 B의 평균이라 할 때, $\triangle$ADC와 $\triangle$CEB의 넓이의 합과 $\triangle$ABC의 넓이의 비율을 구하고, 이 비율이 매 단계마다 일정함을 설명하라.

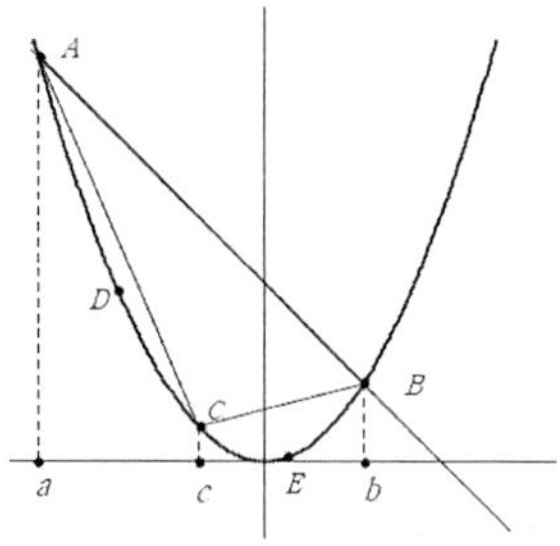

(3) 이를 이용하여 부등식
$y \geq x^2$, $y \leq x+2$ 이 나타내는 영역의 넓이를 구하시오.

아르키메데스의 업적들은 대부분 다른 사람들의 저작물 등을 통하여 간접적인 경로로 우리에게 전해온다. 직접적으로 알려진 아르키메데스 저서의 필사본은 단 3권 뿐이다. 그나마도 한권은 1564년 한 이탈리아의 학자가 잃어버렸고 또 한권은 마지막으로 교황의 서재에서 확인됐다. 마지막 한 권은 다음과 같은 많은 노력 끝에 발견하였다.

1229년에 마이로네스라는 사람이 양피지를 사용하여 기도서를 만들었다. 그는 이미 글들이 쓰여 있었던 총 7개 종류의 고문서 양피지를 재활용하여 새로이 기도문을 썼다. 문서들을 일일이 분해하여 이미 적혀있던 글들을 왁스로 덧칠하는 등의 방법으로 다 지워버리고는 종이의 가운데를 자른 다음에 서로 섞은 후 옆으로 돌려 그 위에 기도문을 적었다. 이 후 1906년에 요한 하이베르크에 의해 기도서 안에 숨겨져 있는 고문서가 극적으로 발견된다. 그는 돋보기만으로 지워져서 흔적만 남은 원래의 글들을 최대한 복원하여 옮겨 적었고 그 중 일부의 글이 아주 특별한 것임을 발견했다. 아르키메데스가 에라토스테네스에게 보낸 편지 형태의 문서로 밝혀졌는데 어디에서도 전혀 발견되지 않았던 새로운 것이었다. 〈방법〉과 〈스토마키온〉이란 이름이 붙었고 세계적으로 유명한 문서가 되었지만 책의 상태는 상당히 좋지 않았고 이 후에도 계속 더 나빠지고 있었다.

1998년 한 독지가는 비싼 값으로 이 책을 구매하고 아르키메데스를 흠모하는 사람들을 모아 복원작업에 착수하였다. 그 중에는 소립자 물리학학자, 고전문헌학자, 도서 보존가, 고대수학 연구자, 이미지 전문가, 프로그래머까지 있었다. 아르키메데스의 글 부분은 4년에 걸려 조심스럽게 모두 낱장으로 분해됐다. 아주 작은 조각들이 떨어져 나왔고 조각들은 아르키메데스의 글을 포함하고 있을 수도 있어서 작은 조각들을 제자리에 돌려놓는 작업과 특수 촬영을 계속하였다. 14개의 서로 다른 파장의 빛을 사용하여 많은 숨겨진 글씨들을 발견할 수 있었고, 스탠포드 방사선 실험실의 입자가속기를 사용하기까지 해서 최근에야 가능한 모든 복원작업을 마치고 세상에 무료로 공개하게 되었다.

〈스토마키온〉에는 다른 자료에서는 없는 내용이 있다. 14조각으로 분할된 정사각형을 많은 방법으로 서로 다르게 조합하여 완벽한 정사각형을 만드는 가짓수를 밝혀냈다. (17,152개의 방법으로 536개의 서로 다른 정사각형을 만들 수 있다.) 20세기가 되서야 처음으로 시작된 수학의 조합론의 최초의 연구를 이미 기원전 300년경에 아르키메데스가 시작했다는 놀라운 의미이다.

*내용과 사진은 TED. 2012을 참고로 했다.

플루타르크 영웅전의 '마르켈루스' 편에서의 아르키메데스

로마의 마르켈루스(Marcellus, BC268?~BC208)는 카르타고와의 제1차 포에니전쟁[23]에서 승리한 후에 여러 관직을 역임하였다. 제2차 포에니전쟁에는 험난한 피레네 산맥과 만년설이 쌓인 알프스 산맥을 넘어 로마의 수도를 유린하며 피로 물들인 카르타고의 명장 한니발이 등장한다. 마르켈루스는 카르타고의 본토가 공격을 당하자 후퇴하는 한니발을 추격하여 격파하면서 로마를 구한 영

23) 로마와 카르타고 간의 지중해의 패권을 놓고 벌인 전쟁

웅으로 추앙받았다. 마르켈루스는 포에니전쟁의 일환으로 시칠리아에서 전투를 벌인다. 간단히 쉽게 함락시킬 수 있으리라 생각했지만 아르키메데스가 고안한 상상 초월의 무기로 수비하는 시라쿠사에 고전하면서 3년간의 오랜 전투를 벌였다. 다소 과장된 부분도 있는 것 같지만 플루타르크는 로마군이 믿을 수 없을 만큼 무서운 공격을 받았다고 말했다.

· 강력한 투석기를 이용하여 대량의 돌을 던지거나 굴려 보내 육로로 접근조차 못하게 하였다.

· 성벽 안에서 커다란 막대기둥이 나와 무거운 돌을 낙하시키거나 성벽에 근접한 배를 직접 타격하여 침몰시켰다.

· 성루에서 해안에 닻을 내리고 있는 함선들의 돛을 청동볼록렌즈를 이용하여 태워버렸다.

오랫동안 로마의 공격을 막아낸 시러큐스인들은 방심했다. 결국 로마군은 축제를 즐기느라 방심한 시라쿠사를 새벽에 기습하여 함락시켰다. 동이 틀 무렵 땅에 도형을 그려 놓고 골똘히 생각에 잠겨있던 허름한 노인(?)은 성난 로마의 병사에게 그림자가 지니 비켜서라고 했다가 잔인하게 죽임을 당했다. 아르키메데스를 생포하라는 마르켈루스 장군의 명령도 허사였다. 아르키메데스가 그때 죽지 않고 로마로 갔다면 역사가 다시 쓰였을지도 모르겠다.

수학교사를 당황하게 하는 질문 12개

Chapter Ⅱ

수와 식에서

6. 아무래도 $0.999\cdots\ =1$ 이라고 하는 것은 찜찜하네요!

7. $\sqrt{2}^{\sqrt{2}}$ 는 무리수인 것 같은데... 또, 무리수^{무리수}은 항상 무리수인가요?

8. 부등호 '$\geq$, $\leq$'이 있는 부등식에서 등호가 성립하는 경우를 밝히는 이유는 꼭 최대·최소 때문인가요?

9. 기하평균과 조화평균은 어떤 경우에 적용되나요?

Question 06 아무래도 $0.9999\cdots=1$이라고 하는 것은 찜찜하네요!

중학교 2학년 수학의 첫 단원에서 유리수를 정의하고 바로 유한소수와 무한소수 그리고 순환소수에 대한 설명이 나온다. 교사들이나 학생들이 흔히 경험했을 법한 다음 3개의 질문으로 단원을 시작한다.

> (질문1) $0.9999\cdots=1$이 맞는 것 같은데 계속 찜찜하네요!
> (질문2) 0.1은 유한소수인 것이 틀림없는데 $0.09999\cdots$는 무한소수인가요?
> (질문3) $0.1=0.0\dot{9}$는 순환소수인가요?

독자들은 과연 질문에 대해 모두 명쾌한 대답을 할 수 있을까? 아마 부정적일 것 같다. 실제로 (질문1)에 대해서는 중학교 수준으로는 명쾌한 대답하는 것은 불가능하며, 깊이 파고드는 것 자체를 지양하라는 것이 교수학습 상의 유의점으로 제시되어 있다.

〈표1-유한소수와 순환소수의 교수학습 상 유의점 변천과정〉

교육과정	유한소수와 순환소수	순환소수의 분수화
2007 개정	유한소수를 순환소수로 나타내는 것을 강조하지 않는다.	순환소수를 분수로 고칠 때 공식화하는 것을 강조하지 않는다.
2009 개정	순환소수를 분수로 고치는 것은 순환소수가 유리수임을 이해할 수 있는 정도로만 다룬다.	유한소수를 순환소수로 타나내는 것을 다루지 않는다.
2015 개정	유한소수를 순환소수로 나타내는 것은 다루지 않는다.	2009년도와 동일함

유한소수와 무한소수, 순환소수를 지나치게 강조하고 중학교 2학년 수준을 넘어 기술적인 부분을 깊이 지도하는 것은 당연히 피해야할 일이다.

> ‘순환소수를 분수로 고치는 것을 공식화하는 것을 강조하지 않으며, 순환소수가 유리수임을 이해할 수 있는 정도로만 다룬다.’

는 교수학습 상 유의점은 꼭 필요하다고 보인다. 그러나 이 것이 교과서의 유한소수와 무한소수, 순환소수의 정의와 설명이 부정확성과 교과서에 따라 존재하는 심각한 내용의 차이의 이유가 될 수는 없다. 문제점을 세세히 살펴보기 위해서 몇 개의 교과서별로 유한소수와 무한소수, 순환소수에 대한 정의와 설명들을 〈표2〉로 나타냈다.

〈표2-교과서의 정의 〉

	교과서별 정의	비고
유한소수	소수점 아래 0이 아닌 숫자가 유한개인 소수	동일
무한소수	① 소수점 아래 0이 아닌 숫자가 무한개인 소수 ② 소수점 아래에 0이 아닌 숫자가 무한히 많은 소수 ③ 유한소수가 아닌 소수	
순환소수	① 소수점 아래의 어떤 자리에서부터 일정한 숫자의 배열이 한없이 되풀이 되는 소수 ② 소수점 아래의 어떤 자리에서부터 일정한 숫자의 배열이 한없이 되풀이되는 무한소수	

어떤 정의를 사용하더라도 $0.0\dot{9}$ 는 무한소수이고 동시에 0.1 은 유한소수이다. (질문2)의 ‘0.1 은 유한소수인데 $0.09999\cdots$ 는 무한소수인가?’에 대한 답을 할 수가 없는 것이다. $0.1 = 0.0\dot{9}$ 은 유한소수인 동시에 무한소수가 되는 모순이 발생한다.

대표적으로 많이 사용되는 한 교과서에는 그림과 같이 정리되어 있는데, 역시 (질문2)와 같은 의문을 설명하기기 어렵다.

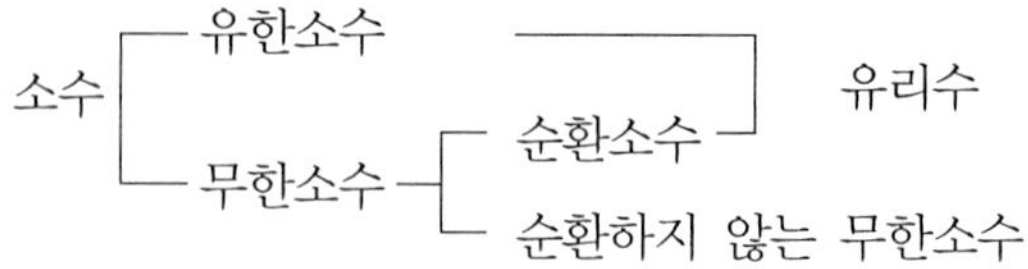

각종 교과서에 실려 있는 실제 문제들을 구체적으로 하나하나 보면 독자들도 분명히 혼동이 올 것이다.

다음 중 옳은 것은?

- ▾ 정수를 순환소수로 나타낼 수 있다.
- ▾ 무한소수 중에는 분수로 나타낼 수 없는 것이 있다. (또는, 모든 무한소수는 분수로 나타낼 수 있다.)
- ▾ 유한소수는 무한소수로 나타낼 수 없다.
- ▾ 유한소수로 나타내어지는 수는 모두 유리수이다. (또는, 모든 유한소수는 유리수이다.)
- ▾ 유한소수로 나타내지지 않는 모든 소수는 순환소수이다.
- ▾ 순환마디가 9인 순환소수는 모두 정수 또는 유한소수로 나타낼 수 있다.

이런 문제들 때문에 이미 여러 주장과 연구가 제기되었다.

► 서울대학교 수학교육과의 우정호 교수의 논문을 인용하면

> $0.\dot{9}=1$을 사용하므로 '모든 유리수는 순환소수로 나타낼 수 있다'는 관계 규명에 문제점이 발생한다. 유한소수는 0이 순환하는 무한소수인데 그러한 유한소수를 9가 순환하는 무한소수로 나타내는 것은 기수법의 기본 전제를 일관되게 적용하지 않는 데에서 비롯되는 갈등 현상이라 하였다.

► 미국의 교과서 중에는

> 0을 순환마디로 사용하여도 문제점이 발생하지 않으므로 순환소수를 '일정한 숫자의 배열이 계속해서 순환하는 수'

라고 정의하기도 한다. 이외에도 여러 연구와 주장이 있었고 계속되고 있다. 출처를 일부러 밝히지 않겠지만 다음과 같은 동의하기 어려운 주장을 하는 논문도 있다.

► 논의한 문제점에 대한 근본적인 해결 방안은 유한소수의 정의를 '0이 순환하는 소수'로 하여 유리수와 순환소수와의 관계, 즉, 『모든 유리수는 순환소수로 나타낼 수 있고, 거꾸로 모든 순환소수는 유리수로 나타낼 수 있다.』의 규명에 문제점이 발생하지 않도록 하여야 한다. $0.\dot{9}=1$을 사용하지 않고, 0이 순환하는 무한소수를 사용하는 표기 체계를 쓰는 것이다.

중학교 2학년을 막 시작하는 학생들의 수준에 맞추어 유리수의 기본 개념을 설명하기 위해 유한소수와 무한소수, 순환소수를 정의하고 설명하는 데는 어려움이 따르는 것은 당연하다. 그러나 이런 이유로 제시된 교수학습 상 유의점이 교과서에 서술되어 있는 유한소수와 무한소수, 순환소수의 정의와 설명의 모호성을 정당화할 수는 없는 것이다.

학생들의 수준을 고려하여 혼동을 야기할 수 있는 내용을 지나치게 다루지 말라는 의도와는 다르게 교과서마다 다른 용어의 설명과 정의로 인하여 논란의 소지가 발생하기 쉽고 학교 단위를 넘나드는 공통적인 평가에도 영향을 미칠 수도 있다. 만약 학생들이 이해하기 쉽고 명쾌하게 설명하는 방법이 없다면 어쩔 수 없는 일이다. 그러나 저자는 교과서를 검토하면서, 자세히 설명하다가는 괜히 교수학습 상 유의점에 위배되는 우를 범할까봐 아예 기존의 설명들을 건드리지 않고 피해가는 것 같은 경향들을 상당히 강하게 느꼈다.

다음과 같은 명쾌한 정의를 공통적으로 사용하면 어떨까?

유한소수 : 유한개의 숫자로 나타낼 수 있는 소수
무한소수 : 유한개의 숫자로 나타낼 수 없는 소수

우선 기존 교과서에서 쓰이는 유한소수의 공통적인 정의

'소수점 아래 0이 아닌 숫자가 유한개인 소수'

에서는 $0.1 = 0.0\dot{9}$ 은 유한소수인 동시에 무한소수가 되는 모순을 항상 갖게 된다. 그러나 위 정의에 따르면 $0.0\dot{9}$은 0.1로 나타낼 수 있으므로 유한소수이다. 한편, $0.\dot{3}$은 유한개의 숫자로 나타낼 수 없으므로 무한소수이다. 교과서의 무한소수의 정의처럼

① 소수점 아래 0이 아닌 숫자가 무한개인 소수
② 소수점 아래에 0이 아닌 숫자가 무한히 많은 소수

등의 긴 설명이 필요가 없고 모든 상황이 명쾌해진다. 즉,

'모든 소수(실수)는 유한소수이거나 아니면 무한소수이다.'

이제 잠시 눈을 돌려 '순환소수'란 용어에 대해 생각해보자. 흔히 할 수 있는 다음 질문들 먼저 적어본다.

① 소수는 순환소수와 순환하지 않는 무한소수로 구분된다?
② 유한소수는 순환소수이다?
③ 유한소수도 순환소수라 할 수 있다?

이 부분에 대해 관심을 가졌던 교사들이라면 어떤 답을 하여도 개운하지 않았고, 학생들의 이런 의문들에 제대로 답하기가 쉽지 않았던 경험이 있을 것이다. 남에게 설명하면서도 스스로 이상함을 느끼는 경험도 했을 것이다. 이것은 바로 '순환소수'라는 용어가

'유한소수'와 '무한소수' 등의 용어와는 '다른 범주(category)'에 속하는 것이기 때문에 발생하는 현상이다.

'실수 a가 유한소수이다.'라는 문장은 명제이다. 왜냐하면 위의 새로운 정의를 따르면 모든 실수는 유한소수이거나 아니면 무한소수이기 때문이다. 그러나

'a가 순환소수이다.'

라는 문장은 명제 여부를 따지기 이전에 교과서의 '순환소수'의 설명으로는 표현이 모호한 문장이다.

> 소수점 아래의 어떤 자리에서부터 일정한 숫자의 배열이 한없이 되풀이 되는 소수

등의 기존 교과서의 정의는 '$0.0\dot{9}$'나 '$0.1000\cdots$' 등에서 계속 학생들에게 혼동을 주게 되고 수학적 논리의 문제점을 나타내게 된다. 교육과정 상에는 $0.0\dot{9}$나 $0.1000\cdots$의 언급을 가능한 피하라고 되어있다. 다루기 어려워서가 아니라 $0.1=0.0\dot{9}=0.1000\cdots$의 순환소수 여부를 명확하게 정의하기가 어렵다는 것이 더 큰 이유이다. 기존 여러 교과서에는 다음과 같은 연습문제가 있고 참고서나 사교육에서는 더 빈번하게 다루고 있다.

'순환소수 $0.0\dot{9}$를 분수로 고치시오.'

따라서 이 부분은 언급을 회피하는 것으로 해결될 사항이 아니다.

주의할 것은 근본적으로 '유리수'나 '무리수'와 같이 수집합의 부분집합을 규정하는 용어가 아니라는 것이다. 순환소수는 '분수'나 '소수'와 같이 수를 표현하는 방법을 의미하고 있다.

(*) '순환소수'는 수를 소수점 아래의 어떤 자리에서부터 일정한 숫자의 배열이 한없이 되풀이 되는 꼴로 나타낸 것을 말한다.

굳이 비유를 하자면 0.1은 '연기자 정우성'이고 $0.0\dot{9}$는 '뮤지컬배우 정우성[24]'이라 하겠다. 두 표현은 모두 정우성씨를 나타낸 것인데 '연기자 정우성'이 뮤지컬에 출연한다면 '뮤지컬배우 정우성'이란 표현도 어색하지만 가능하다. 마치 0.1을 어색하게 순환소수 $0.0\dot{9}$로 나타내는 것처럼! 혹시 다음 비유들이 "오히려 독자들의 이해를 방해하는 것은 아닐까?"하는 우려가 되지만 그냥 막 적어본다.(?)

순환소수 $0.\dot{4}\dot{7}$	$\leftrightarrow$	뮤지컬 배우
순환하지 않는 무한소수	$\leftrightarrow$	오로지 연극만하는 배우
순환소수 $0.4\dot{9}$	$\leftrightarrow$	뮤지컬 배우
분수 $\frac{1}{2}$	$\leftrightarrow$	가수

저자의 어색한 비유 때문에 오히려 헷갈리는 독자들은, 특히, 교사들은 (*)의 정의를 따르는 다음 표현들을 유념하기 바란다.

0.1을 순환소수 $0.0\dot{9}$로 나타낼 수 있다.
0.1을 순환소수 $0.1000\cdots$ 로 나타낼 수 있다.
0.1을 순환소수로 나타내면 $0.0\dot{9}$ 또는 $0.1000\cdots$ 이다.
순환소수 $0.\dot{3}$을 분수로 나타내시오.
$0.5=\frac{1}{2}$이고 $0.1=0.0\dot{9}$이다.

이제 앞의 물음에 대해서도 설명하는 것이 가능해진다.

---

24) 정우성씨가 뮤지컬에 출연한 적은 없는 것 같은데 단지 미남 배우의 예를 든 것뿐이다.

① 소수는 순환소수와 순환하지 않는 무한소수로 구분된다?
② 유한소수는 순환소수이다?
③ 유한소수도 순환소수라 할 수 있다?

→ 새로운 정의를 사용하여 답하면 모두 Yes이지만 질문 자체의 표현은 바람직하지 않게 보인다.

질문 자체를 다음과 같이 수정해야 할 것이다.

① 소수는 순환소수로 나타낼 수 있는 수와 순환소수로 나타낼 수 없는 무한소수로 구분된다.
② 유한소수는 순환소수로 나타낼 수 있다.

물론 이 모든 것은 기존 교과서의 유한소수와 무한소수에 대한 부족한 정의와 설명들을 바로 잡은 뒤에야 가능한 것이다.

이제 단원의 시작부분에서 제시했던 (질문2)와 (질문3)에 대한 설명은 끝났다. 그러나

(질문1) $0.\dot{9}=1$이 맞는 것 같은데 계속 찜찜하네요!

는 아직 해결되지 않았다. 그런데 결론부터 말하면 학생이 찜찜해하는 이 질문에 대한 대답을 하는 것은 중학교 수준에서는 불가능하고 또, 그럴 필요도 없다는 것이다. 그 이유는 등식 $0.\dot{9}=1$에서 사용된 등호의 의미가 중학생 수준에서 사용해왔던 보통의 등호와는 다른 의미로 쓰인 것이다.

우리가 사용하는 등호는 모두 "같다"라는 뜻인 것 같은데
도대체 뭐가 다르다는 거지?

위의 질문에 답하기 위해 다음의 세 개의 등식에서 등호 '='가 각각 어떤 의미로 사용되었는지 살펴보자. 두 집합 A와 B, 수열

$\{a_n\}$에 대하여 다음의 3개의 등호가 각각 어떤 의미로 쓰였는지 알아보자.

㉠ $\frac{1}{2}=0.5$	㉡ $A=B$	㉢ $\lim_{n\to\infty} a_n=1$

먼저 ㉠에서의 등호는 가장 보편적인 것으로 '두 수가 같다' 또는 '좌변과 우변의 값이 같다'는 의미이다. ㉡에서의 등호는 집합의 상등으로 '$A=B$'의 정의는 '$A \subset B$ 이고 $A \supset B$ 이다.'[25]

그렇다면 ㉢은 어떤 의미일까? 고등학교과정의 수열의 극한에서 다음과 같이 극한의 의미로 사용된다.

'n이 커질 때 a_n이 1로 가까워지면 $\lim_{n\to\infty} a_n=1$이라 한다.'

즉, 등식 $0.\dot{9}=1$에서 등호는 수열의 극한의 의미로 보아야한다.

> 수열 0.9, 0.09, 0.009, 0.0009, $\cdots$ 의 일반항을 a_n라 하면
> n이 한없이 커질 때 a_n이 1로 점점 가까워지므로 $\lim_{n\to\infty} a_n=1$이라
> 쓸 수 있다. 즉, 이와 같이 수열의 극한의 의미로 $0.\dot{9}=1$이라 쓴다.

극한의 개념은 고등학교 과정에서 나오며 그 역시 수학적 논리의 엄밀성은 피하고 직관적인 수준에서만 다룬다. 따라서 교육과정상 '유리수를 설명하기 위한 정도로 언급되는 순환소수'의 주의점에 의거해서 $0.\dot{9}=1$의 엄밀한 의미를 논하는 것은 피해야 한다. 결국 (질문1)에 대한 명쾌한 설명은 중학교 수준에서는 불가능한 것이다. 이제 $0.\dot{9}=1$을 설명하는 교과서 등의 방법에 대해 생각해 보는 시간을 갖겠다.

---

25) 고등학교과정에서 나온다.

방법 1 보통의 교과서의 설명이다.
$x = 0.999\cdots$ 라 하면 $10x = 9.999\cdots$ 이므로
두 번째 식에서 첫 번째 식을 변변히 빼면 $9x = 9$ 를 얻는다. 따라서 $x = 1$ 이다.

방법 2 무한등비급수의 합(고등학교)

$$0.999\cdots = 0.9 + 0.09 + 0.009 + \cdots = \frac{0.9}{1-0.1} = 1$$

순환소수를 분수로 고치는 과정과 일치하는 방법1은 다음과 같은 잘못된 방식을 지니고 있다.

$$x = 1-1+1-1+1-1+\cdots$$
$$x = 1-(1-1+1-1+\cdots)$$

에서 $x = 1 - x$ 가 성립하므로 $2x = 1$, $\therefore x = \frac{1}{2}$

무한급수 $1-1+1-1+1-1+\cdots$ 은 수렴하지 않으므로 위의 풀이는 옳지 않다. 즉, 방법1에는 수열의 극한이라는 개념이 들어간다. 역시, 방법2에는 '무한등비수열의 합'라는 고등학교 과정의 개념이 적용되므로 적절하지 않다. 위의 방법1과 같이 순환소수를 분수로 고칠 때, 수열의 극한의 개념이 들어 있는 방정식 형태의 풀이는 이런 이유 등으로 중학교 2학년에게 적절하지 않다는 데에는 대부분 동의할 것이다. 교육과정에서

> 순환소수를 분수로 고치는 것은 순환소수가 유리수임을 이해할 수 있는 정도로만 다룬다.

고 말하는 것은 순환소수를 분수로 간단히 나타낼 수 있다는 것을 다루어서 순환소수로 나타낸 수가 본질적으로는 유리수라는 것을 확인하고자 함일 것이다. $0.\dot{4}$, $0.\dot{4}\dot{7}$, $0.\dot{2}4\dot{7}$ 정도의 순환소수를 분수로 나타내는 방법이면 충분하겠다. 저자의 의견으로는 교과서에

서의 지도방법을 중학교 2학년 수준에 맞추어 다음과 같이 간단히 하는 것이 자연스럽지 않을까한다.

실제로 나눗셈을 통하여 다음을 확인한다.

$$\frac{1}{9}=0.111\cdots=0.\dot{1},\qquad \frac{1}{99}=0.010101\cdots=0.\dot{0}\dot{1}$$

$$\frac{10}{99}=0.101010\cdots=0.\dot{1}\dot{0}$$

이제 $0.\dot{4}=4\times0.\dot{1}=4\times\frac{1}{9}=\frac{4}{9}$으로 쉽게 나타낼 수 있다.

$$0.\dot{4}\dot{7}=0.\dot{4}\dot{0}+0.\dot{0}\dot{7}=4\times0.\dot{1}\dot{0}+7\times0.\dot{0}\dot{1}$$
$$=4\times\frac{10}{99}+7\times\frac{1}{99}=\frac{47}{99}$$

$$0.2\dot{4}\dot{7}=0.2+0.0\dot{4}\dot{7}=0.2+\frac{1}{10}\times0.\dot{4}\dot{7}$$
$$=\frac{2}{10}+\frac{47}{990}=\frac{245}{990}$$

(마찬가지로 $0.\dot{9}=9\times0.\dot{1}=9\times\frac{1}{9}=1$로 설명한다.)

'분수' 와 '소수'

다음의 주장에는 동의할 수 없을 것이다.

(가) $0.5=\frac{1}{2}$는 참이고 $\frac{1}{2}$은 분수이므로 0.5도 분수이다.

이런 질문을 던지는 사람도 정확히 대답하는 사람도 거의 없다. 잘못된 결론의 원인이 무엇일까? 수학에서 쓰이는 용어 '분수'와 '소수'는 모두 중의적인 의미를 갖고 있다. 우리말의 '분수'는 영어로 'fraction'과 'fractional number'의 두 가지로 사용된다. '소수' 역시 영어로 'decimal(fraction)'으로 사용되며 역시 십진법 표현의 '소수'와 실수로서의 '소수'의 두 가지 의미로 사용된다.

▸ 'fraction'은 보통 $a:b$, $\frac{a}{b}$ 등으로 나타내며 우리말로 '비'의 의미를 갖고 있다. fraction은 '수를 $\frac{(\text{자연수})}{(\text{자연수})}$의 꼴로 나타낸 것'으로 설명되고 유리수와 같은 범주(category)로는 생각하지 않는다.

아래는 '분수'라는 용어가 fraction의 의미로 사용된 예이다.

(1) 분수 $\frac{1}{2}$을 소수로 나타내면 0.5이다.

(2) 0.5는 분수가 아니다.

▸ 'fractional number'는 $\frac{a}{b}$의 형태로 표현된 수(유리수)를 뜻한다. (가)에서 $0.5 = \frac{1}{2}$에서 $\frac{1}{2}$은 fractional number(수)이고 반면에 "$\frac{1}{2}$은 분수이다."에서의 분수는 fraction(비)를 나타낸 것이다.

(가)에서 똑같이 '분수'라는 용어를 사용했지만 처음에는 fraction의 의미이고 두 번째에는 fractional number의 의미이다. 따라서 "0.5는 분수이다."는 잘못된 결과가 나온 것이다. 결론은

'분수'와 '소수'라는 용어는 수(실수)를 의미하기도 하고
수(실수)를 표현하는 방법을 의미하기도 한다.

라는 것인데 단 한 개의 교과서에서만 위와 같은 내용이 언급되어 있었다.

‘사십삼만구천칠백팔십육’과 ‘사삼구칠팔육’, 그리고 ‘0’

숫자 0(영)이 없었기 때문에

아라비아숫자 439,786을 우리말로는 ‘사십삼만구천칠백팔십육’, 한문으로는 ‘四十三萬九天七百八十六’으로 쓰고 읽는다. 읽는 것은 똑같은데 표기할 때 아라비아숫자로는 6개의 음절인데 반하여 우리말이나 한문으로는 11개의 음절이나 된다. 한국이나 중국의 옛 학자들이 계산을 할 때 이렇듯 긴 음절로 표기하는 것이 상당히 불편했을 텐데 왜 그냥 사용해 왔을까? 숫자로 표기할 때에는 ‘사삼구칠팔육’으로 하고 읽을 때에만 똑같이 ‘사십삼만구천칠백팔십육’으로 하면 간편하리라고 생각하는 것은 어렵지 않은 데 말이다. 그런데 문제가 있다. 숫자 409,786을 이런 식으로 표기하면

사영구칠팔육

이다. 이런 표현을 위해서는 반드시 0(영)을 숫자로 인식하고 사용해야한다. 이와 같이 0(영)을 숫자로 인식하고 사용하지 못하면서 ‘사영구칠팔육’의 간단한 표기 대신에 ‘사십만구천칠백팔십육’의 불편한 표기방법을 오늘날까지 사용해 온 것이다. 현재에도 우리는 ‘사십만구천칠백팔십육’이라 한다. 한글표기는 금융거래 등의 아주 제한된 경우에 국한되어 별로 사용하지 않으므로 굳이 한글 표기법을 바꿀 필요를 느끼지 못하는 것이다.

중국, 바빌로니아, 그리스, 마야 문명에서도 수들을 정확한 위치에 표기하기 위해 일종의 구분자 역할을 하는 기호가 필요하다는 것까지는 알고 있었다. 예를 들면 바빌로니아 등에서는 오래전부터 409,786를 다음과 같이 빈칸을 남겨 표기하기도 하였다.

사 구칠팔육

그러나 필기도구도 변변치 않았던 시대에 숫자를 옮겨 적는 과정에서 빈칸이 없어지거나 더 벌어지는 등의 오류가 자주 발생하면서 빈칸에 'Y'와 같은 적당한 기호를 넣어 구분하기 시작했다. 예를 들면 409,786은 '사Y구팔칠육', 409,706은 '사Y구칠Y육' 등으로 표기하기 시작했다. 그러나 이 기호는 '없음'이란 의미를 가진 숫자(0)처럼 사용한 것은 아니고, 단지 빈칸이 사라지지 않도록 위치를 나타내기 위해 필요한 기호에 지나지 않았다.

아라비아숫자[26)]의 유래와 0의 사용

정확한 시기를 특정하기는 어려우나 기원전 수세기 전부터 인도의 숫자와 계산법은 아라비아로 전해졌다.[27)] 자신들의 쐐기문자나 그리스 문자로 불편하게 계산했던 아라비아의 학자들은 인도숫자와 계산법의 편리함에 매료되었다. 시간이 지남에 따라 빈자리를 메우는 기호도 다시 만들었다. 여러 과정을 거쳐 빈자리를 메웠던 기호는 '•, o' 등의 기호로도 사용되기 시작했다.

기원전 3~4세기 경 알렉산더 대왕의 인도 원정을 전후로 빈자리를 표기하는 기호들은 역으로 인도에 전해졌다. 계산법과 숫자에 뛰어난 인도인들은 빈자리를 나타내는 기호에 불과했던 0을 '없음, 공, 무'의 의미를 가진 숫자로 인식하여 사용하기 시작했다. 다른 문명지역에서는 $2-2$의 계산 결과를 숫자가 아닌 그냥 '아무것도 없다' 등으로 표현하고 지나갔지만 인도인들은 $2-2=0$ 등의 표기를 하며 0을 오늘날처럼 숫자로 인식하여 사용했다. 628년에 인도 수학자 브라마굽타[28)]는 그의 저서 〈우주의 창조〉에서 다음과 같이 주장했다.

---

26) 정확히는 인도-아라비아 숫자라고 해야 할 것이다.
27) 물론 이 때에는 숫자 0은 없었다.
28) 4장에서 원에 내접하는 사각형의 넓이 공식을 찾아낸 수학자이다.

> 같은 두 수를 빼서 얻어지는 수는 0이다. 아무것도 남지 않은 상태가 0(zero)이고 이것은 숫자이다. 어떤 수에 0을 더하거나 빼도 그 수는 변하지 않는다. 하지만 0을 곱하면 항상 0이 된다.

이 후 숫자 0이 인도의 산술에 확고하게 자리 잡았고 자연스럽게 아라비아로 전파되었다. 아라비아의 학자들은 수천 년간 쌓은 자신들의 노하우를 인도의 숫자와 산술에 접목시켜 오늘날 우리가 사용하는 계산법의 수준으로 발전시켰다. 유럽 사람들이 0과 음수를 '수'라고 생각한 것은 그로부터 천년 정도가 지나서였다. 그들은 0은 1, 2, 3 등의 자연수와는 달리 실재하지도 보이지도 않는 상상의 관념적인 수라는 인식을 오랫동안 갖고 있었다.

아라비아숫자가 유럽에 널리 전파된 것은 우리에게 피보나치수열로 더 알려진 이탈리아 피사 출신의 수학자 '피보나치'(Leonardo Fibonacci, 1170~1250)의 역할이 지대하다. 회계 업무에 능통한 아버지를 따라 지중해 연안의 여러 나라를 돌아다니며 아라비아의 수학을 접하게 되었다. 고향으로 돌아온 그는 당시에 성행했던 각종 수학경기[29]에서 우승을 휩쓰는 재능을 발휘하여 이탈리아 전역에 명성이 자자하였다. 아라비아의 수학에 자신의 재능을 더하여 〈산반서, Liber Abaci〉를 출간하였고 이는 널리 사람들에게 알려졌다. 피보나치의 아라비아숫자를 사용한 계산법이 본격적으로 전 유럽에 퍼진 것이고 오늘날 우리가 사용하는 계산법의 기반이 되었다.

---

29) 당시 이탈리아는 도시국가 형태였는데 도시마다 경쟁적으로 수학올림피아드와 같은 대회를 빈번히 개최하였다.

저자가 이 글을 쓸 때쯤에 나온 기사 하나를 소개한다.

〈뉴델리/연합뉴스, 2017/09/17〉

영국 옥스퍼드대학교 보들리언 도서관이 적어도 3~4세기 인도 지역에서 숫자 0이 사용됐음을 보여주는 자료를 내놓았다. '바크샬리 필사본'이라 부르는 고대인도 수학책에서 둥근 점을 0의 의미로 사용하고 있는 것으로 알려져 있었다. 이 책은 1881년에 지금의 파키스탄 지역의 바크샬리 마을의 한 농부가 발견하였고 빨라도 8~12세기에 만들어졌을 것으로 추정됐을 뿐 정확한 연도가 확인되지 않고 있었다. 이 때문에 지금까지는 9세기 인도 중부 마디아프라데시 주 괄리오르에 있는 사원의 벽에 0이 새겨진 것이 가장 오래된 기록으로 알려졌다. 그런데 최근에 이 필사본이 3~4세기에 만들어졌음을 탄소연대측정으로 최종적으로 확인됐다.

다른 문명에서 발견된 '0'이란 부호가 수의 위치를 나타낼 때 쓰인 것과 달리 인도에서는 0이 그 자체로 독립한 수로 사용됐다. 보들리언 도서관의 오벤던은

> "바크샬리 필사본의 작성연도를 확인한 것은 초기 남아시아 문화와 수학의 역사에서 매우 중요하다. 이번 조사결과는 남아시아 대륙의 풍부하고 오랜 과학 전통을 보여 준다."

고 말했다. 영국 런던의 과학박물관은 다음 달 4일 개막하는 〈눈부신 인도-과학과 혁신의 5천년〉 전시회에 바크샬리 필사본을 전시할 예정이다.

Question

07 $\sqrt{2}^{\sqrt{2}}$는 무리수인 것 같은데... 또, 무리수^{무리수}은 항상 무리수인가요?

위의 질문의 답은 아주 어려운 것이므로 완벽하게 대답할 수도 그럴 필요도 없다. 하지만 고등학생 수준에서는 궁금증의 일부분을 해소해 줄 수는 있다. 먼저 교과서에 나오는 지수법칙과 지수의 확장과정이 어떻게 전개되고 언급되어 있는지 간단하게 알아보자.

중학교 2학년 과정에서 자연수 m, n과 양의 실수 a에 대하여 지수법칙이 성립함을 배운다.

$$a^m a^n = a^{m+n} \qquad (a^m)^n = a^{mn}$$

고등학교 '지수와 로그' 단원에서 다음과 같이 정수지수의 확장을 정의한다. 여기서 법칙이 아니라 정의임에 유의하자!

$$a^0 = 1 \qquad a^{-n} = \frac{1}{a^n}$$

이후에 정수지수에 대한 지수법칙 $a^m a^n = a^{m+n}$, $(a^m)^n = a^{mn}$을 보이고, 거듭제곱근 $a^{\frac{1}{n}} = \sqrt[n]{a}$과 $a^{\frac{m}{n}} = \sqrt[n]{a^m}$을 정의한 후에 유리수지수에 대해 다음 지수법칙을 확장하는 내용을 배운다.

> $a>0$, $b>0$이고 r, s가 유리수일 때
> ▶ $a^r a^s = a^{r+s}$ ▸ $a^r \div a^s = a^{r-s}$
> ▶ $(a^r)^s = a^{rs}$ ▸ $(ab)^r = a^r b^r$

지수를 유리수로 확장하고 나면 $2^{\sqrt{2}}$ 등의 예를 간단히 언급하고 다음 지수법칙이 성립함이 알려져 있다고 소개한다.

> $a>0$, $b>0$이고 x, y가 실수일 때
> ▶ $a^x a^y = a^{x+y}$ ▸ $a^x \div a^y = a^{x-y}$
> ▶ $(a^x)^y = a^{xy}$ ▸ $(ab)^x = a^x b^x$

실수 지수와 지수로그함수 그래프를 배운 고등학생들이 생각할 수 있는 여러 의문들이 있다.

> 학생 : $a^{\frac{1}{n}} = \sqrt[n]{a}$ 은 $x^n = a$가 되는 양의 실수로 정의하고, 다음에 유리수 $r = \frac{m}{n}$에 대해 a^r를
>
> $a^r = a^{\frac{m}{n}} = \sqrt[n]{a^m} = (\sqrt[n]{a})^m$ 이라 정의하지요?
>
> 교사 : 응.
>
> 학생 : 그런데 x가 실수일 때 a^x의 정의에 대해서는 교과서 어디에서도 찾아볼 수가 없어요.
>
> 교사 : 음!

실수지수의 정의는 대학교 수학과 2학년 수준으로 '수열의 극한'이나 '상한성공리'를 이용한다. 수학을 전공하지 않았거나 대학을 졸업한지 꽤 시간이 지나서 기억이 가물가물한 독자들을 위해 참고적으로 소개한다.

> 정수에서 유리수로 수를 확장할 때에는 나눗셈(곱셈의 역원)으로 설명이 가능하다. 그러나 유리수에서 실수를 확장할 때에는 간단치가 않다. 예컨대 유리수만을 이용하여 $\sqrt{2}$를 설명하는 방법은 무엇일까?
>
> 수열의 극한으로 다음과 같이 정의할 수 있다.
>
> '1.4, 1,41, 1.414, … 가 한없이 가까이 가는 수'
>
> 그러나 이 방법은 $\sqrt{2}$의 값에 대해 알아야 하는 전제가 필요하다. 따라서 수학적으로는 $\sqrt{2}$를 유리수(Q)만으로 설명하기 위하여 다음 집합을 생각한다.
>
> $$S = \{r \in Q \mid r^2 < 2\}$$

그리고 집합 S의 상한(supremum)으로 정의한다.
마찬가지 원리로 집합 $T = \{2^r \mid r^2 < 2,\ r \in \mathbb{Q}\}$라 하고
$2^{\sqrt{2}}$를 집합 T의 상한으로 정의한다.

원래의 질문 '$\sqrt{2}^{\sqrt{2}}$은 무리수인 것 같은데. 또, 무리수^{무리수}은 항상 무리수인가요?'를 다음과 같이 일반화할 수 있다.

(1) 유리수^{무리수}은 항상 무리수인가요?
(2) 유리수^{유리수}이 유리수인 경우는?
(3) 무리수^{무리수}은 항상 무리수인가요?

먼저 아주 쉬운 다음 (2)번 질문의 '유리수의 유리수 제곱이 무리수가 되는 경우'에 대해 알아보자.

$a^{\frac{1}{n}} = p \Leftrightarrow a = p^n$ 이므로 $a^{\frac{1}{n}}$이 유리수이기 위한

필요충분조건은 'a는 어떤 유리수의 n제곱이다.'

그러므로 a가 유리수의 n제곱 꼴이 아니면 $a^{1/n}$이 무리수이다.

(3)번 질문에 경우 무리수^{무리수}이 유리수가 되는 경우가 있다. 간단하게 $e^{\ln 2} = 2$가 성립하므로 무리수^{무리수}이 유리수가 될 수도 있다는 것이다. 불행히도 (1)번 질문에 대한 답은 아주 어려운 것이다. $2^{\sqrt{2}}$, 유리수^{무리수}, 무리수^{무리수} 등이 유리수인지 무리수인지를 밝히는 것은 아주 어려운 문제이다.

"무리수^{무리수}가 언제 무리수인가?"

에 대한 답은 매우 어렵다. 이에 대해 수학적으로 알려진 사실들을 소개하지만 이런 내용들을 학생들에게 적절한 수준으로 얘기해 주는 것은 어려운 일이다.(수론을 전공하지 않는 수학자에게도 이런 질

문하는 것 자체가 실례가 될 정도다!)

수학자 '힐베르트'(Hilbert, 1862~1943)는 1902년 파리에서 열린 국제수학자대회에서 20세기에 인류가 해결해야할 의미 있는 23개의 수학문제를 제시하였다. 이는 이 후 수학자들이 연구해야할 주요한 주제가 되었다. 그 중 7번째 문제는 다음과 같다.

$a(\neq 1,\ \neq 0)$가 대수이고 b가 무리수이면 a^b는 초월수인가?

1943년에 겔폰드(Gelfond)는 $a \neq 0, 1$에 대하여 다음 정리를 발표했다.

a가 대수, b가 무리수인 대수이면 a^b는 초월수이다.

대수와 초월수의 정의는 다음과 같다.

> 대수 : 계수가 정수인 다항방정식의 근으로 나타낼 수 있는 수
> 초월수 : 대수가 아닌 수

예를 들면 $\sqrt{\sqrt[3]{2}+1}+1$은 대수이다; $x=\sqrt{\sqrt[3]{2}+1}+1$에 대해 $(x-1)^2=\sqrt[3]{2}+1$이고 $\{(x-1)^2-1\}^3=2$이므로 x는 방정식 $(x^2-2x)^3-2=0$의 근이다. 즉 거듭제곱근으로 나타낼 수 있는 수는 대수이다.

유리수는 계수가 정수인 일차방정식의 근이므로 당연히 대수이다. 따라서 초월수는 무리수이다. 초월수의 대표적인 예는 원주율 π와 자연상수 e 등이고 $2\pi-1$, $e+1$ 등도 초월수이다. π, e, $2^{\sqrt{2}}$, e^{π}은 초월수라고 밝혀졌지만 아직도 많은 수들이 대수인지 초월수인지 밝혀지지 않고 있다. 예를 들면 πe 등은 대수인지 초월수인지 밝혀지지 않은 대표적인 것들이다.

겔폰드에 의하면 $2^{\sqrt{2}}$ (Gelfond-Schneider 상수), e^{π} (Gelfond 상수)는 초월수이므로 무리수이다. 또한 0, 1이 아닌 대수 a에 대하여 $a^{\sqrt{2}}$ 는 무리수이라는 결론을 얻을 수 있다. 이를 적용하면 $2^{\sqrt{2}}$ 와 무리수^{무리수}인 $\sqrt{3}^{\sqrt{2}}$ 등이 무리수(초월수)임을 알 수 있다. 그러나 일반적인 경우 초월수 a, b에 대해서는 a^b가 대수인지 초월수인지 아직까지 알려져 있지 않다. 즉, π^e가 유리수인지 무리수인지 아직까지 알려져 있지 않다. 참고로 다음과 같은 흥미 있는 증명을 소개한다.

> 유리수 a에 대해 $a^{\sqrt{2}}$가 무리수이면 $\sqrt{a}^{\sqrt{2}}$은 무리수이다.
>
> 증명) $\sqrt{a}^{\sqrt{2}}$가 유리수라고 하면 $\sqrt{a}^{\sqrt{2}}=r$을 만족하는 유리수 r가 존재한다. 이 식의 양변을 제곱하면 다음을 얻는다.
>
> $$r^2=\left(\sqrt{a}^{\sqrt{2}}\right)^2=\sqrt{a}^{\sqrt{2}\times 2}=\sqrt{a}^{2\sqrt{2}}=\left((\sqrt{a})^2\right)^{\sqrt{2}}=a^{\sqrt{2}}$$
>
> 따라서 $a^{\sqrt{2}}=r^2$은 유리수가 되는데 $a^{\sqrt{2}}$가 무리수라는 사실에 모순이므로 $\sqrt{a}^{\sqrt{2}}$은 무리수이다.

(1) 유리수^{무리수}은 항상 무리수인가요?
(2) 유리수^{유리수}이 유리수인 경우는?
(3) 무리수^{무리수}은 항상 무리수인가요?

등의 질문을 하는 학생에게 적절한 수준으로 설명한 다음 아래 문제를 한 번 생각해보라고 하면 무리한 것일까?

> $(\sqrt{2}^{\sqrt{2}})^2=2^{\sqrt{2}}$임을 보이고 이를 이용하여 $2^{\sqrt{2}}$가 무리수이면 $\sqrt{2}^{\sqrt{2}}$은 무리수임을 설명해보라.

이 단원에는 아직까지 밝혀지지 않은 어려운 내용도 많이 포함되어 있으므로 간단하게 주요 내용만 정리하니 참고하기 바란다.

a 는 $a \neq 0,\ 1$ 인 대수	임의의 무리수 b 에 대해 a^b 가 유리수/무리수인지는 아직도 모른다. (예, π^e 등)
	b 가 무리수인 대수이면 a^b 는 초월수이다. (따라서 $a^{\sqrt{2}}$, $2^{\sqrt{2}}$, $\sqrt{2}^{\sqrt{2}}$ 등은 무리수이다.)

방정식의 해법에 관련된 막장드라마

중학교과정에서 일차방정식을 배우고 3학년 과정에서 이차방정식의 근의 공식 $x = \frac{-b \pm \sqrt{b^2 - 4ac}}{2a}$ 을 배운다. 이후에 고등학교에서는 인수분해가 가능한 삼차 이상의 고차방정식을 다룬다.

> 그렇다면 인수분해가 안 되는 삼차, 사차, 오차방정식 등의 근을 찾는 공식은 무엇인가?

시간적 정신적 여유만 있다면 고차방정식을 배우는 학생들에게 위의 궁금증에 대하여 기꺼이 대답하거나 학생의 수준이나 호기심의 정도에 맞추어 적절히 얘기해 줄 수 있는 준비를 해보는 것은 어떨까? 흥미롭게도 방정식에 관한 이야기 속에는 수백 년에 걸쳐

수제자의 배신, 신에 대한 맹세와 오해, 불운한 사생아
모든 것을 건 승자독식의 살벌한 수학 대결,
변방의 젊은 수학 천재에 대한 무관심과 그로 인한 좌절,
여인과 관련된 삼각관계, 결투와 죽음 속에 숨겨진
음모론,
블랙리스트에 올라 결국 요절한 불세출의 천재 수학자

등의 다소 막장 드라마와 같은 내용과 엄청난 재능을 지닌 수학천재들의 삶이 서로 얽혀있다. 저자는 이에 대한 다소 긴 이야기를 시작하고자 한다. 모든 내용을 숙지하거나 전달할 필요도 없고 복잡한 공식을 암기할 필요도 없다. 그저 이야기 삼아 부담 없이 쭉 읽어보기만 하여도 괜찮을 듯싶다.

역사적 배경

이차방정식의 해법은 비록 오늘날 우리가 사용하는 간단한 공식의 형태가 아니지만 기원전의 사람들도 알고 있었다는 기록은 산재해 있다. 천년에 걸친 중세 서구 수학의 암흑시기에도 아라비아의 학자들은 고대 그리스의 피타고라스, 유클리드, 아르키메데스 같은 천재들의 저작물을 아랍어로 번역하고 연구하였으며 또한, 인도의 숫자와 산술 등을 받아들여[30] 이를 체계화하고 발전시켰다. 십자군전쟁은 유럽과 아랍을 피폐화시키고 많은 희생을 가져왔으며 그 갈등은 오늘날까지 이어지고 있다. 반면에 아랍어에 능통한 유럽인들이 늘어나면서 아랍어로 보존되고 묵묵히 발전시켜온 주옥같은 내용들이 서구의 언어로 번역되고 마침 구텐베르크의 금속활자술로 인하여 전 유럽에 널리 전파되는 계기가 되었다.

14세기 인구의 1/3 가량을 잃게 한 흑사병의 공포에서 벗어난 유럽은 드디어 15세기에 르네상스가 절정에 이르기 시작하였고 수학 분야도 천년이 넘는 오랜 중세의 암흑기를 벗어나 본격적으로 발전하기 시작하였다. 이 때 르네상스의 본산지인 이탈리아의 베네치아에 '회계학의 아버지'라고도 불리 우는 '파치올리'(Luca Pacioli, 1445?-1510?)가 등장한다. 젊은 시절에는 베네치아 거상의 가정교사로 재내다가 30세부터 수

30) 인도 중부 및 북서부 지역(파키스탄까지)을 통일한 마우리아 왕조 제3대왕 아쇼카왕이 왕자와 공주 등 왕족을 해외 각지로 사절단을 보냈다고 한다.(고구려에도 왔다는 기록이 있다.) 이 때 아라비아에는 숫자와 계산술을 가져갔다고 한다. 아라비아 숫자는 원래 인도의 것이다.

도사이자 대학교수로 평생을 지냈다. 레오나르도 다빈치도 그에게 수학을 배웠고 보답하는 의미로 삽화를 그려 주었다고 한다. 그림은 파치올리의 초상[31]인데 펼쳐진 책에는 정다면체의 내용이 있다. 그는 회계 원리를 적용한 복식부기, 미술구도, 방정식/대수학, 삼각법 등에 관한 내용을 집대성한 저서 〈산술집성〉을 엮어낸다. 이차방정식을 유발하는 문제가 많이 실려 있는데 이의 해법에 역점을 두었다.

그런데 책의 말미에 남긴 삼차방정식에 관한 언급이 있었다.

> "일반적인 삼차방정식을 어떻게 풀어야 할지 전혀 모르겠다. 마치 원적문제[32]와 마찬가지로 불가능할 것 같다."

1494년에 발표된 〈산술집성〉은 대량 인쇄술로 유럽 전역에 퍼져서 16세기의 훌륭한 수학교재가 되었다. 특히, 삼차방정식의 해법이 존재하지 않을 것 같다는 언급은 오히려 재능 있는 여러 수학자에게 엄청난 도전의식을 강렬히 자극시켰다.

해법의 발견과 수학시합

현대적 의미로 세계 최초의 대학으로 알려져 있는 볼로냐대학의 '페로'(1465-1526)교수도 파치올리의 견해에 도전하였다. 방정식에 관한 아라비아의 많은 주옥같은 책들을 접할 기회가 누구보다 많았던 그는 그중에서 발견한 '한풀 꺾인 삼차방정식의 기하학적 해법'을 단서로 이차항이 없는 depressed cubic(한풀 꺾인 삼차방정식)

$$x^3 + mx = n$$

31) 출처: Wikimedia commons, 카폰티몬테 미술관에 소장되어있다.
32) 4장에서 언급했던 원과 같은 넓이의 정사각형을 작도하는 3대작도 문제

의 해법을 마침내 찾아냈다. 그러나 당시의 상황[33]에서는 그 해법을 비밀로 간직할 수밖에 없었다. 문제는 말년에 젊은 수제자인 '피어'(Fior, 1506-?)에게 해법을 전수해 주면서 시작되었다. 스승은 비밀을 간직할 것을 당부하였지만 공명심에 눈먼 피어는 명성 높은 수학자 '타르탈리아'(Tartaglia 1500-1557)[34]를 꺾을 생각에 스승과의 약속을 저버렸다. 비록 실력이 딸릴 순 있어도 전수받은 삼차방정식의 해법을 무기로 그를 꺾고 명성을 얻어 스승의 대학교 수직을 이어받기 위해 도전장을 내민다.

공개적으로 30개의 문제를 주고받은 후 정해진 날짜에 답을 많이 내는 사람이 승리하는 방식의 시합이었다. 피어는 스승에게 전수받은 삼차방정식과 관련된 문제 30개로 올인(all in)하였고 타르탈리아는 그냥 30개의 어려운 수학문제를 제시하였다. 처음에는 끙끙 매던 타르탈리아였지만 시합의 마감일이 거의 다되어서 삼차방정식의 해법을 발견하고는 이내 모든 문제를 다 풀어냈다. 결국 스승인 페로의 명성에도 먹칠을 하게 되는 30 : 0의 일방적인 피어의 패배로 결말이 났고 이 소식은 이탈리아 전역으로 퍼져나갔다.

카르다노의 배신(?)

'카르다노'(Girolamo Cardano, 1501-1576)는 서자 출신으로 어머니가 임신 중에 유산을 위해 먹은 약과 자해 행위들의 영향으로 일생을 병약하게 보냈다. 그런 이유 등으로 젊어서의 성격은 아주 괴팍하였다. 그러나 뛰어난 두뇌로 약학과 수학, 점성술, 도박[35] 등 여러

33) 이 시기는 모든 분야에서 자유경쟁이 보편화되어 소수에 지나지 않았던 대학교수들은 명성과 직위를 지키기 위해 항상 강력한 도전자와의 방어전을 준비하고 있어야만 했다.

34) 가난한 농부의 아들이었던 타르탈리아는 12살 때 프랑스 병사에게 턱을 베이는 불행한 일을 겪고 말을 더듬게 되었지만, 타르탈리아(말더듬이)란 별칭을 가진 당대 최고의 수학자로 성장하였다.

35) 그가 노름에 빠져 있을 때 썼던 책 〈운과 승부에 관한 책, Book on Games of Chance〉은 확률론에 관한 최초의 의미 있는 책이다.

분야에 뛰어난 재능을 보였다. 젊은 시절에는 상당한 어려움을 겪었으나 나중에 명성이 자자한 성공한 의사가 되었다. 카르다노는 타르탈리아와 피어의 대결을 전해 듣고 타르탈리아에게 해법을 가르쳐달라고 사정하는 편지를 보냈지만 계속 거절을 당했다. 드디어 타르탈리아는 카르다노의 귀빈으로 밀라노에 오게 되었고 다음과 같은 엄격한 서약을 받고 삼차방정식의 대략적인 해법을 암호로 가르쳐주었다.

> "성경과 신사의 명예를 걸고 서약합니다. 당신이 허락하지 않는 한 해법을 발표하지도 않을 것이며 죽은 후로도 암호로 보관할 것을 서약합니다."

타르탈리아에게 전수받은 암호를 해독하여 삼차방정식의 해법을 얻은 카르다노는 제자 '페라리'[36](Ludovico Ferrari, 1522-1565)의 전적인 도움으로 '사차방정식의 해법'도 찾아냈다. 그러나 그는 타르탈리아와의 맹세를 지키기 위해 이 사실을 발표하지 못했다. 그러나 1543년에 카르다노는 볼로냐 대학에서 페로의 사후에 나온 삼차방정식의 해법에 관한 논문을 발견하였다. 카르다노는 자기가 삼차방정식을 구하는 방식이 오히려 페로의 기법을 따른다는 것을 확인하고 2년 후인 1545년에 삼사차 방정식의 해법은 물론, 그 이전의 것을 초월하는 수학 내용이 담긴 걸작 〈위대한 술법〉을 발표하였다. 40개의 장으로 이루어져 있는데 11장의 제목이

'세제곱과 일차의 합이 상수와 같은 것에 관하여 ($x^3 + 6x = 20$)'

인데, 다음과 같은 시작하고 있다.

볼로냐 대학의 페로는 삼차방정식의 해법을 발견하고 오로지 제자 피어에게만 해법을 전수하고 비밀로 간직하고 있었다. 피어의

36) 카르다노의 심부름꾼으로 시작하여 스승과 제자 관계로 발전하고 사차방정식의 해법을 찾아낸 20세쯤에는 학문적 동료가 되었다고 한다.

무리한 도전을 계기로 타르탈리아는 해법을 찾아냈고 간곡한 내 부탁에 암호로 전해주었다. 이 후 나는 더 많은 진전을 얻게 되었다.

이러한 자세한 설명에도 불구하고 타르탈리아는 맹세를 어긴 카르다노를 맹렬히 비난하였다. 결국 1548년에 타르탈리아는 자신의 모든 것을 걸고 카르다노와 대결하기 위해 볼로냐에서 밀라노에 왔다. 카르다노는 직접 대결에 응하지는 않았다. 일부러 밀라노를 떠나 있었고 젊고 재능 있는 제자 페라리를 대신 시합에 내보냈다. 시합은 문제풀이가 아닌 방정식과 대수학에 대한 토론 형식이었다. 당시에 볼로냐와 밀라노 두 도시는 서로 사이가 좋지 않았다. 타르탈리아가 생명의 위협을 느낄 정도로 많은 홈(home) 관중들의 열렬한 지지를 등에 업은 26세의 젊은 페라리를 '말더듬이 타르탈리아'가 당해낼 수는 없었다. 시합에서 패배한 타르탈리아는 대학교수 자리도 뺏기게 되고 7년 후 그의 뛰어난 재능과는 반대로 빈곤한 생을 마감하게 되었다.

오차이상의 방정식과 요절한 천재 수학자 아벨

자연스럽게 오차 이상의 방정식의 해법이 해결 과제로 떠올랐고 카르다노와 페라리는 물론 당대의 수학자들의 논란거리였다. 그러나 300년 가까운 시간에도 거의 진전이 없었다. 이런 상황에서 1824년에 유럽의 변방 노르웨이의 수학자 '아벨'(Abel, 1802-1829)이 등장하여 22살에 〈5차 및 5차 이상의 방정식의 대수적 해법의 불가능성〉[37]이라는 논문을 발표하여 당시의 주류 수학계를 경악시킨다.

13세에 크리스티아니아(오늘날의 오슬로) 성당학교에 진학한 아벨은 15세에 그의 인생에 있어서 획기적인 전환점을 맞는다. 그 전환점의 동기는 아이러니하게도 '체벌'이었다. 성당학교의 교육은 엄격

---

37) 5차 이상의 방정식은 이차, 삼차, 사차방정식처럼 근의 공식을 구할 수는 없다는 뜻

하여 체벌이 관행적으로 행해졌다고 한다. 당시 따분했던 수학선생님이 과도한 체벌을 이유로 해임을 당하고 새로운 수학 선생님으로 '홀름보에'가 부임했다. 크리스티아니아 대학에서 제대로 수학을 공부한 그는 단번에 아벨의 천재성을 간파하여 무료 개인교습을 시작했다. 얼마 지나지 않아 스승을 뛰어넘은 제자의 실력을 느낀 그는 직접 가르치는 대신 유명 수학자들의 원전을 제공하는 길 안내자의 역할을 택했다. 아벨은 스승에게 제공받은 뉴턴, 라그랑주, 오일러, 가우스 등 당대 최고의 저작을 탐독하기 시작했다. 그리곤 거기에 나타난 미비한 사항을 메우는 일을 일생의 업으로 삼기로 결심했다. 스승이 남긴 아벨의 생활기록부엔 다음과 같이 적혀있다.

> "아벨의 믿을 수 없는 천재성과 억제할 수 없는 수학에 대한 관심은 곧 그를 위대한 수학자로 만들 것임을 확신한다."

홀름보에의 도움으로 아벨은 1821년에 왕립 프리데릭대학에 입학해 장학금을 받고 계속해서 공부할 수 있었고 뛰어난 수학 실력을 발휘해 입학 1년 만인 1822년에 졸업장을 받았다.

> "위대한 수학자들의 저작물을 직접 접함으로써 나의 수학적 성취가 가능했고 이는 전적으로 훌륭한 스승 덕택이다."

노르웨이의 한 소년의 위대한 재능이 발현될 수 있었던 것은 그의 고등학교 수학선생님의 영향이 절대적이었다. 지금 이글을 읽고 있는 선생님들 중 누군가는 수학에 무척 재능 있는 학생을 가르치고 있을 것이다. '선생님'은 직접 가르치는 역할을 주로 하지만 재능이 있거나 호기심이 충만한 학생들에게 아벨의 스승 같은 길 안내자의 역할도 무척이나 중요하지 않을까? 바로 이런 수학선생님

길 안내자가 많아지기를 바라는 희망이 이 책을 저술하게 된 가장 큰 이유이다. 중학교 때에 허름한 고등학교용 참고서를 우연히 얻어 지루한(?) 수학시간에 몰래 읽었던 것이 지금의 수학교수인 저자를 만들었다. 간혹 이런 쓸데없는(?) 생각을 하곤 한다.

> 그 때 내가 더 훌륭한 안내자를 만날 수 있었다면 훨씬 더 사회에 수학으로 기여할 수 있었을지 않을까?

오차방정식의 해법에 대한 아벨의 업적을 얘기하기 전에 잠시 쉬어가는 의미로 대학을 졸업 1년 후인 1823년에 아벨이 스승인 홀름보에게 보낸 편지를 소개한다. 언제 보낸 편지였을까?

> 존경하는 홀롬보에 선생님에게
>
> ------------
>
> (중략)
>
> ------------
>
> $\sqrt[3]{6064321219}$ 에 아벨 올림

대학에 입학한 1821년에 19세에 불과했던 아벨은 오차방정식의 추상적인 해법을 제시했다. 크리스티아니아 대학 교수진은 아벨의 논문을 코펜하겐 대학의 저명한 수학자 데겐에게 다시 문의했다. 데겐은 수많은 수학자들이 해결하지 못한 문제를 19세의 젊은이가 풀었다는 사실이 믿기지 않았기에 아벨의 논문을 완전히 신뢰하지는 않았다. 그러나 그의 능력으로는 논문의 오류를 찾을 수도 없었다. 궁리 끝에 그는 아벨에게 두 가지 사항을 당부하는 지혜로운(?) 회신을 보냈다.

> 친애하는 아벨군,
>
> 1. 당신의 방법을 적용할 수 있는 예를 들어보시오.
>
> 2. 다른 핫 이슈인 타원적분[38] 연구를 해보시오.

논문심사를 살짝 회피하여(?) 비켜간 이 회신은 오히려 아벨과 수학계에 큰 영향을 끼쳤다. 아벨은 회답을 위해 자신의 오차방정식 해법에 맞는 적절한 예를 찾다가 오히려 자신의 해법에 치명적 오류가 있음을 발견한다.(천재적인 수학자도 틀릴 수도 있는데 우리가 틀리는 것을 두려워할 필요는 없겠지!) 특히, 이 과정에서 문제해결에 대한 인식 자체를 바꾸게 된다. 많은 수학자들이 오차방정식의 해법을 찾으려 했지만, 오히려 근의 공식이 존재하지 않을 것이라는 확신을 갖고, 이년이 넘는 연구 끝에 드디어 '5차 이상의 고차방정식의 일반적인 해법은 불가능하다'는 증명을 담은 〈오차방정식의 일반적 해법에 관해〉라는 소책자를 발간한다. 이로써 오차방정식의 해법을 찾는 문제는 300년 가까운 긴 세월 후에야 해결될 수 있었다. 이 후에도 아벨은 회신의 두 번째 내용에 해당하는 타원적분 연구에 매진하여 〈매우 확장된 초월함수의 일반적 성질에 관한 논고〉를 완성하여 1826년에 프랑스 과학아카데미에 제출한다. 결국 살짝 비켜간(?) 논문심사의 답변이 오히려 아벨에게 커다란 업적을 남길 수 있는 기회를 제공한 셈이다.

불행히도 아벨은 그의 천재성과 업적에 비해 당대에는 거의 대접을 받지 못했다. 앞에서 언급한 바와 같이 22살의 나이에 '5차 이상의 고차방정식의 일반적인 해법은 불가능하다는 것을 증명'하고 이를 자비를 들여 소책자로 발간했는데, 경제적인 이유로 내용을 대폭 축약하여 몇 권만 발행할 수밖에 없었다. 책이 몇몇 수학자들에게 전해지기는 했지만, 그들은 축약된 아벨의 논문을 충분히 이해할 수 없었다.(천재들의 논문은 생략된 부분이 많아서 확인하고 이해하는데 상당한 어려움이 따른다. 하물며 일부로 큰 폭으로 생략했다면 당시의 웬만한 수학자들은 이해하기 어려웠으리라!) 여기에 변방의 노르웨이 출신이라는 이유가 더해져서 그의 업적은 거의 알려지지 않았다.

---

38) 당시 수학의 가장 hot한 이슈 중의 하나

답답했던 그는 1826년 7월에 직접 프랑스로 건너가 수학자들을 직접 만난다. 당시 수학의 본산지인 프랑스 수학자들은 아벨의 얘기는 들으려 조차 않고 오로지 자신들의 업적만을 말하곤 했다고 전해진다. 훗날 〈아벨의 정리〉로 불린 〈확장된 초월함수의 일반적 성질에 관한 논고〉를 유명 수학자 '코쉬'(Louis Cauchy, 1789-1857)에게 보여 주었지만 별다른 반응을 보이지 않았다. 아벨은 결핵으로 인해 프랑스 남부로 휴양을 떠나기 전에 〈확장된 초월함수의 일반적 성질에 관한 논고〉라는 논문을 프랑스 과학아카데미에 정식으로 제출했다. 그 논문에 대한 심사를 맡은 사람은 '르장드르'(Le Gendre, 1752-1833)와 코시였다. 르장드르는 논문을 잘 이해하지 못한 듯했고, 코쉬는 논문을 대수롭지 않게 여기고 어딘가에 던져두었다고 한다. 아벨은 이듬해에 베를린을 거쳐 고향으로 돌아왔는데 후에 아벨의 논문을 접한 베를린 대학의 '야코비'(Jacobi, 1804-1851)는 1829년 3월에 다음과 같은 항의 편지를 보냈다.

> 아벨의 발견은 얼마나 굉장한 것입니까!
>
> · · · · 중략 · · · ·
>
> 무엇 때문에 2년 전에 프랑스 과학아카데미에 보내진 논문에 대해 일절의 언급이 없는 것입니까!

이를 계기로 노르웨이 영사까지 나서서 논문에 대해 항의를 했고, 코시는 샅샅이 뒤진 끝에 논문을 다시 찾아냈다. 같은 해 프랑스 과학아카데미는 야코비와 함께 아벨에게도 수학 부문의 대상을 수여했는데 이미 아벨은 세상을 떠난 후였다. 그의 논문은 십여 년이 더 지난 1841년에야 프랑스 과학아카데미 논집에 게재될 수 있었다.

결핵이 심해져 고향으로 돌아온 후에도 논문들을 계속하여 발표하였다. 이제 그의 업적은 잘 알려져 높이 평가되었고, 베를린대학에선 그를 교수로 초대하기에 이르렀다. 그러나 이틀 전인 1829년 4월 6일에 27세의 나이에 결핵과 영양실조로 세상을 떠났다. 아벨 사망 100주년인 1929년에 노르웨이는 아벨에 대한 우표 4종을 발행했고 노르웨이 화폐의 초상 인물로 선정하기도 하였다. 아벨 탄생 200주년인 2002년에는 '아벨상'(Abel Prize)을 제정해 수학에서 탁월한 학문적 업적을 이룬 학자에게 수여하기 시작했다. 아벨상의 상금은 약 100만 달러인데 노벨상이 없는 수학 분야에서 필즈메달과 더불어 가장 권위 있는 상이다. 불행히도 필즈메달이나 아벨상을 받은 한국인은 아직 없다.

풍운아 갈루아의 등장

아벨이 병상에서 생의 마지막을 기다리고 있던 시기인 1828년에 프랑스 과학아카데미에 2편의 논문이 도착한다. 주인공은 17세 소년 '갈루아'(Evariste Galois, 1811-1832)였다. 15세에 정식 수학수업을 접했음에도 불구하고 오로지 수학만을 공부한다. 그가 수학에 얼마나 몰입했는지를 그의 생활기록부의 내용이다.

> 갈루아는 수학에 완전히 빠져있습니다. 학교 입장에서는 모든 교과를 골고루 가르치고 싶지만 그가 수학에만 전념할 수 있도록 하는 것이 옳다고 생각되어 부모님의 판단을 기다립니다.

믿을 수 없을 만큼 놀랍게도 그는 수학에 몰입한지 2년여 만에 오차이상의 방정식에 관련된 놀라운 진전이 담긴 논문을 프랑스 과학아카데미에 제출한다. 아카데미에서 갈루아의 논문을 심사한 학자는 공교롭게도 이년 전에 아벨의 논문을 대수롭지 않게 여겼던 실수를 저지른 코쉬였다. 그가 갈루아의 논문을 이해하는 데에는 많은 시간을 필요로 했다. 논문 내용에는 다음과 같은 것[39]들이 밝혀져 있다.

▾ 5차이상의 방정식이 인수분해 가능할 필요충분조건
▾ 인수분해 가능한 경우 방정식을 인수분해 하는 방법

마침내 갈루아의 논문을 이해하고 깊이 감명 받은 코쉬는 과학아카데미상의 수여를 위해 공정하게 다른 수학자들의 후보 논문과 경쟁할 수 있도록 2편의 내용을 한 편으로 합쳐 달라는 편지를 갈루아에게 보냈다. 그러나 문제는 시간이 너무 흐른 뒤라는 거였다. 그 시기는 프랑스 혁명의 여파로 왕정파와 공화파 간의 격렬한 투쟁이 있었던 시대였다.[40)]

시장이었던 갈루아의 아버지는 공화파였다. 평소 풍자시를 즐겨 썼던 그를 노리고 당대의 유력한 권력자들을 강렬히 비난하는 다른 사람의 풍자시에 아버지의 가짜 서명을 조작하여 기재하고 유포시키는 음모로 인하여 그는 매장되고 급기야 자살에 이르게 되었다. 아버지의 장례식장에서도 갈등이 불거져 관이 땅속으로 내팽겨지기까지 했다. 갈루아는 평범한 생을 살기에는 너무 정의감에 불타있었고 다혈질적인 성향도 지니고 있었다. 성당학교(중등학교) 시절에 완고한 선생님들과 갈등을 일으켰고, 최고 명문학교인 '에꼴 폴리테크니크'의 면접시험에서도 자신의 설명을 이해 못하는 교수를 답답해하며 퉁명스러운 말투로 응대하여 낙방했다. 특히, 1년 후의 면접에서는 자신의 능력을 알아보지 못하는 아둔한(?) 면접교수를 원망하며 칠판지우개를 던져버려 안면에 적중시키는 일로 유명해졌다고 한다.

이와 같은 일들을 겪은 갈루아는 뒤늦은 코쉬의 편지에 투덜거리면서도 두 편의 논문을 한 편으로 축약하여 다시 과학아카데미에 보냈다. 논문의 결과가 19세기 최고의 수학 업적중의 하나일 정도

39) 갈루아의 결과는 방정식의 해법에 대한 논의의 마침표를 찍는 최종적인 결론인 셈이다.
40) 프랑스의 문호 빅토르 위고의 '레미제라블'의 무대가 된 격변기였다.

로 우수하다는 것을 알게 된 '푸리에'(Fourier, 1768-1830)는 과학아카데미상에 심사를 의뢰하겠다고 공표했다. 많은 사람들이 당연히 갈루아의 수상을 예상했지만 상은 다른 사람에게 돌아갔다. 최종 심사 몇 주 전에 푸리에가 사망하여 그의 논문이 위원회에 제출되지 못했기 때문이었다고 한다. 그러나

> 에꼴 폴리테크니크의 면접사건과 극렬 공화파로 찍혀서 정치적 성향이 짙은 위원회의 '블랙리스트'에 이미 올라있었기 때문이었으며 논문도 누군가가 고의로 은닉했다.

는 주장이 저자에게는 더 설득력이 있어 보인다. 당시 유력지 '르 그로브'에 심사위원회의 불공정성을 비판하며 실린 글이다.

> 1980년 3월경에 자신의 논문을 극찬한 코쉬의 권유대로 갈루아는 방정식의 풀이에 관한 논문을 하나로 합쳐서 아카데미상 위원회에 제출하였다. 의심할 바 없이 최고의 논문임에도 불구하고 상을 받지 못했고 논문마저 사라져 버렸다. 젊은 천재는 철저히 제외된 것이다.

1년 뒤에 갈루아는 과학아카데미에 또 한 편의 논문을 보내지만 "논리가 불분명하고 심사할 수 없을 정도로 정돈되지 않았다."는 터무니없는 평가를 받고 거절당하는 수모를 겪는다. 갈루아가 논문에서 세세한 내용을 생략했기 때문에 잘 모르는 사람들에게는 논리적 비약이 심한 어설픈 논문이라고 여겨질 수도 있었다. 그러나 모든 것이 블랙리스트에 오른 자신을 배제시키기 위한 음모라고 확신하고 수학 연구를 모두 때려치우고 정의롭지 못한 세상에 투쟁하기로 결심한다. 저자는 갈루아가 계속하여 오랫동안 수학에 몰두하는 인생을 살았다면 현재의 수학은 좀 더 다른 모습일지도 모르겠다는 생각이 짙게 든다. 다른 것에 대한 무조건적 거부, 조작과 블랙리스트 등 지금 우리 현실에서도 귀에 익은 것

들로 불행을 겪는 사람들이 생기고 과오가 반복되는 일이 안타까울 뿐이다. 갈루아의 불행은 거기서 끝나지 않았다. '삼총사', '몬테크리스토 백작'으로 우리에게 너무나 잘 알려진 당시 프랑스의 대문호 '뒤마'(Alexandre Dumas, 1802-1870)가 갈루아의 불안한 삶의 순간순간을 걱정하며 쓴 글이다.

> 반역 혐의로 투옥되었다가 석방된 공화정파들의 환영 행사장에 있었는데 갑자기 호각소리와 함께 일단의 사람들이 반정부 구호를 외치며 시위를 벌였다. 단검과 술잔을 양 손에 든 채 가장 격렬하게 시위를 주도하는 사람은 바로 내가 아끼는 갈루아였다. 간간히 루이 필리프왕의 이름을 외치며 비난의 발언을 계속했다. 내 옆에 왕의 친구는 분노한 듯 얼굴을 붉히고 있었다. 앞으로 갈루아가 어찌 될지 걱정스럽다.

이 일로 갈루아는 왕을 시해하려 했다는 혐의를 받고 투옥되었다. 이때 감옥의 건너편 건물에서 날아온 총탄에 자신의 옆에 있던 사람이 중상을 입는 일이 발생하였다. 자연스럽게 누군가 자신을 암살하려 한다고 판단했다. 석방된 후 갈루아는 '스테파니'라는 아름다운 여인을 만나 사랑에 빠지는데 그녀는 프랑스 제일의 명사수로 알려진 군인 데르벵빌과 약혼한 사이였다. 데르벵빌은 갈루아에게 권총결투를 신청했고 불세출의 천재는 그렇게 22살의 나이로 결투에서 요절하였다. '음모론'은 이렇게 주장한다.

> 극렬하게 왕정폐지를 주장하며 왕을 비난하여 투옥되고 블랙리스트에 오른 갈루아는 과학아카데미에 의해 그의 훌륭한 논문들이 외면당하는 좌절을 겪었다. 감옥에선 저격병의 총탄에 죽을 뻔했고 결국 계략에 말려 간교한 여인의 유혹에 넘어가 명사수와 결투를 하게 되는 함정에 빠져 죽임을 당했다.

결투 전날 갈루아는 미친 듯이 유언장을 쓰기 시작했다. 유언장 뒷부분에 자신이 지금까지 썼던 논문의 내용을 하나로 정리한 내용을 덧붙였다. 그가 죽은 후 형에 의해 유언장의 내용이 여러 수학자들에게 발송되었다. 어떤 이유인지 사후 14년 지나서야 '리우빌'(Liouville, 1809-1882)에 의해 발견되어 널리 알려지게 되고 인정받게 되었다.

〈삼차방정식 $x^3+ax^2+bx+d=0$의 해법〉

방정식 $x^3+ax^2+bx+d=0$에서 $x=z-a/3$라 치환하면, 다음과 같이 z에 관한 한풀 꺾인 삼차방정식 $z^3+mz+n=0$의 형태로 변환할 수 있다.

$$z^3+\left(\frac{1}{3}a^2-\frac{2a}{3}+b\right)z+\left(\frac{2a^3}{27}-\frac{ab}{3}+d\right)=0$$

따라서 삼차방정식 $x^3+mx=n$의 해를 구하면 된다.

항등식 $(a-b)^3+3ab(a-b)=a^3-b^3$에서

$$3ab=m,\ a^3-b^3=n,\ x=a-b$$

라 놓으면 방정식 $x^3+mx=n$과 일치함을 알 수 있다.

연립방정식 $3ab=m,\ a^3-b^3=n$을 a, b에 관하여 풀면

$$a=\sqrt[3]{\frac{n}{2}+\sqrt{\left(\frac{n}{2}\right)^2+\left(\frac{m}{3}\right)^3}},\ b=\sqrt[3]{-\frac{n}{2}+\sqrt{\left(\frac{n}{2}\right)^2+\left(\frac{m}{3}\right)^3}}$$

이고, 방정식 $x^3+mx=n$의 해 $x=a-b$를 구할 수 있다.

또, 방정식 $x^3=1$의 한 허근을 w를 이용하면 나머지 2개의 해도 찾을 수 있다.

* 카르다노는 일반식 $x^3+mx=n$이 아닌 $x^3+6x=20$의 해 $x=\sqrt[3]{10+\sqrt{108}}-\sqrt[3]{-10+\sqrt{108}}$를 찾는 과정을 적었다.

〈위대한 술법〉의 39장에 나오는 페라리의 해법한풀 꺾인 사차방정식 $x^4+px^2+qx+r=0$의 해법을 소개한다.

간단한 치환에 의하여 사차방정식은 다음과 같은 쓸 수 있다.

$$x^4+2px^2+p^2=px^2-qx-r+p^2$$

이 방정식은 $(x^2+p)^2=px^2-qx+p^2-r$라 정리 할 수 있다. 임의의 y에 대해서 다음이 성립한다.

$(x^2+p+y)^2=(p+2y)x^2-qx+(p^2-r+2py+y^2)$ … ①

우변이 x에 관해 완전제곱이 되려면 판별식 $D=0$에서 다음과 같은 y에 관한 삼차방정식을 얻는다.

$$q^2-4(p+2y)(p^2-r+2py+y^2)=0$$

이 식은 삼차방정식이므로 앞의 삼차방정식의 해법으로 해 $y=y_1$을 구할 수 있고 다음을 얻는다.

$$q^2-4(p+2y_1)(p^2-r+2py_1+y_1^2)=0$$

이 식를 변형하면 $p^2-r+2py_1+y_1^2=\dfrac{q^2}{4(p+2y_1)}$이다.

$y=y_1$을 ①에 대입하고 위의 식을 이용하면 다음을 얻는다.

$$(x^2+p+y_1)^2=(p+2y_1)\left[x-\frac{q}{2(p+2y_1)}\right]^2$$

결국, $x^2+p+y_1=\pm\sqrt{p+2y_1}\left[x-\dfrac{q}{2(p+2y_1)}\right]$이라는 두 개의 이차방정식을 얻고 이를 풀면 원래의 사차방정식의 4개의 해를 모두 얻을 수 있다.

Question

08 부등호 '≥, ≤'이 있는 부등식에서 등호가 성립하는 경우를 밝히는 이유는 꼭 최대·최소 때문인가요?

교과서에 있는 대표적인 산술-기하평균 부등식

$$\frac{a+b}{2} \geq \sqrt{ab} \quad (a,\ b>0)$$

에서 '단, 등호는 $a=b$일 때 성립한다.'라는 내용이 뒤따른다. 이와 같이 등호가 성립하는 경우를 꼭 밝히는 이유는 무엇일까? 이런 질문에 대부분의 교사들은 다음과 같이 답할지도 모르겠다.

◎ 다음과 같은 최댓값·최솟값을 구하는 문제를 보자.

$a+b=4$인 양수 $a,\ b$에 대하여 ab의 최댓값을 구하여라.

풀이 $\sqrt{ab} \leq \frac{a+b}{2} = \frac{4}{2} = 2$ 이므로 $ab \leq 4$이다.

따라서 최댓값은 4이다. 또, 등호는 $a=b$일 때 성립하므로 $a=b=2$일 때 최댓값을 갖는다.

* 이와 같이 등호가 성립할 때에 최대·최소를 갖기 때문에 등호가 성립할 때를 밝히는 것이 중요한 것이다.

훌륭한 대답으로 이와 같이 최대·최소문제를 해결하는 문제는 빈번히 나타난다. 특히, 최대·최소가 언제 생기는지를 밝히지 않으면 다음과 같은 오류를 범할 수도 있다.

(예) 실수 x에 대해 $x^2+\frac{4}{x^2+3}$의 최솟값을 구하라.

두 수 $x^2+3,\ \frac{4}{x^2+3}$에 대해 산술-기하평균 부등식을 이용하면

$$x^2+\frac{4}{x^2+3} = (x^2+3)+\frac{4}{x^2+3}-3$$

$$\geq 2\sqrt{(x^2+3)\times\frac{4}{x^2+3}}-3=1$$

따라서 최솟값은 1이다.

실제로 대학교 1학년 수학 시험에 출제해보아도 위와 같이 잘못된 답을 적는 학생들이 적지 않다. 등호가 성립하는 경우를 따져보면 오류를 확인할 수 있는데도 말이다. 오래 전에 어느 대학의 논술고사에서도 출제되었던 다음 문제를 활용해보는 것도 좋다.

그림의 작은 두 직사각형의 넓이가 각각 1과 4로 일정하다 하자. 이 때, 전체 직사각형의 넓이의 최솟값을 구하는 문제의 잘못된 풀이다. 오류를 찾고 올바른 풀이를 구하라.

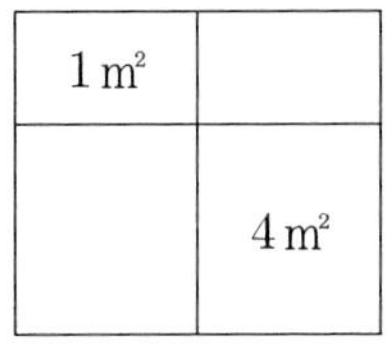

풀이 넓이가 1, 4인 두 직사각형의 가로의 길이를 각각 x, y라 하면 세로의 길이는 각각 $1/x$과 $4/y$이므로 전체 직사각형의 가로의 길이는 $x+y$ 이고, 산술-기하평균 부등식을 이용하면 $2\sqrt{xy}$ 보다 크거나 같게 된다.

같은 방법으로 세로의 길이는 $\frac{1}{x}+\frac{4}{y}$이므로 $2\sqrt{\frac{4}{xy}}$ 보다 크거나 같다. 따라서 큰 직사각형의 넓이는

$2\sqrt{xy}\times 2\sqrt{\frac{4}{xy}}=8$ 보다 크거나 같다.

그러므로 전체 직사각형의 넓이의 최솟값은 8이다.

여기까지는 고등학생을 지도하는 교사라면 한번쯤은 접해본 내용일 것이다. 이 정도면 아주 충분한 대답이라고 생각하고 흡족해 할 수도 있다. 그런데 수학적 호기심이 꽤 많은 학생에게 다음 질문을 받았다고 해보자.

그럼 꼭 최대·최소 때문인가요?

이제 어떻게 답할 것인가? “응, 그렇지.”라고 대답하는 것에 찜찜한 느낌이 든다면 감각이 있는 수학교사라고 말할 수 있을 것 같다. ‘$\leq$, $\geq$’의 부등호가 들어 있는 부등식에서 등호가 성립할 조

건은 최대·최소문제에서도 필요한 것이고 보통의 학생 수준으로는 그 정도만 알면 충분하다. 하지만 수학적으로는 훨씬 더 중요한 의미가 숨어있다.

양수 a, b에 대해 절대부등식 $a+b \geq \sqrt{ab}$은 다음의 과정을 통하여 참이 됨을 알 수 있다.

$$(a+b)^2-(\sqrt{ab})^2 = a^2+ab+b^2 = (a+\frac{b}{2})^2+\frac{3}{4}b^2 \geq 0$$

그런데 위 부등식에서는 등호가 성립하는 경우가 없다. 이것이 어떤 의미일까? 다음 부등식들을 생각해보자.

(A) $a+b \geq \sqrt{ab}$ (B) $a+b > \sqrt{ab}$

(C) $a+b \geq 2\sqrt{ab}$ (D) $a+b \geq 3\sqrt{ab}$

(A)는 참이다. 그러나 등호가 성립하는 경우가 없으므로 (B)가 더 나은 결과다. 또, (C) 역시 (A)보다 더 나은 결과다. 게다가 (C)에서는 등호가 성립하는 경우가 있다.($a=b$일 때) 다시 말하면, (A)에서 등호가 성립하는 경우가 없다는 것은 (A)가 최선의 결과가 아니라는 것을 의미한다. 또한, 등호가 성립하는 경우가 있기 때문에 (C)는 이런 형태($\geq$)의 부등식 중에서는 경우의 최선의 결과 중의 하나인 것이다. 한편 (D)가 절대부등식이 아니라는 것도 등호가 성립하는 경우가 없다는 것으로 확인할 수 있다.

부등식	등호가 성립하는 경우	의미
(A) $a+b \geq \sqrt{ab}$	없다	참
(B) $a+b > \sqrt{ab}$	없다	참
(C) $a+b \geq 2\sqrt{ab}$	있다	최선의 결과
(D) $a+b \geq 3\sqrt{ab}$	없다	거짓

'등호가 성립하는 경우가 있는가?'가 그 부등식이 최선인지를 알려준다는 것이다. 이것이 등호의 성립 여부를 밝히는 과정을 항상 명시하는 가장 중요한 이유이다. 또, 다른 예를 들어 본다.

> 부등식 $x^3-3x^2+x-3 \ge 0$의 해는?
>
> $x^3-3x^2+x-3 \ge 0 \Leftrightarrow (x^2+1)(x-3) \ge 0 \Leftrightarrow x \ge 3$

$x \ge 3$이 위 부등식의 해이지만 $x \ge 1$도 참인 명제다. 그러나 $x=1$인 경우가 존재하지 않으므로 부등식 $x \ge 1$은 참인 명제이지만 해가 될 수 없음을 확인할 수 있다. 위의 문제에서는 필요충분조건만 사용된 간단한 경우라서 $x \ge 3$이 답임을 쉽게 확인할 수 있다. 만약 위의 경우와는 다르게 $\mathrm{P} \Rightarrow \mathrm{Q} \Rightarrow \mathrm{R} \Rightarrow \cdots$ 등등의 복잡한 과정을 거쳐 구한 결론이 $x \ge 3$라 하자. 부등식 $x \ge 3$은 P의 충분조건임은 틀림없으나 필요충분조건인지는 쉽게 확인할 수 없다. 등호가 성립하는 경우 즉, $x=3$일 때에 조건 P가 참임을 확인해보는 것이 필요하다.

> (A) 등호가 성립하는 경우가 없다.
>
> ($x=3$일 때에 조건 P가 참이 아니다.)
>
> $x \ge 3$는 조건 P의 필요충분조건이 아니다.
>
> (B) 등호가 성립하는 경우가 있다.
>
> ($x=3$일 때에 조건 P가 참이다.)
>
> $x \ge 3$이 조건 P의 필요충분조건이다.

부등식 $\frac{a+b}{2} \geq \sqrt{ab} \geq \frac{2ab}{a+b}$의 여러 가지 증명들을 둘러보기

▸ 반원에 내접하는 직각삼각형을 이용한 증명

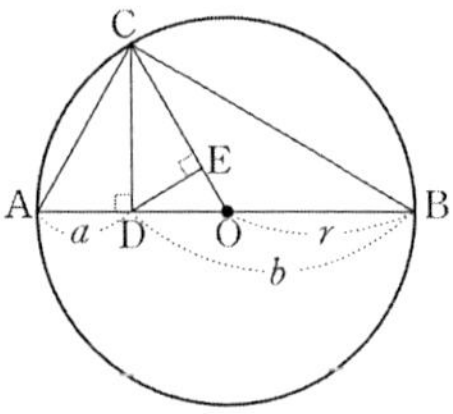

(i) 그림의 △ADC와 △DCB은 닮은 삼각형이다. 따라서 $\overline{\mathrm{CD}}^2 = \overline{\mathrm{AD}} \times \overline{\mathrm{DB}} = ab$이고 $\overline{\mathrm{CD}} = \sqrt{ab}$이다.

선분 $\overline{\mathrm{CD}}$의 길이는 반지름의 길이를 넘지 못하므로 $\frac{a+b}{2} \geq \sqrt{ab}$가 성립한다.

또, 등호는 점 D와 점 O가 일치할 때 즉, $a=b$일 때 성립한다.

(ii) 직각삼각형 CDO에서 $\overline{CD} = \sqrt{ab}$, $\overline{OD} = \frac{b-a}{2}$이다.

한 편 △ODC에서 $\overline{\mathrm{OD}} \times \overline{\mathrm{CD}} = \overline{\mathrm{OC}} \times \overline{\mathrm{DE}}$가 성립하므로

$$\overline{\mathrm{DE}} = \sqrt{ab} \times \frac{b-a}{2} \times \frac{2}{a+b}$$

직각삼각형 △CDE에서 다음이 성립한다.

$$(\sqrt{ab})^2 = \left(\sqrt{ab} \times \frac{|a-b|}{2} \times \frac{2}{a+b}\right)^2 + \overline{\mathrm{CE}}^2$$

따라서 $\overline{\mathrm{CE}} = \frac{2ab}{a+b}$이다.

△CDE에서 $\overline{\mathrm{CD}} \geq \overline{\mathrm{CE}}$이므로 $\sqrt{ab} \geq \frac{2ab}{a+b}$

(등호는 점 D와 점 O가 일치할 때 즉, $a=b$일 때 성립한다.)

▸ 사다리꼴을 이용한 증명

(i) 빗변 AB의 길이가 $\dfrac{a+b}{2}$ 이고 직각을 낀 한 변 AC의 길이가 $\dfrac{a-b}{2}$인 직각삼각형 ABC를 생각하자. 피타고라스의 정리에 의해

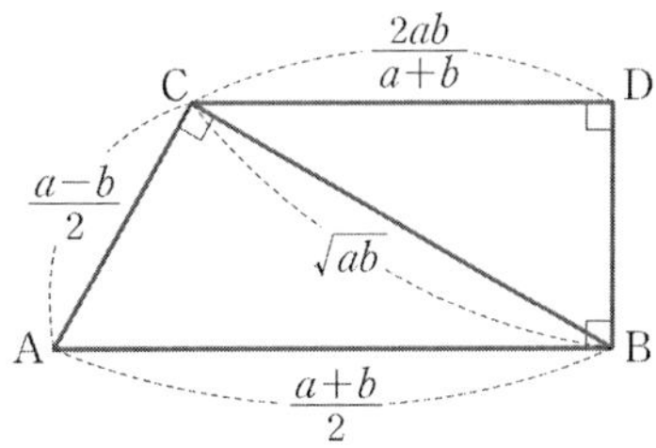

$\overline{BC} = \sqrt{\overline{AB}^2 - \overline{AC}^2} = \sqrt{\left(\dfrac{a+b}{2}\right)^2 - \left(\dfrac{a-b}{2}\right)^2} = \sqrt{ab}$ 이다.

직각삼각형 ABC에서 $\overline{AB} \geq \overline{BC}$ 이므로 $\dfrac{a+b}{2} \geq \sqrt{ab}$

(등호는 $\overline{AC} = 0$일 때 즉, $a = b$일 때 성립한다.)

(ii) 이제 $\overline{AB} /\!/ \overline{CD}$ 이고 $\overline{BC}$를 빗변으로 하는 직각삼각형 BCD를 생각하자. △ABC와 △BCD는 닮은 삼각형이므로

$\overline{AB} : \overline{BC} = \overline{BC} : \overline{CD}$, $\quad \dfrac{a+b}{2} : \sqrt{ab} = \sqrt{ab} : \sqrt{CD}$

즉, $\overline{CD} = \dfrac{2ab}{a+b}$이다. 그런데 $\overline{BC} \geq \overline{CD}$ 이므로

$$\sqrt{ab} \geq \frac{2ab}{a+b}$$

▸ 정사각형의 넓이를 이용한 증명

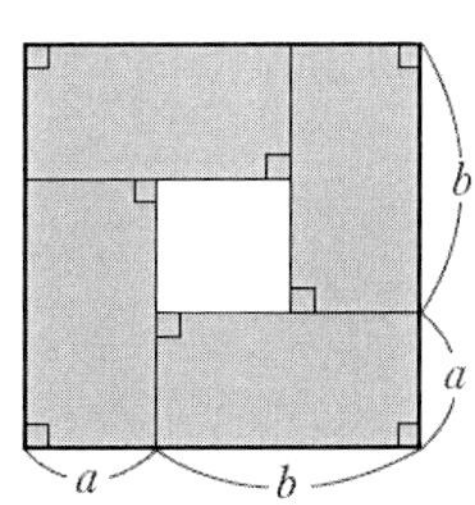

큰 정사각형의 넓이는 $(a+b)^2$, 4개의 작은 직사각형의 넓이의 합은 $4ab$이므로

$(a+b)^2 \geq 4ab, \quad a+b \geq 2\sqrt{ab}$

이므로 $\dfrac{a+b}{2} \geq \sqrt{ab}$ 이다.

(등호는 경우는 $a = b$일 때 성립)

▸ 넓이를 이용한 증명

$\triangle \mathrm{OAC} = \frac{1}{2}\sqrt{a} \times \sqrt{a} = \frac{1}{2}a,$

$\triangle \mathrm{OBE} = \frac{1}{2}\sqrt{b} \times \sqrt{b} = \frac{1}{2}b$

$\square \mathrm{OADB} = \sqrt{a}\sqrt{b} = \sqrt{ab}$ 이다.

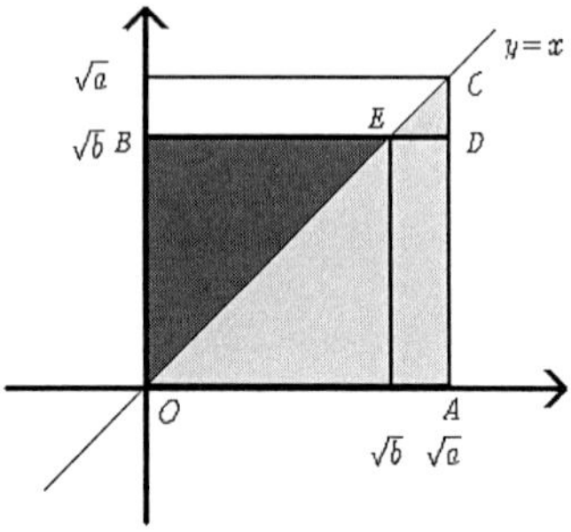

그림에서 $\triangle \mathrm{OAC} + \triangle \mathrm{OBE}$ 의 값은 $\square \mathrm{OADB}$의 값보다 크므로

$\frac{1}{2}a + \frac{1}{2}b = \frac{a+b}{2} \geq \sqrt{ab}$ (단, 등호는 $a=b$일 때 성립)

Question

09 기하평균과 조화평균은 어떤 경우에 적용되나요?

학생들이 기하평균과 조화평균에 대하여 궁금한 것의 대부분은 '언제 이런 평균들이 적용되느냐?' 또는 '이런 평균들의 의미가 무엇인가?' 하는 것이다. 먼저 다음과 같은 질문에 대해 생각해보자.

> 어떤 사람에게 2년 후에 이자와 원금을 합쳐 1100만원을 갚기로 약속하고 1000만원을 빌렸다. 그런데 1년 후에 여윳돈이 생겨 1050만원을 갚았다. 과연 적절한 이자를 지급한 것일까?

답을 생각하기 전에 먼저 다음 예를 해결해 보자.

> 어느 회사의 연간 매출액이 재작년도에 10억 원, 올해에 16억 원이라 하자. 이 회사의 매출증가율이 매년마다 일정하다고 가정할 때 내년의 매출액은 얼마로 보아야 하는가?

2년 동안 매출액이 6억이 늘어났으니 산술평균의 의미로 1년에 3억씩 증가했다고 보면 19억을 답으로 생각할 수도 있다. 그러나 매출증가율이 매년마다 꾸준하다고 했으니까 작년의 매출액을 x억 원이라 하면

$$\frac{(\text{작년 매출액})}{(\text{재작년 매출액})} = \frac{(\text{올해 매출액})}{(\text{작년 매출액})}$$

에서 $\frac{x}{10} = \frac{16}{x}$이므로 x는 10과 16의 기하평균인 $x = \sqrt{10 \times 16}$으로 보아야 한다. 즉, $x = \sqrt{160} \fallingdotseq 12.65$이므로 매출액이 일 년에 3억 원씩 증가하는 것으로 계산하는 것이 아니라 다음과 같은 매출증가율로 계산해야 한다.

$$\frac{(\text{올해 매출액})}{(\text{전해 매출액})} = \frac{(\text{작년 매출액})}{(\text{재작년 매출액})} = \frac{(\text{내년 매출액})}{(\text{올해 매출액})} \fallingdotseq 1.265$$

즉, 내년의 예상 매출액은 $16 \times 1.265 = 20.24$(억원)이다.

이처럼 기하평균이 적용되는 경우는 매출의 증가율, 이자율, 박테리아의 증가율 등이 해당되는데 고등학교 과정에서 나오는 등비수열에 해당하는 경우라고 보면 된다. 이 때 평균 증가율은 바로 등비수열의 공비에 해당하고 등비중항 a_n은 a_{n-1}과 a_{n+1}의 기하평균이 된다. 따라서 이 문제는 다음과 같은 등비수열의 문제와 같은 것이다.

> $a_{n-2}=10$억, $a_n=16$억일 때 a_{n+1}의 값을 구하시오.

그럼 처음의 질문으로 돌아가 보자. 1년간의 이율을 r이라 하면 1년 후에 갚을 돈은 $1000만\times(1+r)$이다. 만약 이 돈을 갚지 않고 또 1년이 지나면

$$1000만\times(1+r)\times(1+r)=1000만\times(1+r)^2$$

을 갚아야 하므로 다음 식이 성립한다.

$$1000만\times(1+r)^2=1100만$$

결국 $(1+r)^2=1.1$ 이고 $1+r=\sqrt{1.1}\fallingdotseq 1.0488$ 이므로 1048.8만원을 갚는 것이 맞다. 그런데 이 값은 1100만과 1000만원의 기하평균인 $\sqrt{1000만\times1100만}\fallingdotseq 1048.8$만원과 같다.

이제 조화평균이 적용되는 경우를 살펴보자. 교과서 등에 실려 있는 가장 대표적인 예는 평균속력의 문제이다.

> 자동차로 서울에서 부산까지 400km를 시속 100(km/h)로, 부산에서 서울까지 400km를 시속 80(km)로 일정하게 운행하였을 때, 평균속력을 구하시오.

풀이 1 $(평균속력)=\dfrac{(총이동거리)}{(총걸린시간)}$ 이다. 또
$(총이동거리)=800\,\text{km},$

$$(\text{총걸린시간}) = \frac{400}{100} + \frac{400}{80} = 9\text{시간}$$ 이므로

$$(\text{평균속력}) = \frac{800}{9}\ (\text{km/h})$$이다.

풀이 2 두 수 100(km/h)과 80(km/h)의 조화평균은

$$\frac{1}{\frac{1}{2}\times\left(\frac{1}{100}+\frac{1}{80}\right)} = \frac{800}{9}\ (\text{km/h})$$이다.

이처럼 조화평균은 해당하는 값들이 속력($=\frac{\text{거리}}{\text{시간}}$)과 같은 비율을 나타낼 때 적용된다. 그런데 여기서 주의해야 할 점은 비율의 '분자'에 해당하는 값이 같지 않으면 조화평균을 구하는 방식으로는 계산할 수 없다는 것이다. 다음의 예를 보자.

> 열차가 처음 100km 구간을 1시간에 달리고 다음 240km 구간을 2시간에 달렸다고 할 때, 열차의 평균속력을 구하시오.

풀이 (총이동거리) = 100 + 240 = 340km이고

(총걸린시간) = 1 + 2 = 3시간이므로

$$(\text{평균속력}) = \frac{340}{3}\ (\text{km/h})$$이다.

(!) 속력이 각각 100(km/h), 120(km/h)인데 이 경우에는 이동거리가 서로 다르므로 100과 120의 조화평균

$$\frac{1}{\frac{1}{2}\times\left(\frac{1}{100}+\frac{1}{120}\right)} = \frac{1200}{11}\ (\text{km/h})$$

은 아무런 의미가 없는 값이다.

조화평균은 그 값들이 속력과 같이 어떤 비를 나타낼 때 흔히 적용된다. 그러나 두 번째 예에서 보듯이 비의 분자에 해당하는 값

이 서로 다르면 조화평균으로는 계산할 수 없다. 따라서 처음의 예처럼 같은 거리를 왕복하는 문제 정도만이 조화평균을 활용할 수 있는 문제로 등장한다. 조화평균은

'동일한 일을 하는데 필요한 시간들(노동력들, 비용들)'

을 다룰 때 유용하게 적용할 수 있다. 조화평균을 활용할 수 있는 예들을 소개하니 유용하게 활용하길 바란다.

> 집청소를 하는데 남편 혼자서는 3시간, 아내 혼자서는 2시간 걸린다고 한다. 부부가 같이 청소를 하는데 걸리는 시간은?

종종 접할 수 있는 문제인데 다음과 같이 조화평균으로 설명한 내용은 찾아보기 힘들다.

풀이 동일한 일을 하는데 걸리는 시간 3과 2의 조화평균은

$1/\left(\frac{1/3+1/2}{2}\right)=\frac{12}{5}$ 이다.

그런데 이는 두 사람이 같이 청소하므로 $\frac{12}{5}\div 2$시간,

즉, 1시간 12분이 걸린다.

조화평균이라는 생각을 하지 않고 어찌어찌하여 위의 문제를 푸는 것과 풀이와 같이 조화평균을 이용하는 것은 분명히 차이가 난다. 더욱이 문제를 다음과 같이 바꾸면 조화평균을 사용하는 것이 상당히 효과적이라는 것을 대번에 알 수 있다.

> 어떤 작업을 하는데 A 혼자서는 5시간, B 혼자서는 6시간, C 혼자서는 10시간이 걸린다고 한다. A, B, C가 동시에 이 작업을 할 때 걸리는 시간은? (단, 작업은 독립적으로 진행된다고 한다.)

풀이 동일한 일을 하는데 걸리는 시간이므로 세 수 5, 6, 10의 조화평균은 $\dfrac{1}{\frac{1}{3}\times(\frac{1}{5}+\frac{1}{6}+\frac{1}{10})}=\dfrac{45}{7}$이다. 그런데 세 사람 같이 일하므로 $\dfrac{45}{7}\div 3=\dfrac{15}{7}$시간이 걸린다.

> 네 종류의 연료 A, B, C, D가 사용하여 에너지를 생산한다. 연료 A로만 2kg 사용하여 에너지 1단위를 생산할 수 있고, 연료 B로는 2kg, 연료 C로는 3kg, 연료 D로는 6kg을 사용해야 각각 에너지 1단위를 생산한다고 한다. 똑같은 양의 연료 A, B, C, D를 혼합하여 만든 혼합연료 X를 얼마나 사용해야 에너지 1단위를 생산할 수 있겠는가?

풀이 동일한 에너지를 생산하는데 필요한 연료의 양들이므로 네 수 2, 2, 3, 6의 조화평균을 구하면 다음과 같다.

$$\frac{1}{\frac{1}{4}\times(\frac{1}{2}+\frac{1}{2}+\frac{1}{3}+\frac{1}{6})}=\frac{8}{3}\fallingdotseq 2.67(\text{kg})$$

우리들은 산술평균에 매우 익숙해져 있다. 아마도 학교에서 성적을 따질 때에 각 과목의 점수의 산술평균으로 정해졌기 때문일지도 모르겠다. 영어 성적이 80점, 수학성적이 20점인 학생과 영어 성적이 50점, 수학성적이 50점인 학생의 평균점수는 모두 50점이고 두 사람의 평균점수가 똑같다고 말한다. 다달이 수입이 일정하지 않은 가구의 수입이 첫째 달에 100만원 둘째 달에 200만원이라 할 때 월평균 수입은 틀림없이 150만원이다. 산술평균이면 이렇게 간단한 것이거늘, 더 이상의 것은 필요 없을 것이리라. 정말 그럴까? 다음의 경우를 생각해 보자.

여러분이(또는 자녀가) 두 사람의 결혼 후보자 (갑)과 (을) 중 한 명을 선택해야 한다고 가정해보자. 두 후보자에 대한 다른 조건은 비슷하고 단지 경제력, 학력의 두 항목으로만 판단한다고 하자.(이것은 가상의 예이므로 도덕적으로 문제 삼지 말기를) 편의상 두 항목에 대한 각각의 상대적인 점수(지수)를 표로 나타냈다.

	경제력	학력	평균
(갑)	50	50	50
(을)	20	80	50

이 표만 보고 누구를 선택 할 수 있겠는가? 평균점수는 모두 50점으로 같다는 것이 의미가 있을까? (갑), (을)의 경제력 점수의 차이 50 − 20 = 30점은 지극히 상대적인 것이다. 만약 경제력의 평가기준에 따라 (갑), (을)의 경제력 점수는 얼마든지 상대적으로 달라질 수 있다. 따라서 (갑), (을)의 학력 점수의 차이 30점과는 아무런 관련이 없다. 따라서 표의 평균(산술)은 별 의미가 없는 것이다. 그런데 굳이 판단을 해야 한다면 경제력을 중시하는 사람은 (갑)을, 학력을 중시하는 사람은 (을)을 택할 것이다. 그러나 두 항목을 모두를 중요하다고 생각하는 사람은 누구를 택할 것인가? 이 경우 대부분의 사람들은 (갑)을 택할 것이다. 물론 사람마다 판단이 다를 것이지만 자녀의 배우자감이라면 좀 더 많은 사람들이 갑을 택할지도 모르겠다. 비록 충분히 만족하지는 못하더라도 여러 조건을 고르게 갖춘 사람이 자녀의 배우자감으로 적당할 것이라고 대부분의 부모들은 생각할 수도 있기 때문이다.

판단의 기준은 누가 더 '고르게' 두 항목의 점수를 받았느냐가 될 수도 있다. 앞의 경우에는 산술평균만으로는 판단하기 어렵다. 앞의 예의 경우에는 경제력과 학력 2개의 항목만 있지만 항목이 많은 경우에는 직관적으로 판단하기 어려울 수도 있다. 고르다는 것을 대충 감으로만 판단하지 않고 통계에서 많이 등장하는 분산과 같은 수치적인 기준은 없을까? 같은 기준으로 측정한 동일한 단위의 변량들이 경우에는 통계적으로 분산이 유의미한 것이지만, 경제력이나 학력에 대한 점수의 기준점이나 측정 방식이 서로 다르기 때문에 이 경우에 분산은 큰 의미가 없다. 이때에는 기하평균을 생각할 수 있다. 산술평균은 점수가 고르다는 특징을 전혀 반영하지 못하지만 기하평균은 그렇지 않기 때문이다.

	경제력	학력	평균	기하평균
(갑)	50	50	50	50
(을)	20	80	50	40

표에서 (갑)의 기하평균은 $\sqrt{50\times 50}=50$이고, (을)의 기하평균은 $\sqrt{20\times 80}=40$이다. 누가 더 '고르게' 두 항목의 점수를 받았느냐 하는 질문에 대한 판단 기준이 되는 것은 과연 무엇일까? 표에서 알 수 있듯이 바로 기하평균을 비교해보는 것이 한 방법이다. 물론 비교대상들의 산술평균이 비슷한 경우에 한해서이다.

마지막으로 물리적인 관점에서는 산술(조화)평균과 기하평균의 의미는 더 극명하게 차이가 난다. 다음과 같이 서로 단위가 다른 양들의 평균을 생각해보자.

신장 180(cm), 가슴둘레 106(cm), 몸무게가 82(kg)인 A군
신장 176(cm), 가슴둘레 108(cm), 몸무게가 84(kg)인 B군

위의 A, B 두 사람에 대해 각각의 산술평균인

$$\frac{180+106+80}{3}=122,\qquad \frac{176+108+82}{3}=122$$

이 서로 같다는 것에 어떤 의미를 부여할 수 있을까? 서로 단위가 다른 양들의 합을 구해 개수로 나눈 값인 산술평균은 대개의 경우 별 의미를 지니고 있지 않다. 만약 신장과 가슴둘레의 단위를 미터(m)로 바꾸면 산술평균은 다음과 같이 서로 다른 값으로 바뀐다.

$$\frac{1.8+1.06+80}{3}=\frac{82.86}{3},\quad \frac{1.76+1.08+82}{3}=\frac{84.84}{3}$$

반면에 A, B 두 사람에 대한 기하평균[41]은 각각

$$\sqrt[3]{180\times106\times80}\fallingdotseq 115.392,\quad \sqrt[3]{176\times108\times82}\fallingdotseq 115.944$$

이고, 단위가 바뀌었을 때 A, B 두 사람에 대한 기하평균은 각각

$$\sqrt[3]{1.8\times1.06\times80}\fallingdotseq 1.15392,\quad \sqrt[3]{1.76\times1.08\times82}\fallingdotseq 1.115944$$

이다. 단위가 바뀌어도 기하평균의 값은 소수점의 위치만 바뀔 뿐이고 물리적인 의미는 변하지 않는다.

신체검사 등에서 사람의 몸무게와 신장을 기초로 체질량지수(BMI, body mass index)를 계산하여 정상 범위를 정한다.
(키의 단위는 m, 몸무게의 단위는 kg)

$$(\text{체질량지수}) = \text{BMI} = \frac{(\text{몸무게})}{(\text{키})^2}$$

더 합리적인 공식이 있을 수도 있고 절대적인 기준이라고 볼 수는 없지만, 통계적으로 큰 오차가 없고 손쉽게 계산할 수 있어서 널리 사용된다. 일반적인 성인의 기준은 다음과 같다.

> BMI<20 : 저체중, $20\le$ BMI≤ 24 : 정상, BMI>24 : 과체중

과체중의 기준을 23으로 하는 경우도 있는데 이는 아마도 상업적인 측면에서 접근한 것 같고, 20 ~ 24의 범위를 조금 넘어가도 개

41) 세 수 a, b, c의 기하평균은 $\sqrt[3]{abc}$이다.

인의 체형에 따라 정상일수도 있으므로 절대적인 것은 아니다. 그런데 체질량지수(BMI)를 다시 보면 바로 (몸무게)와 1/(키)^{2}의 기하평균의 제곱과 같음을 알 수 있다. 이것은 서로 단위가 다른 양들이라 할지라도 물리적으로 기하평균과 유사한 양을 기준으로 정하면 의미있는 측정값이 된다는 것을 보여준다. 반면에 (몸무게)와 (키)의 값은 물리적인 단위가 다르므로 아무리 보정하여 산술평균을 취하여도 의미있는 측정치를 얻을 수 없다. 이 점이 산술평균이나 조화평균과는 다른 기하평균이 갖고 있는 중요한 의미이다.

일반화된 산술기하평균 부등식

고등학교 과정을 넘는 내용이지만 일반화된 몇 개의 산술평균과 기하평균 간의 부등식을 소개한다. 증명 하나하나 꼼꼼히 볼 필요도 없고, 다음 단원의 내용을 읽어도 무방하겠다.

> n개의 양수 $a_1, a_2, \cdots, a_n$에 대해 다음 부등식이 성립한다.
>
> $$\frac{1}{n}(a_1+a_2+a_3+\cdots+a_n) \geq \sqrt[n]{a_1 a_2 a_3 \cdots a_n}$$
>
> (단, 등호는 $a_1=a_2=a_3=\cdots=a_n$일 때 성립)

(지수함수와 미분을 이용한 증명1)

$f(x)=\exp(x)-x-1$의 최솟값을 구하자. (단, $e^x=\exp(x)$)

$f'(x)=\exp(x)-1$이므로 $f(0)=0$이다. 또, $x<0$일 때 감소, $x>0$일 때 증가하므로 $f(x)$의 최솟값은 $f(0)=0$이다. 따라서 $1+x \leq \exp(x)$ ⋯ ①이 성립한다.

$A=\dfrac{a_1+a_2+\cdots+a_n}{n}$, $x=\dfrac{a_k}{A}-1$이라 하고, 각각의 $k=1,\cdots,n$에 대해 ①식에 $x=a_k$를 대입하면

$$\frac{a_1}{A} \leq \exp\left(\frac{a_1}{A}-1\right),\ \frac{a_2}{A} \leq \exp\left(\frac{a_2}{A}-1\right),\ \cdots,\ \frac{a_n}{A} \leq \exp\left(\frac{a_n}{A}-1\right)$$

위 식을 변끼리 각각 곱하여 정리하면 다음을 얻는다.

$$(a_1a_2\cdots a_n)^{1/n} \leq \frac{a_1+a_2+\cdots+a_n}{n}$$

(단, 등호는 $a_1=a_2=\cdots=a_n$일 때 성립한다.)

(지수함수와 미분을 이용한 증명2)

$G=\sqrt[n]{a_1a_2a_3\ \cdots\ a_n}$ 라 하고, 원점에서 지수함수 $y=\exp(\frac{x}{G})$의 그래프에 그은 접선의 방정식을 구해보자.

접점을 $\left(t,\ \exp(\frac{t}{G})\right)$라 하면 접선의 기울기는 $\frac{1}{G}\exp(\frac{x}{G})$이므로 접선의 방정식은 $y-\exp(\frac{t}{G})=\frac{1}{G}\exp(\frac{t}{G})(x-t)$가 된다.

접선이 원점을 지나므로 $x=0,\ y=0$를 대입하면 $t=G$를 얻고 접선의 방정식은 $y=\frac{e}{G}x$가 된다.

그림에서 접선 $y=\frac{e}{G}x$의 그래프가 곡선 $y=\exp(\frac{x}{G})$의 그래프보다 항상 아래에 있게 되므로 $\exp(\frac{x}{G})\ \geq\ \frac{e}{G}x$가 성립한다.

이 부등식에 $x=a_1,\ a_2,\ \cdots,\ a_n$을 대입하면 다음을 얻는다.

$$\exp(\frac{a_1}{G})\ \geq\ \frac{e}{G}a_1$$

$$\exp(\frac{a_2}{G})\ \geq\ \frac{e}{G}a_2$$

· · ·

$$\exp(\frac{a_n}{G})\ \geq\ \frac{e}{G}a_n$$

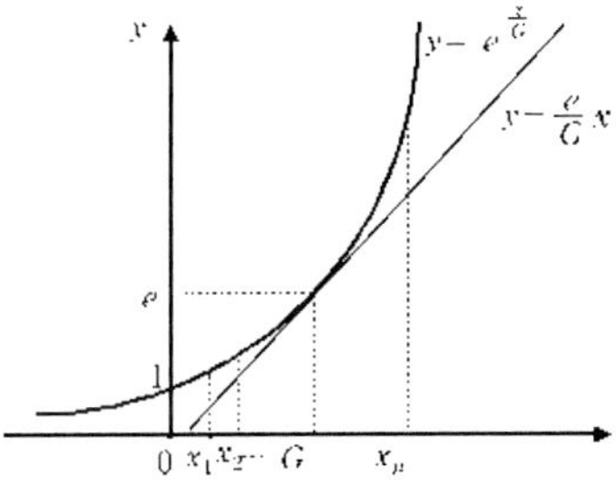

위 부등식을 변끼리 각각 곱하면 다음을 얻는다.

$$\exp(\frac{a_1}{G})\exp(\frac{a_2}{G})\ \cdot\ \cdot\ \cdot\ \exp(\frac{a_n}{G})\ \geq\ \left(\frac{e}{G}a_1\right)\left(\frac{e}{G}a_2\right)\cdots\left(\frac{e}{G}a_n\right)$$

$$\Rightarrow\ \frac{1}{G}\left(a_1+a_2+a_3+\ \cdots\ +a_n\right)\ \geq\ n$$

$$\therefore\ \ \frac{1}{n}\left(a_1+a_2+a_3+\ \cdots\ +a_n\right)\ \geq\ \sqrt[n]{a_1a_2a_3\ \cdots\ a_n}$$

(단, 등호는 $a_1=a_2=\ \cdots\ =a_n$ 일 때 성립한다.)

(〈Jensen 부등식〉을 이용한 증명3)

〈Jensen 부등식〉

구간 I에서 아래로 볼록인 함수 $f(x)$와 구간 I의 점 $x_1, x_2, \cdots x_n$이 있다.

$\lambda_1 + \lambda_2 + \cdots + \lambda_n = 1$를 만족하는 양수 $\lambda_1, \lambda_2, \cdots, \lambda_n$에 대해 다음이 성립한다.

$$f(\lambda_1 x_1 + \lambda_2 x_2 + \cdots + \lambda_n x_n) \le \lambda_1 f(x_1) + \lambda_2 f(x_2) + \cdots + \lambda_n f(x_n)$$

(등호는 $x_1 = x_2 = \cdots = x_n$일 때에 성립한다.)

아래로 볼록인 함수 $f(x) = -\ln x$와 $\lambda_1 = \lambda_2 = \cdots = \lambda_n = \frac{1}{n}$에 대해 위 부등식을 적용하면 다음이 성립한다.

$$-\ln\left(\frac{x_1 + x_2 + \cdots + x_n}{n}\right) \le -\frac{\ln x_1 + \ln x_2 + \cdots + \ln x_n}{n}$$

즉, $\ln\left(\frac{x_1 + x_2 + x_3 + \cdots + x_n}{n}\right) \ge \frac{1}{n}\ln(x_1 x_2 x_3 \cdots x_n)$이므로

$$\frac{x_1 + x_2 + x_3 + \cdots + x_n}{n} \ge (x_1 x_2 x_3 \cdots x_n)^{\frac{1}{n}}$$

참고로 부등식 $\frac{1}{n}(a_1 + a_2 + a_3 + \cdots + a_n) \ge \sqrt[n]{a_1 a_2 a_3 \cdots a_n}$을 미분을 이용하지 않고 오로지 곱셈공식 등의 연산 식과 수학적 귀납법을 이용하여 복잡하고 길게 증명하는 방법이 있으나 소개하진 않겠다.

이번에는 다른 형태로 산술평균과 기하평균 간의 부등식을 일반화한 것을 보자.

> 양수 a, b와 $p+q=1$을 만족하는 두 양수 p, q에 대하여 다음 부등식이 성립한다.
>
> $$a^p b^q \le pa + qb$$

풀이 $\alpha>1$이면 모든 $x>-1$에 대해 다음 부등식이 성립한다.

$$(1+x)^\alpha \ge 1+\alpha x \quad \cdot \cdot \cdot \text{①}$$

> $f(x)=(1+x)^\alpha-(1+\alpha x)$라 하면 $f'(x)=\alpha\{(1+x)^{\alpha-1}-1\}$이므로 f는 $x=0$에서 최솟값을 갖는다. 따라서 모든 $x>-1$에 대해 $f(x)\ge 0$이다. 또, 등호는 $x=0$일 때 성립한다.

①식에서 $x=\frac{a}{b}$라 하면 부등식 $a^\alpha b^{1-\alpha} \le \alpha a+(1-\alpha)b$를 얻는다. 따라서 $p=\alpha,\ q=1-p$라 하면 $a^p b^q \le pa+qb$가 성립한다. 또, 등호는 $a=b$일 때만 성립한다.

> (*) $p=1/2,\ q=1/2$이면 산술평균·기하평균 간의 부등식을 얻는다.
>
> $$\frac{a+b}{2}=\frac{1}{2}a+\frac{1}{2}b \ge (a^{1/2})\times(b^{1/2})=\sqrt{ab}$$
>
> 그런데 $p=\frac{1}{3},\ q=\frac{2}{3}$이면 다음 부등식도 성립한다.
>
> $$\frac{1}{3}a+\frac{2}{3}b \ge (a^{1/3})+(b^{2/3})$$
>
> 이러한 이유로 부등식 $a^p b^q \le pa+qb$은 산술평균·기하평균 간의 부등식의 확장된 형태로 볼 수 있다.

평균과 히딩크 감독

국가대표 축구팀의 부진한 경기를 볼 때면 2002 한일월드컵이 생각난다. 월드컵 4강의 신화는 대~한민국 국민이라면 영원히 잊지 못할 것이다. 대표팀 감독이었던 히딩크도 생각난다. 감독 부임 후 월드컵이 거의 임박했을 때까지도 히딩크의 선수기용에 대해 불만의 말들이 많았다. 축구에 관심이 많은 사람이라면 모두 한두 마디씩은 했을 것이다. 하물며 축구전문가들과 스포츠 기자들은 오죽했을까? 그러나 월드컵의 결과가 이 모든 말들을 잠재웠다. 축구 전문가나 스포츠 기자들은 성적이 좋지 않을 때면 앞 다투어 선수기용 문제를 제기했다. 물론 모두가 대~한민국 축구를 사랑하는 마음이었으리라. 그렇지만 결과적으로는 히딩크 감독이 옳았고 선수기용에 대한 문제제기들은 히딩크 감독을 성가시게 한 것에 지나지 않았다고 본다. 왜일까?

나는 이 문제의 원인 중에 하나가 바로 평균에 대한 인식의 차이라고 본다. 히딩크 축구의 특징은 멀티플레이이다. 이전의 한국 축구는 공격만 잘하면 미드필드나 수비는 별로 신경을 안 썼다. 그러나 히딩크는 공격기량 80점이고 미드필드기량 50점인 선수보다 공격기량 70점, 미드필드 60점의 선수가 팀에 더 기여할 수도 있다는 기하평균적인 개념을 중요시하였다. 현대 축구에서는 공격수가 미드필더 역할을 때로는 수비의 역할까지 담당하고 양 윙백의 오버래핑 능력도 중요하게 여긴다. 히딩크는 이 연결고리의 역할을 중시하였고 그러기 위해서는 능력의 기하평균을 더 중시하여 팀을 구성하였다. 대표적인 선수가 박지성이다.(그는 평가된 기량보다 더 뛰어난 공격력을 보여 주었다.) 사람들이 히딩크에 대해 비난할 때 신중히 결과를 지켜보자는 소수의 사람들이 대~한민국 4강 신화의 진정한 일등공신이라고 말하고 싶다.

Chapter III

미적분에서

10. 미분에서의 몇 개의 질문들

11. $\int f(x)dx$ 와 $\int_a^b f(x)dx$ 는 무엇이 다른 건가요?

Question

10 미분에서의 몇 개의 질문들

이번 단원은 고등학교 과정의 미분단원에 해당하는 4개의 질문으로 구성하였다. 다음 질문은 미분가능성과 관련된 것이다.

(1) 다음 풀이가 맞나요?

함수 $f(x)=\begin{cases} x^2\sin\frac{1}{x}, & x\neq 0 \\ 0, & x=0 \end{cases}$ 는 $x=0$에서 미분가능한가?

풀이 $(x^2\sin\frac{1}{x})' = 2x\sin\frac{1}{x} - \cos\frac{1}{x}$ 이고

$\lim_{x\to 0}|2x\sin\frac{1}{x}| = \lim_{x\to 0}|2x|\cdot|\sin\frac{1}{x}| \leq \lim_{x\to 0}|2x| = 0$ 에서

$\lim_{x\to 0}2x\sin\frac{1}{x} = 0$ 이지만 $\lim_{x\to 0}\cos\frac{1}{x}$ 은 존재하지 않는다.

따라서 $\lim_{x\to 0}(2x\sin\frac{1}{x} - \cos\frac{1}{x})$의 값은 존재하지 않고

$f(x)$는 $x=0$에서 미분가능하지 않다.

학생들이 미분 문제를 풀 때 우선적으로 공식을 사용하는 경향 때문에 일어날 수 있는 오류다. 풀이과정에서의 극한

$$\lim_{x\to 0}(x^2\sin\frac{1}{x})' = \lim_{x\to 0}(2x\sin\frac{1}{x} - \cos\frac{1}{x})$$

의 값이 존재할 조건은 f가 $x=0$에서의 미분가능할 필요충분조건이 아니라 도함수 f'이 $x=0$에서 연속일 필요충분조건이다. 위와 같이 구간에 따라 다르게 정의된 함수의 미분가능성을 묻는 문제는 세심한 주의가 필요하므로 이럴 때는 정의를 이용하여 해결해야 한다. 다음과 같이 미분의 정의를 정확하게 사용해야 올바른 답을 할 수 있다.

$$\lim_{x\to 0}\frac{f(x)-f(0)}{x-0}=\lim_{x\to 0}\frac{x^2\sin\frac{1}{x}-0}{x-0}=\lim_{x\to 0}x\sin\frac{1}{x}$$

그런데 $\lim_{x\to 0}|x\sin\frac{1}{x}|=\lim_{x\to 0}|x||\sin\frac{1}{x}|\le\lim_{x\to 0}|x|=0$ 이므로

$f'(0)=\lim_{x\to 0}\frac{f(x)-f(0)}{x-0}=0$ 이다.

따라서 함수 f는 $x=0$ 에서 미분가능하다.

고등학교 교육과정에서의 적분은 연속함수만을 다루게 되어있다. 그러나 미분가능성을 묻는 경우에는 $|x|$ 처럼 도함수가 연속이 아닌 예들도 교과서에 나오므로 위와 같이 도함수가 연속이 아닌 경우도 생각해 보아야한다. 이때 면밀한 주의가 필요하다.

조금은 다른 유형이지만 비슷한 문제의 예를 하나 더 들어 본다.

$\lim_{h\to 0}\frac{f(a+h)-f(a-h)}{2h}$ 의 값이 존재하면 f는 $x=a$에서

미분가능한가?

$$\lim_{h\to 0}\frac{f(a+h)-f(a-h)}{2h}$$
$$=\lim_{h\to 0}\frac{f(a+h)-f(a)+f(a)-f(a-h)}{2h}$$
$$=\frac{1}{2}\lim_{h\to 0}\left(\frac{f(a+h)-f(a)}{h}+\frac{f(a)-f(a-h)}{h}\right)$$

$$\lim_{h\to 0}\frac{f(a)-f(a-h)}{h}\qquad(\hookleftarrow\ h=-t)$$
$$=\lim_{t\to 0}\frac{f(a+t)-f(a)}{t}=\lim_{h\to 0}\frac{f(a+h)-f(a)}{h}$$

이므로 다음이 성립한다.

$$\lim_{h\to 0}\frac{f(a+h)-f(a-h)}{2h}=\lim_{h\to 0}\frac{f(a+h)-f(a)}{h}$$

조건에 의해 $\lim_{h\to 0}\frac{f(a+h)-f(a-h)}{2h}$의 값이 존재하므로 $\lim_{h\to 0}\frac{f(a+h)-f(a)}{h}$의 값이 존재하고 따라서 f는 $x=a$에서 미분가능하다.

물론 위의 풀이는 잘못된 것이다. 혹시 무엇이 오류인지 발견하지 못한 독자들을 위한 설명 대신에 또 다른 문제 하나를 제시한다. 이 문제를 먼저 생각해보면 위의 오류가 무엇인지 더 쉽게 알 수 있을 것이다.

$\lim_{h\to 0}(f(a+h)-f(a-h))=0$이면 f는 $x=a$에서 연속인가?

(2) 미분공식 $\{f(g(c))\}'=f'(g(c))g'(c)$을 유도하는 과정에서 좀 이상한 점이 있어요?

미분가능한 함수 $y=f(u)$, $u=g(x)$에 대하여 합성함수 $y=f(g(x))$의 도함수를 구해보자.

$$\begin{aligned}(f(g(c)))'&=\lim_{x\to c}\frac{f(g(x))-f(g(c))}{x-c}\\&=\lim_{x\to c}\frac{f(g(x))-f(g(c))}{g(x)-g(c)}\cdot\frac{g(x)-g(c)}{x-c}\\&=\lim_{u\to g(c)}\frac{f(u)-f(g(c))}{u-g(c)}\cdot\lim_{x\to c}\frac{g(x)-g(c)}{x-c}\\&=f'(g(c))g'(c)\end{aligned}$$

학생의 질문이 무엇인지 이미 짐작하고 있다면 상당한 수준의 교사이다. 아래와 같은 질문을 하는 학생도 거의 없다고 생각되지만 교사라면 다음 질문에 대응할 준비는 하고 있어야 한다.

학생 : 선생님, 증명의 세 번째 줄에서 '$u \to g(c)$'라고 했는데 이때에는 항상 '$u \neq g(c)$'이어야 하지요?

교사 : 당연하지!

학생 : $u = g(x)$가 그림과 같은 함수라고 하면 $x \to 0$일 때 u가 0에 가까이 가는 것은 맞지만 항상 '$u \neq 0$'이라는 보장은 없잖아요. 그렇다면 $u \to 0$이라 할 수 없는 것 아닌가요?

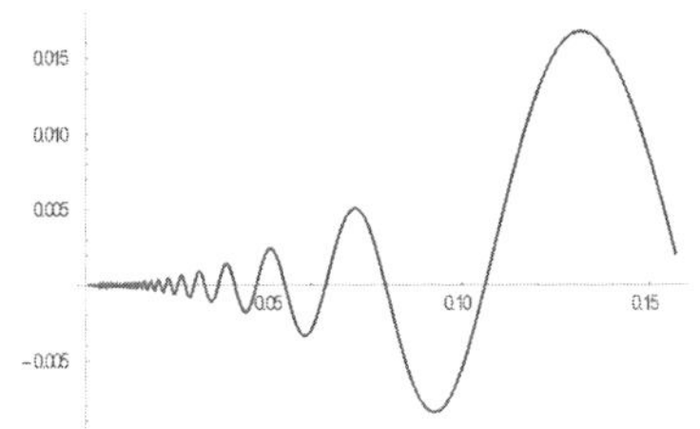

교사 : ???

이해를 돕기 위해 보통의 고등학교 교과서에 실려 있는 공식의 유도 과정을 살펴보고 질의응답을 조금 바꾸어 보자.

x의 증분 Δx에 대한 u의 증분을 Δu, Δu에 대한 y의 증분을 Δy라 하면

$$\Delta u = g(x + \Delta x) - g(x), \quad \Delta y = f(u + \Delta u) - f(u)$$

$\Delta x \to 0$이면 $\Delta u \to 0$이므로

$$\frac{dy}{dx} = \lim_{\Delta x \to 0} \frac{\Delta y}{\Delta x} = \lim_{\Delta x \to 0} \frac{\Delta y}{\Delta u} \cdot \frac{\Delta u}{\Delta x} \quad (\text{단, } \Delta u \neq 0) \ (*)$$

$$= \lim_{\Delta u \to 0} \frac{\Delta y}{\Delta u} \cdot \lim_{\Delta x \to 0} \frac{\Delta u}{\Delta x} = \frac{dy}{du} \cdot \frac{du}{dx}$$

한편, $\frac{dy}{du} = f'(u) = f'(g(x))$, $\frac{du}{dx} = g'(x)$이므로

$$\{f(g(x))\}' = f'(g(x))g'(x).$$

학생 : 왜, (*)에서 $\Delta u \neq 0$가 필요하죠?

교사 : $\lim_{\Delta x \to 0} \frac{\Delta y}{\Delta u} \cdot \frac{\Delta u}{\Delta x}$에서 분모가 0일 수 없으며, 그 다음 과정에서 $\lim_{\Delta u \to 0} \frac{\Delta y}{\Delta u} \cdot \lim_{\Delta x \to 0} \frac{\Delta u}{\Delta x}$로 나타낼 때 $\Delta u \neq 0$이어야 하잖아.

학생 : 아! 그렇다면 $\Delta x \to 0$일 때 항상 '$\Delta u \neq 0$'이어야 하겠네요?

교사 : 그런 것 같구나!

앞의 두 개의 질의응답 글상자 안의 내용은 근본적으로 같은 것이다. 그러면 결론은 무엇일까? 첫 번째 글상자에서 그림으로 나타낸 함수는 앞의 (1)번 질문에서 언급한 함수와 같은 종류다.

$$g(x) = \begin{cases} x^2 \sin\frac{1}{x}, & x \neq 0 \\ 0, & x = 0 \end{cases}$$

함수 $u = g(x)$는 위에서 학생의 질문

$\Delta x \to 0$일 때 항상 '$\Delta u \neq 0$'이어야 하겠네요?

를 만족시키지 못하는 반례에 해당한다. 그렇다면 미분공식 $\{f(g(c))\}' = f'(g(c))g'(c)$이 성립하기 위해 다음 조건이 반드시 필요한 것일까?

'$\Delta x \to 0$일 때 항상 '$\Delta u \neq 0$'

그렇지는 않으며 결론은 다음과 같다.

앞의 공식유도과정은 완벽한 것이 아니다. 즉, 함수

$$g(x) = \begin{cases} x^2 \sin\frac{1}{x}, & x \neq 0 \\ 0, & x = 0 \end{cases}$$

는 앞의 방법으로의 공식유도에는 항상 문제점이 있음을 보여주는 반례에 해당한다. 완벽하게 증명할 수도 있지만 대학 수준이므로 생략한다!

사실 위 함수 $u=g(x)$를 다루는 것은 고등학교 수준을 살짝 넘는 것이다. 이런 내용들을 학생들에게 먼저 가르칠 필요는 없을 것이라 생각한다. 그런데 오래 전에 국내 최고대학의 논술 시험에서

$$f(x)=x^r \sin\frac{1}{x},\ \ x\neq 0 \text{ 일 때},\ \ f(0)=0$$

인 함수의 미분가능성과 도함수의 연속성에 관한 문제가 출제된 이후에 이런저런 참고서에서 이런 종류의 함수를 다루고 있다. 그러므로 어느 정도는 위의 내용들을 파악하고 있는 것이 좋을 듯하다.

(3) 평균값정리에 대하여

평균값정리는 수학적으로 대단히 기본이 되는 중요한 정리다. 고등학교과정은 물론 대학과정에서도 빈번하게 사용되고 그 자체로도 의미가 있는 정리이다. 여러 해 전에 유명 대학의 면접구술시험에서 학생들에게 다음 질문을 한 적이 있었다.

면접관 : 항상 $f'(x)=0$이면 f는 어떤 함수인가요?
학생 : 당연히 상수 함수이지요.
면접관 : 왜 그렇지?
학생 : 음! . . . . . 이니까요.

여러분들도 학생들에게 한 번 질문해보라!(또는 학생이라면 한 번 대답해보라!) 대부분 대답은 다음 같은 것들이었다.

㉠ 상수를 미분하면 0이니까요.
㉡ 도함수는 접선의 기울기인데 기울기가 항상 0인 함수는 상수함수이잖아요.
㉢ . . . .

객관식(단답식) 문제의 답을 구하는데 익숙한 학생들은, ㉠~㉢과 같이 문제풀이에 쓰이는 사실들을 우선적으로 떠올리게 된다. ㉠

과 ㉡은 옳은 명제임에는 분명하지만 질문에 대한 대답은 아니다. ㉠은 명제 '$f'(x)=0$이면 f는 상수 함수이다.'의 역이고 ㉡은 직관에 의존한 설명이지 정확한 대답이 될 수 없다. 수학에서 '왜?'라는 질문의 대답은 바로 증명을 요구하는 물음이다.

만약 다음과 같이 질문하면 ㉠과 ㉡ 같은 대답보다는 교과서의 증명을 떠올려 대답하려는 학생들도 많을 것이다.

$f'(x)=0$이면 f는 상수 함수임을 증명하시오.

평균값정리를 이용한 교과서의 증명을 간략히 적어본다.

> 구간 $[x_1,\ x_2]$에서 평균값정리를 적용하면 다음을 만족하는 적당한 $c\ (x_1 < c < x_2)$가 존재한다.
>
> $$f(x_2)-f(x_1) = f'(c)(x_2-x_1)$$
>
> 그런데 $f'(c)=0$이므로 $f(x_2)-f(x_1)=0$이다. 즉, 임의의 $x_1 < x_2$에 대하여 $f(x_1)=f(x_2)$이므로 f는 상수함수이다.

> 〈평균값정리〉
> 함수 f가 구간 $I=[a,b]$에서 연속이고 구간 (a,b)에서 미분가능하면 다음을 만족하는 점 $c\,(a<c<b)$가 존재한다.
>
> $$f(b)-f(a)=f'(c)(b-a)$$

평균값정리에 대해 저자가 더 묻고 싶은 질문은 다음이다.

평균값정리의 조건에서 연속의 경우는 닫힌구간 $[a, b]$, 미분가능의 경우는 열린구간 (a, b)으로 서로 다르게 쓰는 이유는 무엇이죠?

그냥 다음과 같이 쓰면 더 편할 것 같은데...

> 함수 f 가 구간 $I=[a, b]$에서 연속이고 미분가능하면 다음을 만족하는 점 c가 개구간 (a, b)에 존재한다.
> $$f(b)-f(a)=f'(c)(b-a)$$

평균값정리 이전에 나오는 '롤(Rolle)의 정리'에서도 연속의 경우는 닫힌구간 $[a, b]$로 미분가능의 경우에는 열린구간 (a, b)로 서로 다르게 적혀있다. 그 이유에 대해 의문을 가져 본적이 있는가? 대답은 바로 다음과 같다.

구간의 끝점에서의 연속성과 미분가능성은 그 의미가 다르다!

함수 f 가 구간 $I=[a, b]$에서 연속이라는 것은 f가 구간 (a, b)에서 연속이고 $\lim_{x\to a+} f(x)=f(a)$와 $\lim_{x\to b-} f(x)=f(b)$가 성립한다는 의미이다.(즉, 양 끝점에서 우극한과 좌극한 값이 끝점에서의 함숫값과 각각 같다.) 예를 들면 다음과 같이 말할 수도 있다.

> 함수 f가 구간 $[-1, 0]$에서 연속이고 또 구간 $[0, 1]$에서도 연속이면 f는 구간 $[-1, 1]$에서 연속인 함수로 볼 수 있다.

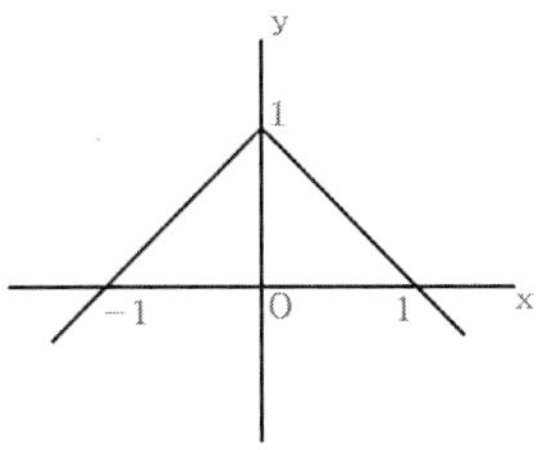

만약 연속의 경우와 비슷하게 생각하면 함수 f가 닫힌구간 $[a, b]$에서 미분가능하다는 것을 아래와 같이 생각할 수도 있을 것이다.

> 함수 f 가 열린구간 (a, b)에서 미분가능하고 다음의 극한이 존재한다.
> $$\lim_{x\to a+}\frac{f(x)-f(a)}{x-a}, \qquad \lim_{x\to b-}\frac{f(x)-f(b)}{x-b}$$

그런데 연속의 경우처럼 함수 f가 구간 $[-1, 0]$에서 미분가능하고 또, 구간 $[0, 1]$에서도 미분가능하다면 f를 구간 $[-1, 1]$에서 미분가능한 함수로 볼 수 있을까? 그렇지 않다. 예를 들면

$f(x) = |x|$는 구간 $[-1, 0]$와 $[0, 1]$에서 각각 미분가능하지만 구간 $[-1, 1]$에서 미분가능한 함수가 아니다.($x = 0$에서)

이런 이유로 구간의 끝점에서의 연속성과 미분가능성은 같은 의미로 해석할 수 없다. 끝점에서의 연속은 고등학교에서도 언급하지만 끝점에서의 미분가능성은 대학 수준의 개념이다. 또한, 평균값정리의 조건으로도 끝점에서의 미분가능성은 필요가 없다.

'함수 f가 열린구간 (a, b)에서 미분가능하다.'

는 조건으로 충분하기 때문에 다소 번거롭게 보이더라도 평균값정리의 조건에서 연속의 경우는 구간 $[a, b]$로 미분가능의 경우는 구간 (a, b)로 항상 구분하여 표기하는 것이다.

(4) $(x^a)' = ax^{a-1}$, $(x^r)' = rx^{r-1}$, $(x^n)' = nx^{n-1}$

똑같은 공식들을 문자만 다르게 하여 나열한 것이다. 그러나 이것만으로도 저자가 무슨 얘기를 하려하는지 짐작할 수 있는 독자들이 꽤 있을 것이다. 위의 세 개의 공식은 미분계산에서는 똑같이 사용되겠지만 그 의미와 증명방법, 증명이 나오는 단원이 각각 다르다. 지수가 자연수일 때 공식 $(x^n)' = nx^{n-1}$의 증명은 이항전개나 수학적 귀납법을 이용한다.(생략) 지수가 유리수일 때 공식 $(x^r)' = rx^{r-1}$의 증명은 역함수와 합성함수의 미분법을 이용한다.(또는, 합성함수와 음함수의 미분법을 이용하기도 한다.)

함수 $y = f(x) = x^n$ 는 순증가 함수이므로 모든 $x > 0$에 대해 역함수 $g(y) = f^{-1}(y) = y^{1/n}$이 존재한다.

$f'(x) \neq 0$ 이므로 역함수 g 도 미분가능하고 다음이 성립한다.

$$g'(y) = \frac{1}{f'(x)} = \frac{1}{nx^{n-1}} = \frac{1}{n}y^{\frac{1}{n}-1}$$

자연수 m 에 대해 $r = \dfrac{m}{n}$ 라 하고 $h(x) = x^r$ 라 하자.

두 함수 $f(x) = x^{1/n}$, $G(x) = x^m$ 에 대해 $h = G \circ f$ 이므로 합성함수의 미분을 이용하면 다음을 얻는다.

$$h'(x) = G'(f(x))f'(x) = m(f(x))^{m-1}\frac{1}{n}x^{1/n-1} = rx^{r-1}$$

그런데 실수 a에 대해 미분공식 $(x^a)' = ax^{a-1}$ $(x > 0)$은 어떻게 유도될까? 이 경우는 합성함수나 역함수의 미분법으로는 설명할 수 없고 반드시 자연상수 e 의 도입이 필요하다.

$$\lim_{h \to 0}(1+h)^{1/h} = e$$

이 극한을 이용하여 자연로그 $\log_e x = \ln x$ 를 정의하고 미분공식 $(\ln x)' = 1/x$ 을 유도한다.

$y = \ln x$ $(x > 0)$이라 하자.

$$(\ln x)' = \lim_{h \to 0}\frac{\ln(x+h) - \ln x}{h} = \lim_{h \to 0}\frac{1}{h}\ln\left(1+\frac{h}{x}\right)$$

$$= \frac{1}{x}\lim_{h \to 0}\frac{x}{h}\ln\left(1+\frac{h}{x}\right) = \frac{1}{x}\lim_{k \to 0}\ln(1+k)^{\frac{1}{k}} \quad \hookleftarrow \quad \frac{h}{x} = k$$

$$= \frac{1}{x}\ln e = \frac{1}{x}$$

지금까지 교과서의 여기저기에 흩어져있는 미분공식 $(x^a)' = ax^{a-1}$의 유도방법을 전체적으로 고찰해보는 기회를 한번 갖고자 한 것이다.

자연상수 e와 오일러, 그리고 순간이자율

자연상수 e는 17~18세기 무렵에 발견되었다. 18세기의 수학의 왕으로 불리었던 '오일러'(Euler, 1707~1783)는 다음과 같은 생각을 하였다.

> 지수함수 a^x $(a>0,\ a\neq 1)$의 도함수를 구해볼까?
>
> $$(a^x)' = \lim_{h\to 0}\frac{a^{x+h}-a^x}{h} = a^x\lim_{h\to 0}\frac{a^h-1}{h}$$
>
> 음. $\lim_{h\to 0}\frac{a^h-1}{h}$의 값이 필요하겠는데!
>
> $a^h-1=t$라 하면 $\frac{a^h-1}{h} = \frac{t}{\log_a(1+t)}$이지. 따라서
>
> $\lim_{h\to 0}\frac{a^h-1}{h} = \lim_{t\to 0}\frac{t}{\log_a(1+t)} = \lim_{t\to 0}\frac{1}{\log_a(1+t)^{1/t}}$ 이군.
>
> 만약 $a=\lim_{t\to 0}(1+t)^{1/t}\equiv e$ 이면 · · · (*)
>
> $\lim_{h\to 0}\frac{a^h-1}{h} = 1$이 되겠네. 즉,
>
> $(a^x)' = a^x\lim_{h\to 0}\frac{a^h-1}{h}$에서 $(e^x)'=e^x$가 성립하겠군.
>
> 결국, $\lim_{t\to 0}(1+t)^{1/t}\equiv e$의 정의가 꼭 필요하겠는데!

지수함수 a^x의 도함수 $(a^x)'$을 구할 때 위의 과정과 (*)의 내용이 필요하다. 보통의 관례에 따르면 e를 오일러 상수라고 부르는 것이 당연하겠지만 이후에 오일러는 조화급수와 자연로그의 차이의 극한으로 정의되는 의미 있는 상수를 발견하게 되었다. 이 상수

$$\gamma = \lim_{n\to\infty}\left(\sum_{1}^{n}\frac{1}{k} - \ln n\right)$$

를 '오일러상수 γ'[42]로 부르는 것이 더 보편화되었다.

자연상수 e를 밑으로 하는 자연로그함수($\log_e x = \ln x$)의 도함수가 $1/x$이므로 미적분에서 유용하게 사용됨에 따라 $\log_e$를 상용로그($\log x = \log_{10} x$)와 대비하여 자연로그로 부르면서 e도 자연상수라 부르게 되었다. 오일러가 사랑했던 수학자들이 아주 아름답다고 여기는 식이다.

$$e^{\pi i} + 1 = 0$$

식에는 가장 기본적인 연산인 덧셈과 덧셈의 항등원 0, 곱셈의 항등원 1, 지수로그함수의 미분에서 발견한 자연상수 e, 원주율 π, 그리고 실수의 세계를 뛰어 넘어 신이 숨겨 놓은 가상의 수인 허수(imaginary number) i가 있다. 수학적으로 중요한 여러 요소가 들어있지만 아주 간단한 등식이다. 수학을 조금만 알아도 참 아름답다고는 생각이 들 수 있을 것 같다. 특히, 자연상수 e는 다름 아닌 오일러 자신의 이름의 첫 자를 딴 것이다.

다음의 질의응답을 생각해보자.

학생 : $\lim_{h\to 0}(1+h)^{1/h} = e$라 하니 $(\ln x)' = \dfrac{1}{x}$가 되네요?

교사 : 그렇지.

학생 : 거꾸로 $(\ln x)' = \dfrac{1}{x}$라 가정하면

$$\lim_{h\to 0}\ln(1+h)^{1/h} = \lim_{h\to 0}\frac{1}{h}\ln(1+h)$$

42) 그 값이 약 0.57721 … 인데 γ에 대해서는 아직 증명하지 못한 내용도 남아있다.

$$= \lim_{h \to 0} \frac{\ln(1+h) - \ln 1}{h} = (\ln 1)' = \frac{1}{1} = 1$$

즉, $\lim_{h \to 0} \ln(1+h)^{1/h} = 1$, $\lim_{h \to 0}(1+h)^{1/h} = e$ 가 되네요.

교사 : 음! $\lim_{h \to 0}(1+h)^{1/h} = e$ 와 $(\ln x)' = 1/x$ 가 서로 맞물려 있네!

마지막 부분에서

"$\lim_{h \to 0}(1+h)^{1/h} = e$ 와 $(\ln x)' = 1/x$ 가 서로 맞물려 있네!"

는 어떤 의미일까? 교과서에서는 $\lim_{h \to 0}(1+h)^{1/h} = e$ 라 하고 이를 이용하여 미분공식 $(\ln x)' = 1/x$ 를 유도했다. 그런데 위의 대화 내용에 따르면 $(\ln x)' = 1/x$ 을 가정하면 역의 과정을 통하여 극한값 $\lim_{h \to 0}(1+h)^{1/h} = e$ 가 성립함을 알 수 있게 된다.

학생의 첫 질문에서처럼 고등학교 과정에서는 초월함수의 극한 단원 초입에서 $\lim_{h \to 0}(1+h)^{1/h} = e$ 라 전제하고 이를 직관적으로만 이해하고 바로 이를 이용하여 이미 언급했던 바와 같이 지수함수의 도함수를 구하는 공식을 유도한다. 표에서와 같이 적당히 숫자를 대입하여 자연상수 e 의 근삿값을 찾고 $\lim_{h \to 0}(1+h)^{1/h} = e$ 라 하는 것은 전혀 수학적이지 못한 설명이지만 고등학생에게는 어쩔 수 없는 것이다.

x	$(1+x)^{1/x}$
0.1	2.59374…
0.01	2.70418…
0.001	2.71692…
0.0001	
⋮	⋮
−0.0001	
−0.0001	2.71964…
−0.0001	2.73199…
−0.0001	2.86797…

수학적 엄밀성을 위해 대학과정 이상에서는 지수함수 e^x 의 역함

수로서가 아니라 먼저 넓이의 개념으로 정적분을 정의한 후 이를 이용하여 다음과 같이 정의한다.

정의 $\ln x \equiv \int_1^x \frac{1}{t}dt \quad (x > 0)$

정적분의 정의를 이용하여 $\ln x = \int_1^x \frac{1}{t}dt$ 라 정의하면 미적분학의 기본정리[43]에 의하여 $(\ln x)' = 1/x$ 가 성립한다. 위의 대화에서처럼 $\lim_{h\to 0}(1+h)^{1/h} = e$ 와 $(\ln x)' = 1/x$ 가 서로 맞물려 있으므로 $(\ln x)' = 1/x$ 라는 것을 이용하면 $\lim_{h\to 0}(1+h)^{1/h} = e$ 가 성립함을 설명할 수 있다. 끝으로 정의 $\ln x = \int_1^x \frac{1}{t}dt$ 를 이용하여 지수로그함수의 몇 가지 성질을 설명하는 예를 참고적으로 들어본다.

> $\ln x \equiv \int_1^x \frac{1}{t}dt$ 라 정의하자.
> 당연히 $\ln 1 = \int_1^1 \frac{1}{t}dt = 0$ 이 성립한다. 또,
>
> $$\ln xy = \int_1^{xy} \frac{1}{t}dt = \int_1^x \frac{1}{t}dt + \int_x^{xy} \frac{1}{t}dt = \ln x + \int_x^{xy} \frac{1}{t}dt$$
>
> 이다. 마지막 적분에서 $u = \frac{t}{x}$ 라 놓으면 $dt = xdu$ 가 되고
>
> $$\int_x^{xy} \frac{1}{t}dt = \int_1^y \frac{1}{u}du = \ln y$$
>
> 이므로 로그법칙 $\ln xy = \ln x + \ln y$ 가 성립한다.
> $\ln x$ 의 역함수를 $g(y)$ 라 하면 $x = g(y)$ 이고 역함수의 미분공식을 이용하면
>
> $$g'(y) = \frac{1}{(\ln x)'} = \frac{1}{(1/x)} = x = g(y)$$
>
> 가 성립하는데 이것은 다름 아닌 미분공식 $(e^y)' = e^y$ 이다.

43) 미분과 적분은서로 역연산 관계에 있다는 뉴턴/라이프니츠의 정리

72의 법칙

보통의 성인이라면 이자와 관련하여 다음과 같은 생각을 한두 번쯤은 해본 적이 있을 것 같다.

연이율이 2%로 돈을 맡기면 몇 년쯤 후에 2배가 될까?

계산기 등을 이용하여 이를 정확하게 계산하는 것은 어렵지 않다. 즉, 원금을 A원이라 하고 n년 후에 2배가 된다고 하면

$$A(1+0.02)^n = 2A, \quad (1+0.02)^n = 2$$

가 성립하므로 $n = \dfrac{\log 2}{\log 1.02} \fallingdotseq \dfrac{0.301}{0.0086} \fallingdotseq 35$에서 35년쯤 걸린다. 그런데 계산기를 이용하지 않아도 대략적으로 쉽게 알 수 있는 간단한 방법이 있다. 바로 '72의 법칙'이이다.

'72의 법칙'이란 연이율이 r%라 할 때 $n = \dfrac{72}{r}$(년)이 되면 원금이 대략적으로 두 배 가 된다는 꽤 유명한 법칙이다.

연이율 2%이면 $72 \div 2 = 36$에서 원금이 2배가 되는 기간은 약 36년이다. (실제로는 36년 후 약 2.040배)
$72 \div 36 = 2$이므로 36% 연이율로 원금이 2배가 되는 기간은 약 2년이다. (실제로는 2년 후 약 1.850배)

현재(2017년) 제3금융권 등의 최고 대출이율이 30% 정도고 $72 \div 30 = 2.4$이므로 30% 연이율이면 3년도 못되어 원금의 2배 이상을 갚아야 한다. 연이율이 3%일 때의 24년과 비교하면 10배나 차이가 난다. 이런 이유로 중단기적으로 제 2~3금융권의 금리를 대폭 낮추고 서민들이 주로 이용하는 제 3금융권 이하의 대출을 제 2~3금융권으로 전환할 수 있게 하는 것이 특별한 정부예산을 사용하지 않고 서민 경제를 활성화 할 수 있는 시급한 정책인 것 같다.

'72의 법칙'에서 이자율이 극단적으로 크면 오차가 크지만 이자율이 작으면 오차가 상대적으로 작다. 이 '72의 법칙'의 원리는 무엇일까? 그 원리는 함수의 극한을 이용하는 비교적 간단한 것이다. 따라서 고등학교의 초월함수의 극한 단원에서 자연상수 e와 연계하여 학생들에게 재미있게 소개할 수 있는 아주 훌륭한 소재로 보인다.

$f(x)=(1+x)^{1/x}$ 에 대해 $f' \leq 0$이므로 $f(x)$는 감소함수이다. 또, $\lim_{x \to 0}(1+x)^{1/x}=e$, $f(1)=2$이므로 다음이 성립한다.

$$0<x \leq 1 \quad \Rightarrow \quad 2 \leq (1+x)^{1/x} \leq e$$

그런데 $e^{0.72} \fallingdotseq 2.05$, $2^{0.72} \fallingdotseq 1.65$ 이므로

$$1.65 \fallingdotseq 2^{0.72} \leq \{(1+x)^{1/x}\}^{0.72} \leq e^{0.72} \fallingdotseq 2.05$$

이다. $(1+x)^{0.72/x}=\{(1+x)^{1/x}\}^{0.72}$ 이므로 다음을 얻는다.

$$1.65 \leq (1+x)^{0.72/x}=\{(1+x)^{1/x}\}^{0.72} \leq 2.05$$

결국 부등식 $1.65<(1+x)^{0.72/x}<2.05$이 성립하는데 이를 근거로 $(1+x)^{0.72/x}$의 근삿값을 2라 가정하여 사용한다.

연이율을 $100x$(%)라 할 때 n년 후에 원금이 두 배가 된다고 하면

$$(1+x)^n=2$$

이 성립하는데 $(1+x)^{0.72/x} \fallingdotseq 2$라 하면 $n \fallingdotseq \dfrac{72}{100x}$를 얻는다.

즉, $r=100x$(%)의 연이율이라면 원금은 대략 $72/r$년 후에 두 배가 된다는 '72의 법칙'을 얻는다.(*r의 값이 작을수록 정확해진다!)

순간이자율

금융수학이나 경제학에서 '순간이자율'이라는 개념이 등장하는데 여기에도 자연상수 e가 등장한다.

연이율 $100x$(%)로 A원을 빌리면 1년 후에 갚을 돈은 $A(1+x)$이다. 6개월마다 $100(x/2)$이율로 A원을 빌리면 6개월 후 갚을 돈은 $A(1+x/2)$이다. 이 돈을 갚지 않고 다시 6개월 후(1년 후)에 갚으려면 갚아야할 원리금은 다음과 같다.

$$A(1+x/2)(1+x/2)=A(1+x/2)^2$$

만약 3개월마다 $100(x/4)$의 이율로 A원을 빌리면 3개월 후에 갚을 돈은 $A(1+x/4)$이다. 이 돈에 대한 3개월 후의 원리금은 $A(1+x/4)^2$이고, 1년 후의 원리금은 $A(1+x/4)^4$가 된다. 이런 식으로 잘게 쪼개어 $1/n$년에 해당하는 이율을 $100(x/n)$으로 정하면 일 년 후에 갚을 돈은 $A(1+x/n)^n$이 된다. 계속 쪼개어 n이 한없이 커지면 일 년 후에 원금의 $\lim\limits_{n\to\infty}(1+x/n)^n$ 배가 된다고 볼 수 있다. 그런데

$$\lim_{n\to\infty}(1+\frac{x}{n})^n=\lim_{n\to\infty}\left((1+\frac{x}{n})^{\frac{n}{x}}\right)^x=e^x$$

이므로 연이율 x에 대한 순간이자율을 e^x라 한다. 즉, 순간이자율에도 자연상수 e가 등장한다.

일반적인 금융거래에서는 이런 상황을 생각할 필요가 없지만 엄청난 규모의 금액이 짧은 시간 동안 오고 가는 국제적인 금융거래 등의 경우에는 아주 짧은 기간 동안의 이자율을 정해야 할 것이다. 이 때 순간이자율의 개념이 사용된다. 또한 경제학이나 금융수학에서의 이론적인 전개과정에서도 적용되기도 한다.

미적분법의 발견에 대한 치열한 표절 논쟁, 그리고 사이클로이드

문제의 발단

라이프니츠(Gottfried Leibniz, 1646~1716)는 20세에 법대를 졸업하고 1672년에 파리에 근무하는 외교관으로 파견되었다. 이것이 그의 인생에 커다란 전환점이 되었다. 당시 유럽의 학문과 문화의 중심이었던 파리에서 자신의 수학적 역량이 고대 그리스 수학 정도의 수준에 머물러 있다는 것을 인식하게 된다. 커다란 자극을 받은 그는 호이겐스(Christian Huygens) 등 여러 학자들과 교류를 갖으며 당시의 주류 수학에 대하여 깊이 있는 몰입의 시간을 갖게 된다. 4년 후 파리를 떠날 때쯤에는 독자적으로 미적분의 근본원리[44]를 깨닫게 되는 경지에 이른다.

문제의 발단은 라이프니츠가 1676년에 런던을 방문한데서 시작된다. 라이프니츠 런던 방문의 공식목적은 외교적 업무였지만 더 큰 이유가 있었다. 파리에 있을 때 이미 뉴턴의 명성과 미적분법에 대한 성과를 전해 듣고 있었던 터라 고향인 독일로 돌아가기 전에 꼭 런던에 들러 이 위대한 수학자를 만나기 위함이었다. 그러나 당시만 해도 극도의 폐쇄적인 성격이었던 뉴턴은 소수의 동료 이외에는 다른 사람과의 만남이란 없었다. 뉴턴을 직접 만나지 못했고 다만 그의 논문 〈유율법〉의 대략적인 요약본을 가까스로 구해 볼 수 있었다. 외교관 신분인 라이프니츠는 친분이 있었던 영국왕립협회의 관리를 통하여 뉴턴에게 더 상세한 내용을 알려 줄 것을 정중히 요청하였고 관리의 부탁을 거절할 수 없었던 뉴턴은 두 차

44) 이미 당시의 많은 수학자, 물리학자들은 단편적이고 간접적인 여러 형태로 미분법을 부분적으로 사용하곤 했다.

례에 나누어 편지를 보낸다. 이것 역시 상세한 내용이 적혀있지 않은 것이었지만 미적분법에 대한 라이프니츠의 생각을 진일보할 수 있게 하는 단초를 제공하기에는 충분했다.

독일로 돌아와 대학에서 연구에만 매진하여 1684년에 미분법에 대한 최초의 완성도가 매우 높은 논문을 발표한다. 이어서 2년 후 오늘날에 우리가 사용하는 미적분기호 dx, dy가 도입된 논문을 발표한다. 완벽한 미적분법의 이론이 정립된 논문이 전 유럽에 전파되고 대륙의 모든 사람들이 라이프니츠의 기호와 용어를 사용하기 시작했다. 운동의 속도, 곡선의 기울기, 최대·최소 등 수학과 과학 전반에 그의 방법을 적용하고 사용하게 되었다. 수학을 단순히 천문학 등에서의 계산도구로만 치부했던 중세의 고정관념을 훨씬 뛰어 넘을 수 있게 된 것이다. 게다가 세상의 현실적인 문제 해결의 중심에 수학이 있음을 일반시민들도 깨닫게 될 정도로 유명해진다.

논쟁의 시작

'뉴턴'(Issac Newton, 1642~1727)은 미숙아로 태어나 3세 때부터 어머니와 떨어져 외할머니 손에 자라났다. 큰 병은 없었으나 허약한 신체와 조손가정이라는 환경 때문에 사람을 극도로 기피하는 폐쇄적인 성격을 갖게 되었다고 한다. 자신의 결과를 발표하여 뭇 사람들의 논쟁거리가 되는 것을 지극히 꺼려했다. 자신의 연구결과를 요약본으로만 소수에게 알렸고 공개적으로는 발표하지 않았다. 20년 전에 구상했던 미분법의 근간을 적은 〈유율법〉[45]도 라이프니츠가 논문을 발표한 지 20년이 지난 후에야 〈광학〉이란 논문의 부록으로 세상에 알려졌다. 게다가 자세한 해설서는 뉴턴이 죽은 지 9년 후인(라이프니츠가 논문을 발표한 지 52년 후) 1736년에 출

45) 미적분법에 대한 간단한 논문의 제목을 유율법이라 했다.

판되었다. 그래서 라이프니츠의 미적분법을 배우고 추종하는 지지자들은 오히려 뉴턴이 논문을 표절했다고 주장하였다.

뉴턴은 동료 학자들의 권유에 의해서 그의 나이 46세인 1687년에 이르러서야 그의 대표적 저서인 〈프린키피아〉(Principia)를 출판할 정도였다. 더 나이가 들어 왕립협회장(지금의 교육과학부장관), 조폐공사 관리 등을 역임하면서 뉴턴의 폐쇄적인 성격도 많이 없어졌다. 이전의 결과와 새로운 결과들을 좀 더 자세한 논문으로 발표하면서 그의 업적들이 영국을 넘어 전 유럽에 알려지게 되고 수학과 물리학의 불세출의 거인으로 자리 잡았다. 이제 상황은 역전되어 거꾸로 라이프니츠가 뉴턴의 결과를 표절했다는 주장이 더 힘을 얻게 되었다. 게다가 당시 영국과 대륙(프랑스와 독일) 간의 사이는 모든 면에서 상당히 경쟁적이었다. 라이프니츠는 뉴턴에게 받은 편지에서 단초를 얻은 것은 인정했지만 모호하게 적은 힌트에 불과한 것이었고, 자신의 것은 뉴턴과는 다른 접근 방법으로 얻었으며 분명하고 이론적으로 완벽한 것이라고 밝혔다. 그러나 미적분법의 발견에 대한 논쟁은 점점 더 치열해져만 갔다.

베르누이의 등장과 사이클로이드 문제

역사상 가장 뛰어난 단 한 명의 수학자를 꼽으라면 여러 의견이 있을 수 있겠지만 가장 뛰어난 수학가문으로 4대에 걸쳐 10명의 걸출한 수학자를 배출한 스위스 바젤의 베르누이 가문을 꼽는 데에는 이견이 있을 수 없다. 이공계 출신이라면 수학의 여러 분야는 물론 물리학 등에서도 베르누이란 이름이 들어간 공식과 법칙을 적어도 한두 번쯤은 접했을 것이다. 3대에 걸친 여러 명에 의한 베르누이가의 업적이 너무 많아서 일일이 어떤 베르누이가 남긴 것 인지도 헷갈릴 정도이다. 그 중에서도 '요한 베르누이'(Bernoulli, 1667~1748)가 가장 뛰어난 인물로 알려져 있다.

초월함수의 극한을 구할 때 자주 쓰이는 로피탈의 법칙도 요한 베르누이가 로피탈의 저택을 방문 했을 때 그에게 알려주었다. 로피탈은 요한에게 비용을 지불하고 법칙을 구매하여 자신의 이름으로 발표했다고 한다. 당시에는 지식을 사고파는 일은 비도덕적인 것이 전혀 아니었다고 한다.

스승으로 모시는 라이프니츠의 열렬한 추종자인 요한이지만 영국의 거인 뉴턴의 위대한 능력도 일찍이 잘 알고 있었다. 요한 베르누이는 1696년에 미적분법에 대한 수학자들의 실력을 알아 볼 겸 라이프니츠의 학술지 〈학술개요〉에 공개적으로 현상문제를 냈다.

그림과 같이 두 점 A 와 B 가 위치해 있다. A 지점에서 B 지점까지 가상의 길을 만들어 공을 굴린다고 하자. 가장 빨리 도착하게 하려면 길을 어떻게 만들어야 하겠는가? 즉, 최단강하곡선을 찾아라!

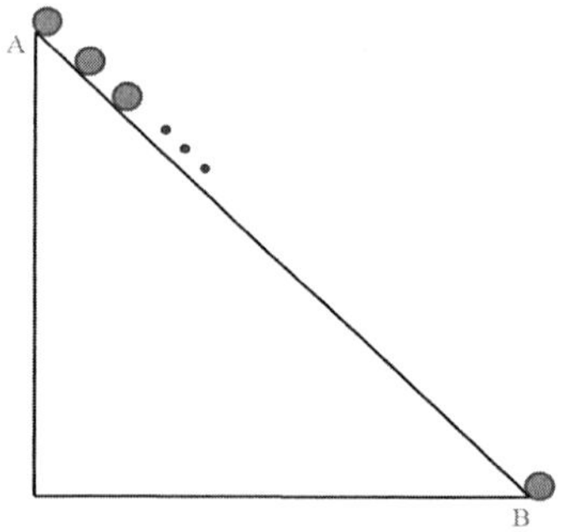

(주의사항)
두 점 A 와 B 를 직선으로 이은 길은 가장 짧은 거리가 되겠지만 답이 아니다. 올해 말까지 정답자가 없다면 내가 이 곡선의 이름을 알려주겠다. 힌트를 주자면 정답은 잘 알려진 유명한 곡선이다.

더욱이 요한은 다소 심술궂은(?) 문구를 추가하여 수학자들의 자부심을 자극했다.

천재적인 능력을 자극하여 명성을 높이고 후세에까지 이름을 남기는 데 가장 좋은 방법은 쓸모 있지만 아주 어려운 문제에 공개적으로 도전하게 하여 그 능력을 평가받게 하는 것이다.

마감일에 임박하여 도착한 정답은 라이프니츠 1명뿐이었다. 이에 라이프니츠는 겸손하게도 더 많은 사람들에게 이 내용을 알리고 누구에게나 충분한 시간이 주어지도록 마감일을 부활절까지 연장하자고 제안하였다. 베르누이는 이를 수용함은 물론이고 답을 구할만한 몇몇 수학자들에게 일일이 다시 안내 편지를 보냈다. 최종적으로 5명의 정답이 도착했다.

요한과 형 야곱, 라이프니츠, 로피탈,
그리고 영국 소인이 찍힌 익명

풀이방법이 조금씩은 달랐지만 대륙 수학자들의 방법은 크게 다르지 않았다. 근본적으로는 라이프니츠이의 미적분법을 따랐기 때문이다. 그러나 마지막 익명의 편지는 전혀 다른 기호와 방법을 사용하였으며 숨길 수 없는 천재성이 여기저기 드러나 있었다. 베르누이는 편지가 누구의 것인지 단박에 알아챘으며 비어있는 서명 란에 다음과 같은 유명한 글을 적었다.

"나는 발톱만 보고도 그가 무시무시한 사자임을 알아 차렸다."

당연히 그는 영국의 아이작 뉴턴이었다. 당시 조폐국의 일을 맡고 새 화폐를 찍는 일로 분주했던 뉴턴은 당연히 학술지의 현상공모는 보지 못했다. 나중에 도착한 베르누이의 편지를 받고서야 처음으로 문제를 접했다. 그의 조카의 전언에 의하면 뉴턴은 매우 분주하여 계속하여 새벽 늦게까지 일하고 지쳐있었지만 영국의 자존심이 걸린 일이라고 생각하여 조금씩 시간을 내어 며칠 안에 풀이를 완성했다고 한다.

논쟁의 종결

문제의 답은 고등학교 과정에도 나오는 사이클로이드(cycloid, 최단강하곡선, 등시곡선)이다. 이를 구하기 위해서는 운동과 미분의 기법이 잘 사용되어야만 한다. 대륙과 영국의 답은 모두 맞았지만 기호와 기법이 상당히 다른 것이었기 때문에 이 문제의 해결과정은 오히려 뉴턴과 라이프니츠가 서로 독립적으로 미적분법을 발견했다는 것을 보여주는 강력한 증거가 되었다. 또한, 라이프니츠가 남긴 5만여 쪽에 달하는 원고 속에는 독자적인 미적분의 연구결과도 포함되어 있다. 〈유율법〉이라는 뉴턴의 논문도 처음에는 공개적으로 발표되지 않고 소수의 사람에게만 알려져 있었지만 라이프니츠의 것 보다 훨씬 이전의 것이었다. 결국 미적분법의 발견은 각각의 독자적인 연구결과로 보는 것이 타당하다는 결론이 났다.

Question

11 $\int f(x)dx$ 와 $\int_a^b f(x)dx$ 는 적분구간이 있고 없는 차이만 있는 건가요?

별로 당황스러운 질문도 아닌데 이 주제를 다루는 데에는 나름대로의 이유가 있다. 실제로 학생들에게 다음과 같은 질문을 던지면 어떻게들 대답할까?

정적분 무엇이고 부정적분은 무엇인가?

계산 위주의 문제 풀이에만 익숙한 학생들이라면 대개 다음과 같이 핵심을 비켜간 답을 하곤 한다.

정적분 $\int_a^b f(x)dx$ 에는 적분구간이 있고 부정적분 $\int f(x)dx$ 에는 적분구간이 없는 것 아닌가요?

그렇지만 대부분 수학교사나 수학을 좀 하는 학생들은 다음과 같이 올바른 대답을 할 것이다.

- ► f 에 대한 미분의 역연산, 즉, 원시함수를 부정적분 $\int f(x)dx$ 라 한다.
- ► $\int_a^b f(x)dx$ 는 함수 $y=f(x)$ 의 그래프와 x축 및 직선 $x=a$, $x=b$ 로 둘러싸인 영역의 넓이를 말한다.

정적분 단원을 마칠 때쯤의 학생들에게 위의 내용에 더하여 다음과 같이 한 번 정리해 주는 것이 어떨까 한다.

정적분과 부정적분은 전혀 별개로 시작되었지. 정적분이란 용어는 나중에 나온 것이고 그냥 '함수로 둘러싸인 영역의 넓이' 라는 의미의 용어가 사용되었지. 뉴턴-라이프니치의 미분법이 나오기 이전에는

구분구적법 : 구간 등을 쪼개어 생긴 각 부분들의 넓이의 합이 잘게 쪼갤수록 원래의 넓이에 가까워지는 성질을 이용하여 넓이나 부피를 구하는 방법

으로 넓이를 구해왔단다. 이런 시도는 기원전 3세기 이전의 그리스 수학에서도 등장한단다. 아르키메데스는 구분구적법의 개념과 아이디어를 이용하여 이차함수로 둘러싸인 영역의 넓이와 구의 겉넓이 등을 완벽한 논증과정을 거쳐 유도해 냈다. 이런 과정을 거의 이천년 동안 이어오다가 미분법이 발견된 17세기에 이르러서야 정적분을 원시함수(부정적분)를 이용하여 구할 수 있다는 것이 알려졌단다. 이것이 바로 우리들이 수없이 정적분 계산에 사용하는 교과서의 '**정적분의 기본정리**'(미적분의 기본정리)이란다.

구간 $[a, b]$에서 연속인 함수 f의 부정적분을 F라 하면

$$\int_a^b f(x)dx = [F(x)]_a^b = F(b) - F(a)$$

정적분의 기본정리는 바로 '함수로 둘러싸인 영역의 넓이'와 미분의 역연산(원시함수)의 관계를 규명해주는 정리란다. 이후로 함수로 둘러싸인 영역의 넓이를 정적분, 미분의 역연산을 부정적분이란 서로 대비되는 용어를 사용하여 부르기 시작했단다.

무한히 OO할 수 있다면 . . .

고등학교수학과정과 중학교수학과정에서 가장 대표적으로 구분되는 것이 극한의 개념이다. 다시 말하면 '무한'과 '유한'의 차이이다. 중학교과정에는 유리수를 도입하기 위해서 최소한으로 사용하는 '무한'의 개념 이외에는 가급적 이를 피해야 한다. 무한의 개념이 포함되어 있지 않은 대수와 기하 위주의 중학교과정과는 달리 고등학교과정에서는 극한의 개념이 미적분과 수열 등에서 광범위하고 중요하게 사용된다. 어쩔 수 없는 간극이 존재하게 되고 이런 이유로 고등학교 수학에 어려움을 느끼고 급격히 흥미를 잃게 되는 학생들이 많은 현실이다. 특히 인문계열 성향의 학생들은 더욱 그렇다. 여기서는 도형, 넓이 등을 소재로 중학생이라도 쉽게 무한의 세계를 맛 볼 수 있는 몇 개의 주제를 소개하고자 한다.

무한히 더할 수 있다면 . . .

오른쪽 그림을 참고하여

$$\frac{1}{2}+\frac{1}{4}+\frac{1}{8}+\frac{1}{16}+\cdot\cdot\cdot$$

의 값을 추측해보라.

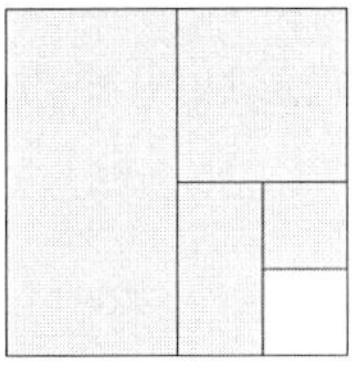

아래 그림을 참고하여 다음의 값을 추측해보라.

$$\frac{1}{6}+\frac{1}{6^2}+\frac{1}{6^3}+\frac{1}{6^4}+\cdots \qquad \frac{1}{7}+\frac{1}{7^2}+\frac{1}{7^3}+\frac{1}{7^4}+\cdots$$

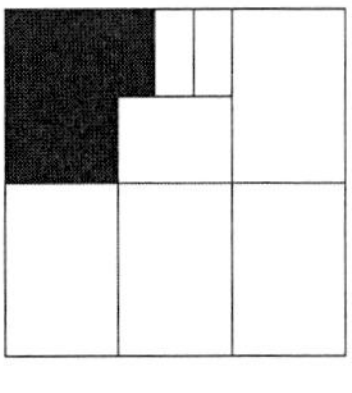

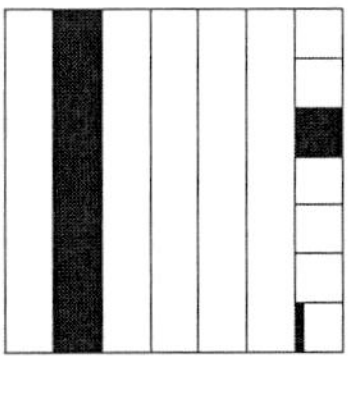

무한히 쪼갤 수 있다면 . . .

초등학교 과정에서 원주율 $\pi(\fallingdotseq 3.14)$를 배운다. 또, 반지름의 길이가 r일 때 원의 넓이가 πr^2임을 다음과 같이 설명한다.

〈그림1〉과 같이 반지름의 길이가 r인 원을 중심으로부터 같은 간격(각도)으로 잘게 쪼갠다. 조각들을 〈그림2〉와 같이 엇갈려 쌓아 놓은 도형의 전체의 넓이를 생각해보자.

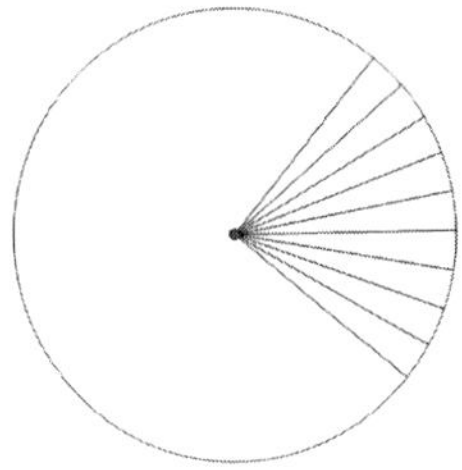

〈그림1〉

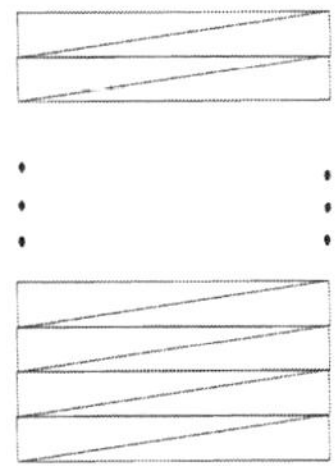

〈그림2〉

이 도형은 밑변의 길이가 r이다. 높이를 정확히 구할 수는 없지만 원주의 길이의 절반(πr)에 가깝다. 〈그림1〉에서 원을 더 잘게 쪼갤수록 높이는 πr에 점점 더 가까울 것이다. 이를 바탕으로 생각해보면 반지름의 길이가 r일 때 원의 넓이는 다음과 같음을 알 수 있다.

(원의 넓이) = (그림2의 도형의 넓이) $\fallingdotseq r \times \pi r = \pi r^2$

이 과정의 핵심에는 구분구적법의 개념이 들어가 있다. 즉, 곡선으로 경계가 이루어 진 도형이라도 아주 잘게 쪼갰다고 생각해 보면 그 넓이를 추정할 수 있다는 것이다. 원의 넓이를 구하는 공식을 자주 이용해야하는 초중등 학생들에게 무조건 공식을 외우라고만 할 수는 없는 일이므로 공식이 나오게 되는 과정을 한 번 쯤 접해보는 의미에서 계산에만 익숙해지기 쉬운 학생에게 제공되는 좋은 수학적 소재라고 생각한다.

학생들에게 유익한 소재라고 해서 무조건 소개하는 것은 무리한 일이지만 지금 배우고 있는 내용과 밀접한 관련이 있는 것이라면 적절한 수준에서 제공하는 것은 교사가 마땅히 해야 할 일이다. 사실 미분이나 적분 개념의 도입에서 아주 잘게(무한히) 쪼개어 생각한다는 것이 핵심이다. 실제로는 공식의 유도 및 적용 등 문제풀이에 교육 시간이 더 할애되겠지만 새로운 개념을 접하는 학생들이 자연스럽게 그 단원에 조금이라도 더 흥미를 갖게 하는 일도 필요하지 않을까 한다.

초월함수의 적분법을 다 배웠거나 배우고 있는 고등학생과 나누는 다음과 같은 질의응답은 어떨까?

교사 : xy 평면 위의 원 $x^2+(y-b)^2=a^2$ 을 x축으로 회전시킨 도형은 어떤 모양이지?

학생 : 도넛 모양이에요.

교사 : 응. 수학용어로는 토러스(원환체, torus)라고 하지. 회전체의 부피를 구하는 공식을 이용하여 토러스의 부피를 구한 적이 있지?

학생 : 네. 아마도 부피가 $2\pi^2a^2b$ 이었지요.

교사 : 그렇지. 그럼 이제 초등학생 때 배웠던 원의 넓이를 구하는 앞의 방법을 응용하여 토러스의 부피를 구해 보도록 하자. 어떻게 잘게 나누어야 할까?

학생 : (잠시 생각한 후에)
그림의 왼쪽처럼 나누어야 하지 않을까요.

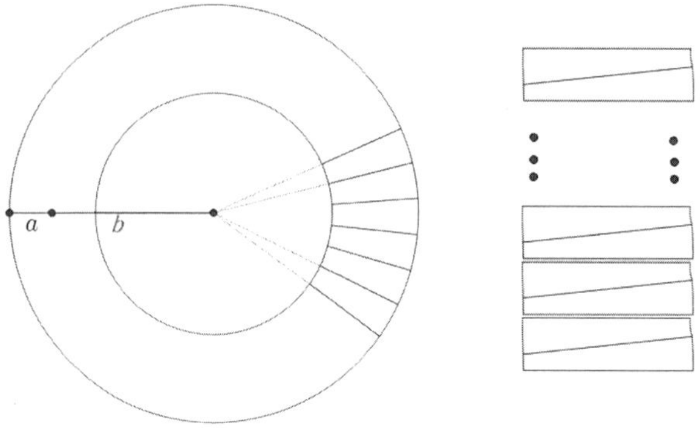

교사 : 맞아. 그럴 수밖에 없지. 그럼 어떻게 쌓을까?

학생 : 오른쪽 그림처럼 쌓으면 되겠네요.

교사 : 모양이 원기둥과 비슷하군. 밑넓이는? 높이는?

학생 : 밑넓이는 πa^2 이고, 음, 높이는 좀 생각을 해봐야 겠네요. 잘게 쪼겠다면 토러스의 바깥쪽 원의 길이와 안쪽 원의 길이의 합의 절반에 가깝겠는데요. 즉,

$$(\text{높이}) \fallingdotseq \frac{1}{2}\{2\pi(b+a)+2\pi(b-a)\} = 2\pi b$$

$$(\text{부피}) \fallingdotseq (\text{밑넓이})\times(\text{높이}) = \pi a^2 \times 2\pi b = 2\pi^2 a^2 b$$

앗! 우리가 이미 배웠던 토러스의 부피가 나오네요.

수학교사를 당황하게 하는 질문 12개

Chapter

IV 확률에서

12. 헷갈리는 조건부확률 문제 몇 개에 대해 설명해 주실래요?

Question

12 헷갈리는 조건부확률 문제 몇 개에 대해 설명해 주실래요?

고등학교 수학 선생님이라면 헷갈리는 확률문제들을 종종 접해보았을 것이다. 일단 그런 문제들을 모아 설명 없이 적어 본다.(어떤 것은 아는 것 일거고 그렇지 않은 것도 있을 것이다!)

1 아주 오랜만에 고등학교 동창 집에 전화를 걸었다. 그 동창의 자녀가 2명이라는 것은 알고 있는데 각각 성별은 모른다. 그런데 내 전화를 친구의 딸아이가 받았다. 전화를 끊고

> 다른 아이가 아들일 확률은 $\frac{1}{2}$이겠지?

곰곰이 생각해 보았다.

> 세 개의 문 중에서 하나를 선택하여 문 뒤에 있는 그림에 해당하는 선물을 제공하는 게임쇼가 있었다. 1개의 문 뒤에는 자동차그림이 있고, 나머지 2개의 문 뒤에는 염소그림이 있다. 그런데 출연자가 어떤 문을 선택하면 자동차가 어디에 있는지 미리 알고 있는 쇼의 진행자는 나머지 2개의 문 중에서 염소그림이 있는 문을 열어 출연자에게 보여준다. 그리곤 묻는다.
> "이제 두 개의 문이 남았습니다. 처음대로 하겠습니까? 아니면 다른 문으로 바꾸시겠습니까?"

2 몬티홀 문제(Monty Hall Problem)는 미국의 TV 게임쇼 〈Let's Make a Deal〉에서 유래한 것으로 대부분의 독자들은 접해보았을 것이다.

3 백인 90%, 흑인 10%의 인구 구성을 가진 조그만 도시에서 살인 사건이 일어났다. 이웃집의 목격자가 '범인은 흑인'이라고 증언하였다. CCTV나 다른 목격자는 없는 상황이었다. 해가

지기 시작하는 저녁 무렵에 벌어진 일이라 경찰은 목격자의 진술이 어느 정도 타당한지 알아볼 필요가 있었다. 비슷한 조건에서 많은 테스트를 해 보았더니 그 목격자가 흑인과 백인을 올바로 구별할 확률은 90% 정도로 나타났다. 경찰은 이를 근거로 목격자의 증언에 신빙성이 높다고 판단하여 흑인 용의자에 대해 수사력을 집중하기로 하였다.

위의 문제들은 모두 조건부확률의 문제이다. 고등학교 확률단원에서 조건부확률이 나온다. 즉,

> 사건 A가 일어났을 때 사건 B가 일어날 확률은 $P(B|A)$는
> $$P(B|A) = \frac{P(A \cap B)}{P(A)}$$

대부분의 교과서나 참고서에는 다음과 비슷한 예제를 다룬다.

예1 A공장과 B공장 두 공장에서 각각 40%와 60%의 비율로 제품을 납품받아 판매하는 유통회사가 있다. A공장과 B공장의 제품의 불량률은 각각 2%와 3%라고 한다. 유통회사에서 불량품을 발견했을 때 그 제품이 A공장의 것일 확률을 구하여라.

풀이 유통회사에서 임의로 제품을 선택했을 때, A공장, B공장에서 생산된 제품인 사건을 각각 A, B라 하고, 제품이 불량품인 사건을 E라 하자.

$\mathrm{P}(A \cap E) = \mathrm{P}(A)\mathrm{P}(E|A) = 0.4 \times 0.02 = 0.008$

$\mathrm{P}(B \cap E) = \mathrm{P}(B)\mathrm{P}(E|B) = 0.6 \times 0.03 = 0.018$

이고 $\mathrm{P}(E) = \mathrm{P}(A \cap E) + \mathrm{P}(B \cap E) = 0.026$이므로

$$\mathrm{P}(A|E) = \frac{\mathrm{P}(A \cap E)}{\mathrm{P}(E)} = \frac{8}{26} = \frac{4}{13}$$

예 2 $\mathrm{P}(A|B)=\frac{2}{5}$, $\mathrm{P}(B|A)=\frac{3}{8}$, $\mathrm{P}(A)=\frac{3}{10}$이라 하자.

$\mathrm{P}(A\cup B)$를 구하여라.

풀이 $\mathrm{P}(A\cap B)=\mathrm{P}(A)\mathrm{P}(B|A)=\mathrm{P}(B)\mathrm{P}(A|B)$이므로

$\mathrm{P}(A\cap B)=\mathrm{P}(A)\mathrm{P}(B|A)=\frac{3}{10}\times\frac{3}{8}=\frac{9}{80}$

$\mathrm{P}(A\cap B)=\mathrm{P}(B)\mathrm{P}(A|B)$에서

$\frac{9}{80}=\mathrm{P}(B)\times\frac{2}{5}$이고 $\mathrm{P}(B)=\frac{9}{32}$이므로

$$\mathrm{P}(A\cup B)=\mathrm{P}(A)+\mathrm{P}(B)-\mathrm{P}(A\cap B)=\frac{3}{10}+\frac{9}{32}-\frac{9}{80}=\frac{15}{32}$$

보통, 고등학교 수학과정에서의 조건부확률은 정의(공식) 등을 이용하여 기본적인 수준의 문제를 다루는 정도이다. 조건부확률을 깊이 언급하는 것은 대학과정에서도 어려운 일이므로 교사들도 정의와 기본 공식을 활용한 적당한 수준의 문제 위주로 수업을 진행하는 것이 보통이다. 필자도 이 방식이 옳다고 생각한다. 그런데 위의 3개의 문제와 같이 조건부확률의 공식을 적용하는 것이 헷갈리는 경우가 있다. 학생들의 질문이나 궁금증은 이런 문제들에서 나오게 되고 이를 대비하지 못한 상태의 교사들을 당황하기도 한다. 다음 설명들을 잘 익혀서 지적 호기심이 강한 학생들을 충족시킬 수 있는 준비된 교사가 되는 것이 어떨까?

먼저 1번에 대해 설명하겠다. 적지 않은 사람들이 처음에는 다른 아이가 아들일 확률은 당연히 1/2이라 생각한다. 그러다가 다른 조건(내 전화를 친구의 딸아이가 받았다는)이 있다는 것에 확률이 1/2이 아닐 지도 모른다는 의심을 한다. 조건이 있는 확률이라고 이해한다면 문제의 풀이는 어렵지 않다. 조건부 확률의 문제를 풀 때 전체사건의 집합이 그 조건이 성립하는 집합으로 바뀌는 것이라 생

각하면 간단하게 해결되는 경우가 많다. 동창의 자녀가 2명이므로 첫째, 둘째아이 순으로 전체 사건을 순서쌍으로 나열하면 다음의 4가지 경우가 있다.

(아들, 아들)　(아들, 딸)　(딸, 아들)　(딸, 딸)

그런데 '내 전화를 친구의 딸아이가 받았다는' 조건은 첫째인지 둘째인지는 모르나 적어도 한 명은 딸이 있다는 것이고 이 조건을 만족하는 사건은 다음의 3가지 경우 이다.

(아들, 딸)　(딸, 아들)　(딸, 딸)

이 중 나머지 아이가 아들인 사건은 2개이므로 확률은 2/3이다. 이를 조건부 확률의 공식을 이용하여 설명하면 다음과 같다.
사건 A를 적어도 한 아이가 딸일 사건이라 하면 $P(A)=3/4$이다.
사건 B를 어떤 아이가 아들일 사건이라 하면 $P(B)=1/2$이다.

따라서 $P(B|A)=\dfrac{P(B\cap A)}{P(A)}=\dfrac{1/2}{3/4}=\dfrac{2}{3}$

2번의 몬티 홀 문제도 같은 맥락의 조건부확률의 문제이다. 쇼의 진행자가 아무런 행동을 취하지 않는다면 승용차를 선택할 확률은 당연히 1/3이다. 그런데

> 출연자가 어떤 문을 선택하면 진행자는 나머지 두 개의 문 중에서 염소가 있는 문을 열어 출연자에게 보여준다.

는 조건을 고려하면 상황이 달라진다. 출연자가 선택을 바꾸지 않고 계속 고수한다면 승용차를 선택할 확률은 1/3이다. 즉, 출연자가 문A를 선택하고 이 결정을 바꾸지 않을 경우 표와 같이 당첨될 확률은 명백히 1/3이다.

〈문A를 선택하는 경우〉

문A	문B	문C	결과
승용차	염소	염소	당첨
염소	승용차	염소	꽝
염소	염소	승용차	꽝

이제 출연자가 문A를 선택하고 진행자의 권유에 따라 결정을 바꿀 경우를 생각해 보자. 이 경우를 아래 표로 나타내었다.

<table>
<tr><th>문A</th><th>문B</th><th>문C</th><th>진행자가 보여주는 문</th><th>최종 선택</th><th>결과</th></tr>
<tr><td rowspan="2">승용차</td><td rowspan="2">염소</td><td rowspan="2">염소</td><td>문B</td><td>문C</td><td rowspan="2">꽝</td></tr>
<tr><td>문C</td><td>문B</td></tr>
<tr><td>염소</td><td>승용차</td><td>염소</td><td>문C</td><td>문B</td><td>당첨</td></tr>
<tr><td>염소</td><td>염소</td><td>승용차</td><td>문B</td><td>문C</td><td>당첨</td></tr>
</table>

결국 이 경우에는 당첨될 확률이 2/3가 된다.

이 문제 역시 조건이 들어가 있으므로 조건부확률의 정의(공식)를 이용해서 해결할 수 있다. 먼저 다음과 같이 사건들을 정의하자.

사건 A, B, C : 문A, 문B, 문C 뒤에 승용차가 있는 사건

사건 A', B', C' : 진행자가 문A, 문B, 문C를 열어주는 사건

출연자가 문A를 선택했다고 가정하면 $P(A')=0$이다. 문B에 승용차가 있으면 진행자는 문B를 보여주지 않게 되므로 사건 B'이 일어나는 경우는 다음의 2가지이다.

(i) 문A에 승용차가 있고 문B를 보여주는 경우

(ii) 문C에 승용차가 있고 문B를 보여주는 경우

$P(B') = \frac{1}{3}\times\frac{1}{2} + \frac{1}{3}\times 1 = \frac{1}{2}$이고 마찬가지로 $P(C') = \frac{1}{2}$이다.

- 출연자가 문A를 선택하고 이 결정을 바꾸지 않을 경우

$$P(A|B') = \frac{P(A \cap B')}{P(B')} = \frac{(1/3)\times(1/2)}{1/2} = \frac{1}{3},$$

마찬가지로 $P(A|C') = \frac{1}{3}$

- 출연자가 문A를 선택하고 이 결정을 바꿀 경우

$$P(C|B') = \frac{P(C \cap B')}{P(B')} = \frac{(1/3)\times 1}{1/2} = \frac{2}{3}, \quad P(B|C') = \frac{2}{3}$$

제작진은 단순히 승용차와 염소가 있는 2개의 문 중 1개를 선택하게 하는 것 보다는 위와 같은 사람의 심리를 재미있게 흔드는 방식으로 게임쇼를 진행하였다. 당연히 참가자가 어느 문을 선택하던 간에 확률은 50 : 50(fifty to fifty)라고 생각했지만 게임이 여러 차례 진행되고 보니 경험적으로 선택을 바꾸었을 때 승용차를 획득한 경우가 많다는 것이 알게 되었고 확률을 계산해보니 위와 같이 50 : 50이 아니라는 것이 널리 알려지게 되었다.

위의 설명에서 보듯이 조건부확률의 공식을 이용하여 문제를 해결할 수 있으나 정확히 답을 얻어내는 과정이 상당히 까다로운 것을 알 수 있었다. 따라서 고등학교 수준에서는 "조건부확률의 공식을 사용하지 않고 각 경우를 생각하여 해결하는 것이 더 수월한 경우도 많다."

3번의 상황은 오래 전에 미국에서 실제로 유사한 경우로 심각하게 문제가 제기되었던 일이다. 테스트에서 목격자가 올바르게 판단할 확률이 90%이므로 범인이 흑인일 확률이 90% 정도일거라 판단하기 쉽다. 과연 그런지 따져보자. 먼저, 이 도시의 100명을 대상으로 테스트를 했을 때 올바르게 판단할 확률 90%를 그대로 적용하면 아래 표와 같은 결과를 얻게 될 것이다.

	백인으로 판단	흑인으로 판단
백인(90명)	81명	9명
흑인(10명)	1명	9명
합	82명	18명

목격자가 범인이 흑인이라고 진술했다는 조건하에서 실제로 범인이 흑인인가라는 조건부확률의 문제인 것이다. 표에서 목격자가 범인이 흑인이라고 판단했을 때에 한해서 실제로 그 사람이 흑인일 확률은 $9/18 = 0.5$이다. 반반인 50%의 확률로 목격자의 증언이 90%정도의 타당성이 있는 것이 아니라 오히려 전혀 의미 없는 것이라는 결론에 이르는 것이다. 만약 목격자가 테스트에서 95%의 정확도를 보였다고 하더라도 실제로 그 사람이 흑인일 확률은 아래의 표에 의하면 $19/28 \fallingdotseq 0.68$, 즉, 68%정도이므로 크게 참고할 만한 증언이 못된다.

	백인으로 판단	흑인으로 판단
백인(180명)	171명	9명
흑인(20명)	1명	19명
	172명	28명

이런 이유로 상당히 신빙성이 있는 증거가 있다고 하더라도 조건이 있는 상황이라면 신중하게 생각해야한다. 특히 범죄에서의 판단 등과 같이 그 결과가 치명적인 결과를 가져올 수 있는 경우에는 막연한 선입견을 조심해야한다.

위와 같은 현상은 확률의 역전현상의 맥락으로도 볼 수 있는데 이를 잘 보여주는 다른 예들을 소개한다.

2명의 야구선수(타자 A, 타자 B)의 전반기 타율과 후반기 타율은 오른쪽 표와 같다. 전반기와 후반기 모두 A가 B보다 타율이 높으므로 전후반기를 모두 합산하여 계산한 전체 타율 역시 A가 B보다 높을 것이라고 예상할 수 있다. 그러나 위의 결과만 보고 단순히 판단할 수는 없는 문제이다. 예컨대, 실제 성적이 다음과 같은 경우를 살펴보자.

	전반기	후반기
A	0.4	0.25
B	0.35	0.2

	전반기	후반기
A	100타수 40안타	100타수 25안타
B	100타수 35안타	10타수 2안타

$(\text{전체 타율})=\dfrac{(\text{총 안타수})}{(\text{총 타수})}$을 계산하면 다음과 같이 B가 더 높은 결과가 나온다.

$$\text{A} : \frac{40+25}{100+100}=0.325 \qquad \text{B} : \frac{35+2}{100+10}>0.336$$

이를 확률의 역전현상이라 부른다. 이런 현상은 1973년 미국 버클리대학교 대학원에 지원한 학생들의 성별 합격률에 대한 논란을 통해 널리 알려지게 되었다. 버클리대학교 대학원에 성별합격률을 보면 대부분의 전공에서 여학생의 합격률이 남학생의 합격률보다 높았다. 그럼에도 불구하고 전체적인 합격률에서는 남학생의 합격률이 훨씬 높아지는 현상이 주목받게 되었다. 만일 여학생들이 경쟁률이 매우 높은 전공에 많이 지원하여 대거 불합격하고 남학생은 경쟁이 낮은 전공에 많이 지원하여 상대적으로 적게 불합격했다면 이런 확률의 역전현상이 나타날 수 있다.

지금까지의 내용을 이해하느라 다소 피곤했을 터이니 머리를 식혀보는 농담 하나를 소개한다.

> 누군가가 폭탄을 소지하고 비행기를 탈 확률이 1만분의 일 정도라고 한다. 그래서 나는 비행기를 탈 때마다 폭탄을 소지하고 타려 한다. 두 사람이 동시에 폭탄을 소지하고 비행기를 탈 확률은 1억분의 일이기 때문이다.

- 참고적으로 확률의 역전현상과 관련된 오래전 유명 대학의 인문논술 문제를 소개한다.

왕은 종종 백성들에게 (수수께끼1) 또는 (수수께끼2)를 내는데, 같은 사람에게 두 가지를 모두 내는 일은 없다고 한다. 수수께끼를 풀기 위해 백성들은 (방법A)와 (방법B) 중 하나를 선택하여 사용한다. 모든 백성은 단 한 번만 수수께끼를 받고, 풀기를 거부할 수 없다.

〈표1〉 〈수수께끼〉를 받은 사람들 전체에 관한 통계

	정답자의 수	오답자의 수	정답률
방법A 사용	700	300	0.7
방법B 사용	600	400	0.6

〈표2〉 〈수수께끼1〉을 받은 사람들의 통계

	정답자의 수	오답자의 수	정답률
방법A 사용	600	150	0.8
방법B 사용	225	25	0.9

〈표3〉 〈수수께끼2〉를 받은 사람들의 통계

	정답자의 수	오답자의 수	정답률
방법A 사용	100	150	0.4
방법B 사용	375	375	0.5

문제 나는 왕에게서 수수께끼 하나를 받고 다음과 같은 사실을 발견하였다. 〈표1〉에서는 '방법 A'의 정답률이 '방법 B'의 정답률 보다 높지만 〈표2〉와 〈표3〉에서는 '방법 B'의 정답률이 '방법 A'의 정답률 보다 높은 역전 현상이 나타났다. 표들에 나타난 추세가 지속된다면, 내가 답을 맞힐 가능성을 높이기 위해서는 어떤 방법을 사용해야 하는지 표들에 나타난 역전 현상과 연관 지어 설명하시오.[46)]

46) 원래 문제의 질문은 여러 개인데 최종적인 질문만 적었다. 답은 앞의 내용을 잘 이해했다면 어렵지 않으므로 스스로 생각해보기를 바란다.

정말로 헷갈리는 확률문제

> 원에 현을 하나 임의로 그었을 때 그 길이가 원에 내접하는 정삼각형의 한 변의 길이보다 클 확률은 얼마인가요?

이제 학생은 다음의 3가지의 풀이를 제시하고 어느 것이 정답인지를 묻는다. 이 문제를 처음 접한다면 참으로 난감한 일일 것이다.

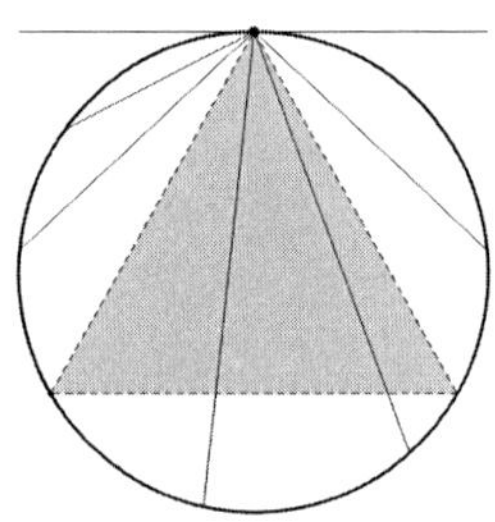

풀이 1 원주 위의 현의 한 끝점을 고정시키고 현의 다른 끝점을 원주 위로 움직이면서 현과 접선이 이루는 각을 기준으로 생각하자. 현은 접선과 $0 \sim \pi$의 각을 이룬다. 이 중에서 현의 길이가 내접정삼각형의 한 변의 길이보다 큰 경우를 생각하자. 각이 $\frac{\pi}{3} \sim \frac{2\pi}{3}$인 경우에 해당하므로 확률은 $\frac{\pi/3}{\pi} = \frac{1}{3}$이다.

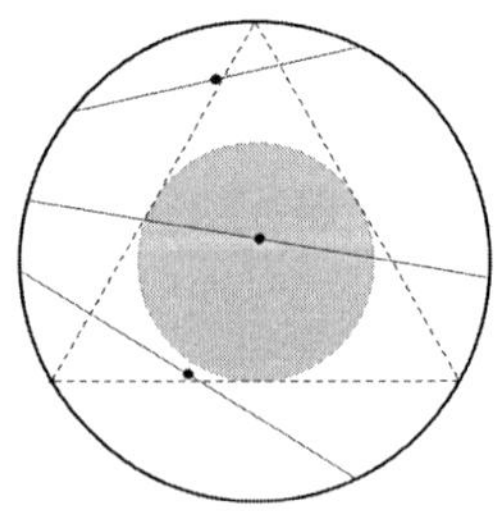

풀이 2 현의 중점이 원의 내부에서 움직이는 영역의 넓이를 기준으로 생각하자. 그림처럼 현이 내접정삼각형의 내접원과 만나는 경우에는 현의 길이가 내접정삼각형의 한 변의 길이보다 크게 된다. 이 때는 바로 현의 중점이 내접정삼각형의 내접원 내부에 있는 경우이

다. 내접원의 반지름은 원래 원의 $\frac{1}{2}$이다. 따라서 확률은 $\frac{(\text{내접원의 넓이})}{(\text{원의 넓이})} = \frac{1}{4}$이다.

풀이 3 원의 반지름을 1이라 하고 원의 중심에서 현과의 거리를 기준으로 생각하자. 현의 길이가 내접 정삼각형의 한 변의 길이보다 클 때는 그림의 중심을 지나는 길이가 1인 굵은 선분과 현이 만날 때다.

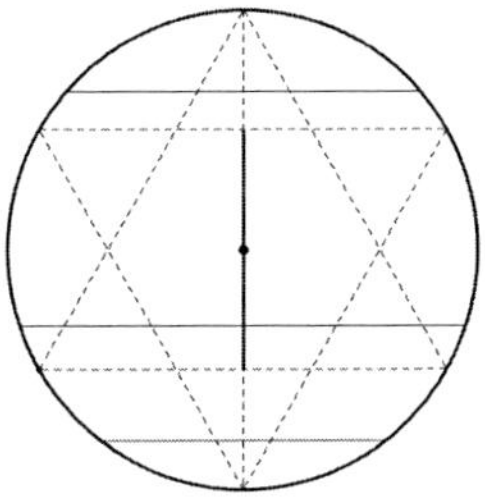

(현의 방향이 비뚤어 있어도 내접삼각형을 현과 평행하게 그리면 마찬가지 그림이 된다.) 따라서 확률은 $\frac{1}{2}$이다.

자! 어느 것이 정답일까? **풀이 2** 가 가장 그럴듯해 보인다는 의견이 많을 것 같다. 이 문제는 바로 '베르트랑의 역설'이라 불리는 '확률의 고전적 정의에 관한 난제'로 불행히도 정답을 고를 수는 없다.

다음 표를 살펴보자.

	'임의로'	확률 정의의 기준
풀이1	끝점 (random endpoint)	각(angle)의 비
풀이2	현의 중점 (random midpoint)	넓이(area)의 비
풀이3	원의 중심에서 현과의 거리 (random distance)	거리(length)의 비

'임의로'의 기준이 무엇이냐에 따라 확률 정의의 기준이 바뀌고 그에 따라 답이 바뀌는 것이다. 고등학교 참고서 등에 등장하는 기하학적 확률의 대표적인 다음 문제[47]를 보자.

> 한 변의 길이가 2인 정사각형 모양의 타일이 빈틈없이 붙어 있는 바닥에 지름이 1인 동전을 던졌을 때 동전이 어떤 타일의 모서리와도 만나지 않을 확률을 구하라.

이 문제의 경우에는 '임의로'의 기준이 한 가지(동전의 중심이 위치하는 영역의 넓이)밖에 없으므로 혼동의 여지가 없다. 그러나 베르트랑의 역설문제처럼 기하학적 확률의 정의를 어느 것으로 할지가 모호한 경우는 정해진 답은 없는 것이다. 이런 이유 등으로 위의 동전 문제와 같은 기하학적 확률을 고등학교 과정에서 다루지 않는 것이다.

확률분야의 용어의 정의와 기호의 사용에 있어서도 불분명한 점은 여기저기 숨어있다. 확률분야는 기하학처럼 수학의 엄격한 논증적인 정의에 따르는 전개과정으로 발전한 것이 아니다. 이런 저런 경우에 대해 다소 산발적으로 발전하였고 후에 이를 모아 정리하면서 기호와 용어를 통일하게 되었다. 또한 확률의 애기를 할 때에는 어쩔 수 없이 일상적인 용어가 포함될 수밖에 없으므로 수학의 논증적인 면으로 판단할 수 없는 일이 자주 발생한다. 수학적으로 설명하기엔 모호한 내용들이 나타나게 되고 이를 완벽하게 해결할 수 없는 경우가 종종 있는 것은 어쩔 수 없다.

47) 아주 오래 전 서울대학교 본고사 수학문제이다.

랜덤(random)이란?

스포츠 경기 후에나 각종 모임과 행사 등에서 경품을 뽑는 경우가 많이 있다. 대부분의 사람들은 자기는 당첨이 되는 경우가 별로 없다고 투덜거리곤 한다.(필자는 비교적 당첨이 잘 되는 편인데 아내를 만난 이후에 더 그렇다고 믿고 있다!) 많은 사람들이 경품을 뽑을 때 특정 번호 근방에 당첨이 집중된다고 여겨지는 현상을 발견한 경험들이 있을 것이다. 조작되지는 않았을 텐데 왜 골고루 당첨되지 않고 어떤 그룹이나 특정 번호 근방에 당첨이 집중되는 것처럼 보이는 현상이 나타날까? 신기한 우연일까? 이런 생각들을 한두 번쯤은 해보았을 것이리라. 6개 숫자를 맞추는 로또(Lotto)의 1등 번호의 경우에서도 심심찮게 서너 개의 숫자가 특정 번호 근방에 몰려 있는 경우가 빈번히 있다. 이를 두고 이것은 확률적으로 우연히 발생하기에는 드문 일이므로 조작이니, 어떤 공식이 있니 하는 등의 주장을 하는 경우도 있다. 물론 모두 수학적으로는 근거가 전혀 없다. 이런 현상들은 임의적(random)으로 시행되는 사건에 대한 사람들이 갖고 있는 선입견에서 비롯된다. 선입견이라고 단정 짓는 이유에 대한 설명은 다음 몇 개의 예를 소개함으로써 대신할 수 있을 것 같다.

미국의 한 대학교수는 다음과 같은 숙제를 내주었다고 한다.

> "동전을 2백 번 던지는 실험을 직접 하지는 말고 실제 한 것처럼 결과를 믿을만하게 조작하여 제출하라."

저자도 평소에 숙제를 잘 제출하지 않는 학생들을 대상으로 위와 같은 숙제를 낸 적이 있었다.[48] 신중하고 성의 있게 조작하지 않

48) 다른 숙제들이 어려워서 제출을 못했다면 이거라도 하라는 의미로!

은 숙제는 오히려 감점을 할 수 있다고 엄포를 놓는다. 다음은 학생들이 실제로 신중하게 제출한 숙제이다.(독자들의 눈에도 다음 결과들이 얼핏 그럴듯하고 신중하게 보일 것이다.)

〈조작A〉　1: 앞면　0:뒷면

1	0	0	1	1	0	1	0	0	1	0	1	1	0	1	0	1	1	1	0
0	1	1	1	0	1	0	0	1	1	1	1	1	0	1	1	1	0	1	0
0	1	1	1	0	1	1	0	0	0	1	1	0	1	1	0	0	1	0	1
1	1	0	0	1	1	0	1	0	0	1	0	0	1	1	0	0	0	1	1
1	1	0	1	0	0	0	1	1	1	0	0	1	0	0	1	0	0	0	0
1	0	0	0	0	0	1	1	0	1	0	1	1	1	0	1	1	1	0	1
0	0	1	1	1	1	0	0	1	0	0	0	1	1	0	1	0	0	0	1
0	1	1	0	0	0	1	0	1	0	1	0	0	1	0	0	1	0	0	1
1	1	1	0	0	1	1	0	1	0	0	1	0	1	1	1	0	1	0	0
1	1	1	0	0	1	1	0	0	0	1	0	0	0	1	1	0	1	0	1

〈조작B〉　1: 앞면　0:뒷면

0	0	1	1	1	0	0	1	0	0	0	1	0	1	1	0	1	1	1	0
0	1	0	1	0	0	1	0	1	1	0	1	0	0	1	0	1	1	0	1
0	1	0	0	0	1	0	1	0	1	1	0	1	0	1	0	1	0	0	0
1	0	0	1	1	0	0	0	1	1	0	0	0	1	0	0	0	1	0	0
0	1	0	0	1	0	1	0	1	0	0	0	1	0	0	1	0	0	1	0
1	0	0	0	1	0	0	1	0	1	0	1	1	1	0	1	0	1	1	1
1	0	1	1	0	1	0	1	0	1	1	0	1	0	1	1	0	1	0	0
1	1	1	0	0	0	1	1	0	0	0	1	0	0	1	1	0	1	0	0
0	1	0	1	0	0	1	0	1	1	0	1	0	0	1	0	1	1	0	1
1	0	0	1	1	0	0	0	1	1	0	0	0	1	0	1	0	1	0	0

숙제 중에서 성의 있고 신중하게 조작한 것과 그렇지 않은 것을 구분해보라. 아마도 대부분의 독자들은 〈조작B〉를 〈조작A〉보다 좀 더 성의 있고 신중하게 조작한 것으로 판단하지 않을까? 앞면이나 뒷면이 많이 연속하여 나오지 않으면서도 골고루 있다고 여겨지는 것이기 때문일 것이다. 저자도 '성의 있다.'(?)라는 것으로

만 판단한다면 역시 그렇게 생각한다.

그런데 실제로 실험을 하면 어떤 결과가 나올까? 다음은 수학 소프트웨어인 매쓰매티카(Mathematica)의 랜덤콜(random call)을 이용하여 실제 실험값과 거의 같은 것으로 볼 수 있는 예다.

1 1 0 1 0 1 1 1 0 0 0 1 1 0 1 1 0 0 1 0
1 1 1 0 1 0 0 0 1 0 0 1 1 0 0 1 1 1 1 1
1 1 0 0 0 0 1 1 0 0 0 1 1 0 0 1 1 0 0 0
0 0 1 1 0 0 1 1 1 1 1 1 0 1 1 0 1 1 0 0
0 1 0 1 1 0 1 0 1 0 1 0 0 1 1 0 0 1 1 1
0 1 1 0 1 1 1 1 1 1 0 1 0 0 0 1 0 0 1 1
1 1 1 0 1 1 0 1 0 0 1 0 0 1 1 1 0 0 0 1
0 0 1 1 1 0 1 1 1 0 1 1 1 1 1 0 0 1 1 1
0 0 1 1 1 1 1 1 1 1 0 1 0 0 1 1 1 0 0 0
0 0 0 1 1 0 0 1 0 0 0 1 1 0 0 1 0 1 0 0

신중하게 조작된 결과와 실제 실험의 결과와의 차이를 발견하였는가? 연속하여 앞면이나 뒷면이 나오는 횟수들을 살펴보자. 실제의 실험 결과에서 조작한 결과보다 어느 한 면이 연속하여 5~6회 이상 계속하여 나오는 경우가 빈번하다는 것을 볼 수 있다. 얼핏 임의로 동전을 계속하여 던지는 실험에서 앞면이나 뒷면이 여러 번 연속적으로 나올 수는 있지만 5~6번 이상 계속하여 나오는 일은 흔하지 않을 것이라 생각하기 쉽다. 그래서 성의 있고 신중하게 결과를 조작할 때에는 한 면이 5~6번 이상 계속하여 나오는 일이 없도록 조작하려는 경향을 보일 수밖에 없다. 그러나 실제의 실험 결과에서 보듯이 동전의 한 면이 6~7번 이상 계속하여 나오는 경우가 발생한다.

〈조작A〉의 자료에서도 이런 현상이 숨겨져 있다. 가로로 순서대로 적었는데 이를 아래처럼 세로로 배열되어 있다고 보면 한 면이

5~8번 이상 계속하여 배열되는 현상이 빈번함을 발견할 수 있다.(*원래대로 가로로 배열했다고 볼 때는 연속 5번이 1회 밖에 없다.) 이것은 세로로 배열한 것은 인위적으로 신중하게 조작한 것이 아니라 오히려 수학적으로는 임의적으로 배열되어 있다고 볼 수 있기 때문이다.

〈조작A〉 1: 앞면 0뒷면

1	0	0	1	1	0	1	0	0	1	0	1	1	0	1	0	1	1	1	0
0	1	1	1	0	1	0	0	1	1	1	1	1	0	1	1	1	0	1	0
0	1	1	1	0	1	1	0	0	0	1	1	0	1	1	0	0	1	0	1
1	1	0	0	1	1	0	1	0	0	1	0	0	1	1	0	0	0	1	1
1	1	0	1	0	0	0	1	1	1	0	0	1	0	0	1	0	0	0	0
1	0	0	0	0	0	1	1	0	1	0	1	1	1	0	1	1	1	0	1
0	0	1	1	1	1	0	0	1	0	0	0	1	1	0	1	0	0	0	1
0	1	1	0	0	0	1	0	1	0	1	0	0	1	0	0	1	0	0	1
1	1	1	0	0	1	1	0	1	0	0	1	0	1	1	1	0	1	0	0
1	1	1	0	0	1	1	0	0	0	1	0	0	0	1	1	0	1	0	1

동전던지기를 200회를 반복 시행한다고 하자. 어느 한 시점부터 동전의 한 면이 연속적으로 6번 나올 확률은 $1/2^6 = 1/64$이다. 그런데 그 시점은 1회부터 195회까지 총 195번 존재한다. 동전을 6번 연속하여 던지는 것을 195회 반복 시행하는 것은 이항분포

$$B(195,\ 1/64)$$

와 대략적으로 비슷하다. 평균 $m = 195/64 \fallingdotseq 3$ 이므로 동전던지기를 200번 할 때 한 면이 연속적으로 6번 이상 나오는 경우가 평균 3회 정도라는 것이다. 한 면이 연속적으로 6번 이상 나오는 경우가 한 번도 없을 확률은 대략적으로 $(1-1/64)^{195} \fallingdotseq 0.046$ 이므로, 한 면이 연속적으로 6번 이상 나오는 경우가 적어도 한번 이상 있을 확률은 95% 이상이다. 또한, 어느 시점부터 동전의 한 면이 연속적으로 5번 나올 확률은 $1/2^5 = 1/32$이다. 그리고 그 시점은 1회부터 196회까지 총 196번 존재한다. 즉, 이항분포

$B(196,\ 1/32)$와 대략적으로 비슷하다. 평균은 $m = 196/32 \fallingdotseq 6$ 이므로 동전던지기를 200번 할 때 한 면이 연속적으로 5번 이상 나오는 경우가 한 번도 없을 확률은 $(1-1/32)^{196} = (31/32)^{196} \fallingdotseq 0.002$ 이므로 한 면이 연속적으로 5번 이상 나오는 경우가 있을 확률은 99.8% 이상이다. 따라서 한 면이 연속적으로 5번 이상 나오는 경우가 한 번도 없는 자료는 조작된 것이라고 단정 할 수 있다.

"Rain drops falling in a river!"라는 흥겨운 뮤지컬 노래가 있다. 그런데 비는 어떻게 내리는 걸까? 아래 그림은 직사각형 모양의 땅에 빗방울이 떨어진 지점을 가상적으로 나타낸 것이다. 어느 것이 실제와 더 가까울까?

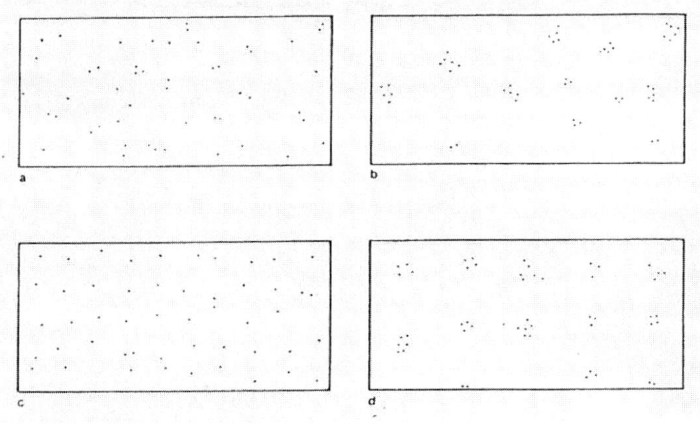

여러분은 어떤 것을 택했는가? 자연적인 조건 하에서 가장 임의성이 있는 것은 무엇일까? 일반적으로 사람들이 생각하는 것보다 지역적 편차가 심하게 보이고 상대적으로 좁은 범위 안에 빗방울이 불균형하게 떨어지는 경향을 보인다. 너무 편차가 심해도 인위적인 것이고 너무 편차가 없어도 인위적인 것이라고 보면 된다. 즉, 상황에 따라 적당한 정도로 편차가 있는 것이 오히려 더 임의적인 것이라는 것이며 그림의 c보다는 a에 가깝다. 여름철에 집중

호우가 내릴 때에 어느 지역은 비가 엄청 많이 오는데 인근지역은 비가 거의 오지 않는 강우량의 편중 현상을 심심치 않게 본다. 예전보다 훨씬 강우량의 지역적 편차가 심한 것처럼 느껴지곤 한다. 이는 온난화 등으로 실제로 예전과 달리 기상 변화가 더 불규칙해진 점도 원인이다. 그러나 위의 그림에서 보듯이 강우량에는 원천적으로 어느 정도의 자연적인 지역 편차가 존재기 마련이다. 교통수단이나 인터넷 등의 발달로 동일 시간대에 여러 지역의 강우량에 대한 기상정보를 쉽게 접하게 되어서 강우량의 지역적 편차를 더 많이 느끼게 되는 점도 간과할 수 없다.

정치인들, 조건부확률은 모르지만 아주 잘 사용한다!

정치인들은 대개 수학은 잘 모르지만 조건부확률은 본능적으로 잘 이용한다. 정치인들이 가장 잘 쓰는 말 중의 하나는 "만약 P한다면 Q하겠다."등의 조건문이다. 어느 당의 대변인이 기자들에게 다음과 같이 말하곤 한다.

> "우리는 A당의 Q안을 반대하지는 않습니다. 만약 A당에서 P 한다면 우리당은 Q안을 겸허하게 수용하겠습니다."

우리의 일상생활에서도 이런 말들이 자주 사용된다. 그런데 이런 말을 할 때에 크게 신경 쓰지 않고 듣는 사람들은 전체를 긍정적으로 문장으로 받아들이는 경향이 많다. 앞의 조건은 크게 신경 쓰지 않고 뒷부분의 결론에만 집중하기 때문이다. 마치 말이 서툰 어린 아이에게 교육적으로는 하지 말아야할 질문이지만

"엄마가 좋니? 아빠가 좋니?" 또는 "아빠가 좋니? 엄마가 좋니?"

하고 물으면 대개 뒷부분의 내용에 맞추어 대답하는 경향과 비슷하다고도 볼 수 있다. 그런데 조건문

"A당에서 P한다면 우리당은 Q안를 겸허하게 수용하겠습니다."

은 대개 긍정의 경우보다 부정의 경우가 많다. 영어 조건문의 예문들을 한번 생각해보라! 긍정의 의미보다는 실현하기 힘든 부정의 의미가 있는 것이 훨씬 많다. 비록 수학을 알고 사용하는 것은 아닌 것 같지만 정치인들이 이런 조건문을 즐겨 사용하는 데에는 충분한 이유가 있다. 그 이유 중의 하나는 수학적 논리의 측면이고 다른 하나는 확률(조건부확률)의 측면이다. 조건 'P이면 Q이다'는

'P가 아니거나 또는 Q이다'

라는 명제와 논리적으로 일치한다. 오직 'P임에도 불구하고 Q가 아닐 경우'에만 거짓이 되고 나머지(세 경우)는 모두 참이 된다. 즉, P라는 조건(약속)이 지켜지지 않으면 Q라는 약속은 지켜도 그만 안 지켜도 그만인 것이다.

P	Q	P→Q
T	T	T
T	F	F
F	T	T
F	F	T

오직 P라는 조건(약속)이 지켜졌을 때만 Q를 지키면 된다는 말이다. 전형적인 예를 들어보자.

아버지가 자식에게 하는 다음의 약속 한다.

"민수야! 만약 네가 이번에 3등을 하면 새 휴대전화를 사주마."

다음의 4가지 경우가 있다.

(1) 민수가 3등을 하고 아버지가 휴대전화를 사주셨다.
(2) 민수가 3등을 못하여 아버지는 휴대전화를 안 사주셨다.
(3) 민수가 3등을 못했지만 아버지는 휴대전화를 사주셨다.
(4) 민수가 3등을 했지만 아버지는 휴대전화를 안 사주셨다.

(1)과 (2)의 경우에는 아버지가 약속을 지킨 것이다. (3)의 경우 아버지가 약속을 어긴 것이라고 할 수 있을까? 3등을 못했지만 휴대전화가 생겼으므로 불만이 있을 수 없다. 약속을 안 지킨 경우는 (4)의 경우 밖에 없다. 민수의 실력으론 3등하기가 아주 어렵고 아들에게 새 휴대전화를 사 주는 것은 낭비라고 생각하는 아버지라도 위의 약속은 한번 해볼 만한 것이 아닐까? 민수는 열심히 공부할 것이고(전처럼 공부를 열심히 안하더라도 결과는 똑같다) 3등을 하는 것이 어려운 일이라면 아버지는 자신의 약속과는 무관하게 추후에 휴대전화를 사줄지를 결정하면 된다.

사건 A가 일어났을 때 사건 B가 일어날 확률은 $P(B|A)$는

$$P(B|A) = \frac{P(A \cap B)}{P(A)}$$

사건 A가 일어날 확률이 작을수록 $P(B|A)$는 커진다. 즉, 어려운 조건을 걸수록 "P한다면 Q를 겸허하게 수용하겠습니다."라는 명제는 아주 그럴듯해 진다. P라는 조건(약속)이 지키기 어려운 것이라면 "만약 P한다면 Q안을 받아들이겠다."는 말은 Q라는 조건(약속)을 자신이 지키기 곤란한 경우라도 자유롭게 말할 수 있는 것이다. 그러므로 매일 신문지상에 오르내리는 많은 정치인들의 이러한 말들은 조건 P가 실현하기 어려운 경우라면 조건 Q가 자신에게 아무리 불리한 사안이라 할지라도 크게 신경쓰지 않아도 된다.

우리나라의 현대 정치사에 야당이 선거에 의해 정권을 잡은 것은 1998년의 김대중 대통령의 경우가 실질적으로 최초였다. 야당이 정권을 잡아야 꼭 민주정치가 잘 되는 것은 결코 아니지만 어느 한 당이 혁명적 사건을 제외하고는 정권을 계속하여 아주 오래 유지하는 것은 바람직하지 않다. 그런데 10년 전인 1987년에 선거에 의한 야당의 집권의 기회가 있었다. 바로 1노2김의 대결이었다. 당시 민주화와 평화적인 정권교체에 목말라 있던 국민들은 야당 대표 2김의 후보단일화를 열망했다. 그렇지 않고서는 여당 후보인 1노가 우세할 것이라고 생각했다. 그러나 오랜 정치 생활을 거치면서 자신을 따르는 많은 가신들과 여러 정치적 입장을 고려한 2김은 누구도 후보 사퇴를 생각하지 않았다. 2김은 마치 약속한 듯이 서로에게 어려운 조건을 내걸고 조건을 받아들인다면 후보 단일화를 논의해 보겠다고 계속 주장했다. 그것은 마치 휴대전

화를 사줄 의향이 없는 아버지가 자식에게 1등을 요구하는 조건을 다는 일과 똑같다. 자신으로의 단일화가 아니라면 절대로 단일화를 생각해보기조차 싫어했을 것이다. 일각에서는 한 명은 대선후보 한 명은 통합 야당의 당수가 되어 다음 선거를 기약하는 방안을 제시했지만 2김 누구도 양보할 생각은 없었다.

지금도 많은 정치인들은 갈등에 직면한 개개의 현안에 대해 조건이 항상 달린 그럴듯한 주장을 한다. 그것이 정치이긴 하지만 국민들은 어떻게 판단해야할까? 전제조건에서 비합리적인 요구가 숨겨져 있다면, 그리고 그런 조건들이 계속된다면 "진정성이 없는 것이다!"라고 생각하는 것이 옳을 듯싶다.

벤포드의 법칙

먼저 다음을 생각해보자.

> 2의 거듭제곱들 $2^1=2$, $2^2=4$, $2^3=8$, $2^4=16$, $2^5=32$, $2^6=64$, $2^7=128$, ⋯ 의 첫자리의 수가 1일 확률은?

첫자리에는 1부터 9까지 모두 9개의 수가 있을 수 있으므로 그 확률은 1/9이라고 답할지도 모르겠다. 그런데 실제로 2의 거듭제곱을 계속하여 써보면 다른 결과가 나온다.

2^1	2^2	2^3	2^4	2^5	2^6	2^7	2^8	2^9	2^{10}	2^{11}	2^{12}
2	4	8	16	32	64	128	256	512	1024	2048	4096

2^{13}	2^{14}	2^{15}	2^{16}	2^{17}	2^{18}	2^{19}	2^{20}
8192	16384	32768	65536	131072	262144	524288	1048566

1로 시작하는 수가 6개, 2로 시작하는 수가 3개, 8로 시작하는 수가 2개이고 9로 시작하는 수는 없다. 3의 거듭제곱으로 계산하여도 유사한 결과가 나온다.

이번에는 다음과 같은 생각을 해보자.

"많은 두꺼운 책 중에서 1개를 선택하여 펼쳤을 때, 쪽수의 첫자리의 숫자가 1일 확률을 어느 정도일까?"

책들이 아주 많이 있다고 가정하고 대략 계산해보자.

> 1) 먼저 책의 쪽수가 200쪽 이내일 때, 책의 100쪽부터는 첫자리의 수는 무조건 1이다. 따라서 쪽수의 첫자리가 1이 나올 확률은 대략 1/2보다 크다.

2) 책의 쪽수가 300쪽 이내일 때 100~199쪽 부분에서 첫 자리의 수는 무조건 1이다. 따라서 쪽수의 첫 자리가 1일 확률은 1/3보다 크다.
3) 책의 쪽수가 400쪽 이내일 때 100~199쪽 부분에서 첫 자리의 수는 무조건 1이다. 따라서 쪽수의 첫 자리가 1일 확률은 1/4보다 크다.
4) 이런 식으로 생각해보면 쪽수의 첫자리가 1이 나올 확률은 $\frac{1}{2}\times\frac{2}{10}+\left(\frac{1}{3}+\frac{1}{4}+\ \cdots\ +\frac{1}{9}\right)\times\frac{1}{10}\fallingdotseq 0.23$보다 더 크다.

이런 현상은 여러 통계표나 자료 등에서도 빈번히 나타난다. 수학자이자 천문학자인 '사이먼 뉴컴(Simon Newcomb)'은 다른 사람들과 같이 쓰던 로그값[49]을 적어 놓은 책에서 앞부분이 훨씬 더 낡아 있다는 사실에 주목했다. 로그값을 나타낸 책은 1000쪽이 좀 안되는데 100쪽 대, 200쪽 대, 300쪽 대의 부분의 종이가 훨씬 더 낡았고 뒷부분은 상대적으로 깨끗하였다. 사람들이 첫 자리의 수가 3이하인 수를 훨씬 더 많이 찾아보았다는 의미이다.

〈교과서의 상용로그표〉

	0	1	2	3	4	5	6	7	8	9
1.0	.0000	.0043	.0066	.0126	.0170	.0212	.0253	.0294	.0334	.0374
1.1	.0414	.0453	.0492	.0531	.0569	.0607	.0645	.0682	.0719	.0755
1.2	.0792	.0828	.0864	.0899	.0934	.0969	.1004	.1038	.1072	.1106
1.3	.1139	.1173	.1206	.1239	.1271	.1303	.1335	.1367	.1399	.1430
1.4	.1461	.1492	.1523	.1553	.1584	.1614	.1644	.1673	.1703	.1732
⋮	⋮	⋮	⋮	⋮	⋮	⋮	⋮	⋮	⋮	⋮

49) 컴퓨터가 보편화되지 않은 시기에 상용로그의 근삿값을 사전처럼 적은 두꺼운 책이다. log2, log7048, log1.52 등등의 값을 찾을 수 있다.

뉴컴은 이를 바탕으로 야구통계, 강의 너비, 사망률 등 서로 무관한 수천 개의 데이터를 분석한 결과 첫 자리의 수가 1일 확률이 30%나 된다는 것을 발견하고 1881년에 〈American Journal of Mathematics〉에 발표했다. 그러나 경험적 확률만을 언급한 설명만 있고 수학적 분석이 없어서 주목을 받지 못하였다.

1938년에 제너럴 일렉트릭의 물리학자 '벤포드' 박사는 뉴컴의 결과를 수학적으로 입증하였다. 확률분포함수를 이용하여 첫 자리의 수가 n일 확률이 $P(n)=\log(1+n)-\log n=\log(1+1/n)$임을 발표하였고 〈벤포드의 법칙〉으로 명명되었다. 또한, 1996년에 조지아 공대 교수인 테오도르 힐 박사는 모든 자료가 벤포드의 법칙에 따르는 것은 아니지만(정규분포 등) 여러 분포에서 임의로 자료를 모으면 벤포드의 법칙을 따른다는 것을 증명했다.

	확 률	1/9
1	$P(1)=\log(1+1/1)=0.30103$	0.11111
2	$P(1)=\log(1+1/2)=0.17609$	0.11111
3	$P(1)=\log(1+1/3)=0.12494$	0.11111
4	$P(1)=\log(1+1/4)=0.09691$	0.11111
5	$P(1)=\log(1+1/5)=0.07918$	0.11111
6	$P(1)=\log(1+1/6)=0.06695$	0.11111
7	$P(1)=\log(1+1/7)=0.05799$	0.11111
8	$P(1)=\log(1+1/8)=0.05115$	0.11111
9	$P(1)=\log(1+1/9)=0.04578$	0.11111

이 법칙은 통계자료의 표본추출에도 활용된다. 미국의 캘리포니아주의 세무기관에서는 벤포드의 법칙을 이용하여 탈세를 탐지하는 시스템을 운용했다고 한다. 회계장부에서 숫자들의 첫 자리의 수의 분포가 〈벤포드의 법칙〉과 현저하게 다른 양상을 보인다면 장부는 임의로 조작되었을 확률이 높으므로 회계부정을 발견하는데 유용하게 사용될 수 있는 것이다.

박 영 용

- 서울대학교 수학과 학사
- KAIST 수학과 석사/박사
- 국립목포대학교 수학교육과 교수

수학 교사를 당황하게 하는 질문 12개

1판2쇄발행 2021년 11월 25일

지은이 박영용 / **펴낸이** 오판근
펴낸곳 (주) 교우
주 소 서울시 동대문구 약령시로 8 교우빌딩 2층 (주)교우
전 화 02-925-2861 / **팩 스** 02-925-2860, **편집부** 02-925-2825
홈페이지&북스토어 www.kyowoo.co.kr / **이메일 kyowoo@kyowoo.co.kr**

등 록 1994년 3월 24일 제1994-000013호
ISBN 979-11-251-0261-8 (93410)

Published by Kyowoo Co., Ltd. Printed in Korea

(주) 교우는 보다 혁신적이고 참신한 도서를 다양하게 기획하고 있습니다.
책으로 펴내고자 하는 아이디어나 원고는 메일로 보내주세요.
(주) 교우는 전과정을 책임지고 최선을 다하겠습니다.

값 16,000원

교우미디어는 (주) 교우의 Imprint 사입니다.
수학정원·과학정원은 (주) 교우의 새로운 브랜드명입니다.

잘못된 책은 구입하신 서점에서 교환해 드립니다.